变电站典型信号原理与分析

主编　贺春　吴东

中国水利水电出版社
www.waterpub.com.cn
·北京·

内 容 提 要

本书围绕电力系统变电站各类信号产生机理及呈现方法，介绍了计算机网络技术、电力电子技术、自动化技术在变电站信号系统中的应用，针对典型的变电站信号产生原理、信号流动方向进行了系统阐述，为变电运维人员掌握设备运行状态、处置设备故障提供指导。

本书既可作为电站从业人员及从事继电保护人员的参考用书，亦可作为电力专业职业教育和电力企业入职人员的培训教材。

图书在版编目（CIP）数据

变电站典型信号原理与分析 / 贺春，吴东主编. -- 北京 : 中国水利水电出版社，2019.4
ISBN 978-7-5170-7729-9

Ⅰ. ①变… Ⅱ. ①贺… ②吴… Ⅲ. ①变电所—信号分析 Ⅳ. ①TM63

中国版本图书馆CIP数据核字(2019)第111982号

书　　名	**变电站典型信号原理与分析** BIANDIANZHAN DIANXING XINHAO YUANLI YU FENXI
作　　者	主编　贺　春　吴　东
出版发行	中国水利水电出版社 （北京市海淀区玉渊潭南路1号D座　100038） 网址：www. waterpub. com. cn E-mail：sales@waterpub. com. cn 电话：（010）68367658（营销中心）
经　　售	北京科水图书销售中心（零售） 电话：（010）88383994、63202643、68545874 全国各地新华书店和相关出版物销售网点
排　　版	中国水利水电出版社微机排版中心
印　　刷	清淞永业（天津）印刷有限公司
规　　格	184mm×260mm　16开本　11.5印张　266千字
版　　次	2019年4月第1版　2019年4月第1次印刷
印　　数	0001—1200册
定　　价	**58.00**元

编 委 会

主　　编： 贺　春　吴　东

参编人员： 王　博　呼翔宇　艾士超　黄　杰　郑　军

赵明星　贾　彬　任　佳　李　鑫　刘金香

赵东谨　任　磊

前　言

变电运维人员要实时掌握变电站设备的运行状态，需要借助大量的信号来监视变电设备。这是变电站尤其是交流特高压变电站中的一项高度复杂的系统。若要在第一时间掌握信号发生的原理及原因，变电运维人员必须掌握大量的变电一、二次知识。

目前，变电站自动化建设发展愈加完善。计算机技术、现代电子技术、通信技术和信息处理技术的广泛深入应用促进了变电站自动化水平的不断提升。变电站综合自动化系统实现了对变电站全部设备运行情况的监视和测量，对应的变电站信号种类与数量也大幅增加。

本书主要介绍了计算机网络技术、电力电子技术、自动化技术在变电站信号系统中的应用，针对典型的变电站信号产生原理、信号流动方向进行了系统阐述，为变电运维人员更好地理解和掌握变电信号原理，掌握设备运行状态、处置设备故障、保障变电站安全稳定运行提供指导。

希望本书的出版，能够对变电站变电运维人员更好地掌握变电站运行值班要领，加快推进我国变电站乃至智能电网的建设与发展做出贡献。本书成书得到了国网天津市电力公司和天津职业大学的大力支持，在此一并表示感谢！

由于变电站智能技术涉及领域广、技术发展迅速，实践经验有待进一步积累，书中难免有疏漏之处，敬请广大读者批评指正。

作　者

2019 年 1 月于天津

目　　录

第1章　变电站常见信号分类

变电站监控系统信息可称为变电站信号，分为硬接点信号和软接点信号。硬接点信号是指一次设备、二次设备及辅助设备用电气触点方式接入测控装置或智能终端的信号；软接点信号是指一次设备、二次设备及辅助设备自身产生并以通信报文方式传输的信号。

变电站监控系统信息应有如下特点：

（1）全面完整。设备监控信息应涵盖变电站内一次设备、二次设备及辅助设备，采集应完整、准确，描述应简明扼要。设备编号和信息命名应满足 SD 240—87《电力系统部分设备统一编号准则》、DL/T 1171—2012《电网设备通用数据模型命名规范》的要求，信息描述准确，含义清晰，不引起歧义。

（2）稳定可靠。不上送干扰信号，不误发告警信号，不受单个设备故障、失电等因素影响而失去全站监视；上送调控机构监控信息应有合理的校验手段和重传措施，不因通信干扰造成监控信息错误。

（3）源端规范。继电保护及安全自动装置、测控装置、合并单元、智能终端等二次设备应优先通过设备自身形成其监控信息，以降低对外部设备的依赖，实现监控信息的源端规范。变压器、断路器等一次设备智能化后，应在源端形成其设备监控信息。

（4）上下一致。变电站监控系统监控主机应能完整查看包含上送调度控制系统的设备监控信息，且内容、名称、分类保持一致。

1.1　变电站监控信息分级

监控告警是监控信息经调度控制系统、变电站监控系统处理后在告警窗出现的告警条文，是监控系统的主要关注对象，按对电网和设备影响的轻重缓急程度分为事故、异常、越限、变位和告知，级别对应1～5，共五级。

1——事故信号。是由于电网故障、设备故障等原因引起断路器跳闸、保护及安全自动装置动作出口跳合闸的信息以及影响全站安全运行的其他信息，是需实时监控、立即处理的重要信息。主要对应设备动作信号。

2——异常信号。是反映电网和设备非正常运行情况的告警信息和影响设备遥控操作的信息，直接威胁电网安全与设备运行，是需要实时监控、及时处理的重要信息。主要对应设备告警信息和状态监测告警。

3——越限信号。是反映重要遥测量超出告警上、下限区间的信息。重要遥测量主要有设备有功功率、无功功率、电流、电压、变压器油温及断面潮流等，是需实时监控、及时处理的重要信息。

4——变位信号。指反映一次设备、二次设备运行位置状态改变的信息。主要包括断路器、隔离开关分合闸位置，保护软压板投、退等位置信息。该类信息直接反映电网运行方式的改变，是需要实时监控的重要信息。

5——告知信号。是反映电网设备运行情况、状态监测的一般信息。主要包括设备操作时发出的伴生信息以及故障录波器、收发信机启动等信息。该类信息需定期查询。

1.2 变电站常见事故信号

1.2.1 变压器事故信号

变压器事故信号应反映变压器本体和调压装置电量和非电量保护的动作信息，对于保护动作信号，还应区分主保护及后备保护。变压器事故信号主要包括以下内容：

（1）主变压器（本书简称“主变”）本体重瓦斯跳闸。

（2）主变本体油温高跳闸。

（3）主变本体压力释放跳闸。

（4）主变调压开关重瓦斯跳闸。

（5）主变调压开关油温高跳闸。

（6）主变调压开关压力释放跳闸。

（7）主变本体绕组温度高跳闸。

（8）主变冷却器全停跳闸。

（9）主变差动保护动作。

（10）主变高压侧后备保护动作。

（11）主变中压侧后备保护动作。

（12）主变低压侧 X 分支后备保护动作。

（13）主变过励磁保护动作。

（14）主变公共绕组零序过流保护动作。

（15）主变失灵保护联跳三侧。

1.2.2 高压并联电抗器事故信号

高压并联电抗器（以下简称“高抗”）事故信号主要包括以下内容：

（1）高抗重瓦斯跳闸。

（2）高抗压力释放跳闸。

（3）高抗油温高跳闸。

（4）小电抗重瓦斯跳闸。

（5）小电抗压力释放跳闸。

（6）高抗保护动作。

（7）高抗主保护动作。

（8）高抗后备保护动作

1.2.3 断路器事故信号

断路器事故信号主要包括以下内容：

（1）间隔事故总信号。

（2）断路器保护动作。

（3）断路器失灵保护动作。

（4）断路器保护重合闸动作。

（5）断路器保护操作箱出口跳闸。

（6）断路器非全相跳闸。

（7）断路器保护沟通三跳动作。

（8）断路器保护死区保护动作。

1.2.4 线路事故信号

线路事故信号主要包括以下内容：

（1）线路保护动作。

（2）线路远跳过电压保护动作。

（3）线路远跳就地判别装置动作。

（4）线路主保护动作。

（5）线路后备保护动作。

（6）线路保护 A 相跳闸出口。

（7）线路保护重合闸出口。

1.2.5 母线事故信号

母线事故信号主要包括以下内容：

（1）母线保护母差动作。

（2）母线保护失灵动作。

（3）母线保护失灵重动开入继电器动作。

1.2.6 站用变压器事故信号

站用变压器事故信号主要包括以下内容：

（1）站用变压器超温跳闸。

（2）站用备用变压器超温跳闸。

（3）站用变压器保护动作。

（4）站用变压器备用自投保护动作。

（5）站用变压器备用进线开关间隔事故总。

（6）站用变压器低压开关跳闸。

（7）站用变压器分段开关跳闸。

（8）站用电备用自投装置出口。

1.3 变电站常见异常信号

1.3.1 变压器异常信号

变压器异常信号应反映变压器本体、冷却器、有载调压机构、在线滤油装置等重要部件的异常、故障情况。变压器保护应采集装置的异常及故障信息，装置故障信号应反映装置的闭锁、失电情况。对于智能变电站，还应采集 SV、GOOSE 告警信息及检修压板状态。

变压器异常信号主要包括以下内容：

（1）主变第一套保护装置异常/直流消失。

（2）主变第二套保护装置异常/直流消失。

（3）主变第一套保护装置闭锁。

（4）主变第二套保护装置闭锁。

（5）主变保护过负荷告警。

（6）主变本体压力释放告警。

（7）主变本体压力突变告警。

（8）主变冷却器全停告警。

（9）主变油温高告警。

（10）主变本体轻瓦斯告警。

（11）主变绕组温度高告警。

（12）主变油位异常。

（13）主变非电量保护装置闭锁。

（14）主变非电量保护动作告警。

（15）主变非电量保护运行异常/直流消失。

（16）主变 A 相冷却器Ⅰ段工作电源故障。

（17）主变 A 相冷却器备用电源投入。

（18）主变 A 相工作冷却器故障。

（19）主变 A 相冷却器全停告警。

（20）主变 A 相冷却器控制电源故障。

（21）主变 A 相冷却器加热驱潮通风照明电源故障。

（22）主变 C 相本体端子箱交流电源故障。

（23）主变 B 相本体端子箱交流电源故障。

（24）主变 A 相调压开关电机电源故障。

（25）主变 A 相调压变端子箱交流电源故障。

（26）主变高压侧 CVT 小开关跳闸。
（27）主变高压侧 CVT 小开关分位。
（28）主变中压侧 CVT 小开关跳闸。
（29）主变中压侧 CVT 小开关分位。
（30）主变低压侧 CVT 小开关跳闸。
（31）主变低压侧 CVT 小开关分位。
（32）变压器调压开关机构箱电源故障。
（33）变压器调压开关拒动。
（34）主变保护 TA 断线。
（35）主变保护 TV 断线。
（36）主变保护装置通信中断。
（37）主变保护 SV 总告警。
（38）主变保护 SV 采样数据异常。
（39）主变保护 SV 采样链路中断。
（40）主变保护 GOOSE 总告警。
（41）主变保护 GOOSE 数据异常。
（42）主变保护 GOOSE 链路中断。
（43）主变保护对时异常。
（44）主变保护检修不一致。
（45）主变保护检修压板投入。
（46）主变低压侧中性点电压偏移告警。
（47）主变调压开关轻瓦斯告警。
（48）主变调压开关压力释放告警。
（49）主变调压开关油位异常。
（50）主变过载闭锁调压开关。
（51）主变调压开关调挡异常。
（52）主变在线滤油运转超时。
（53）主变在线滤油异常。

1.3.2 高压并联电抗器异常信号

高压并联电抗器异常信号主要包括以下内容：
（1）高抗压力释放告警。
（2）高抗油温高告警。
（3）高抗油位异常告警。
（4）高抗套管油位异常告警。
（5）高抗关闭阀关闭告警。
（6）高抗轻瓦斯告警。

(7) 高抗保护运行异常。

(8) 高抗保护过负荷告警。

(9) 高抗保护退出。

(10) 高抗保护装置闭锁。

(11) 高抗非电量保护运行异常。

(12) 小电抗压力释放告警。

(13) 小电抗油温高告警。

(14) 小电抗轻瓦斯告警。

(15) 小电抗油位异常告警。

(16) 小电抗关闭阀关闭告警。

(17) 小高抗保护运行异常。

(18) 小高抗保护过负荷告警。

(19) 高抗保护退出。

(20) 高抗保护装置闭锁。

(21) 高抗风冷电扇电动机故障。

(22) 高抗风冷工作电源故障。

(23) 高抗风机故障。

(24) 高抗风机电源分位。

(25) 高抗风机电源故障。

(26) 高抗风机控制电源故障。

(27) 高抗风机照明电源分位。

(28) 高抗风机照明电源辅助。

(29) 高抗保护 TA 断线。

(30) 高抗保护 TV 断线。

(31) 高抗保护装置通信中断。

(32) 高抗保护 SV 总告警。

(33) 高抗保护 SV 采样数据异常。

(34) 高抗保护 SV 采样链路中断。

(35) 高抗保护 GOOSE 总告警。

(36) 高抗保护 GOOSE 数据异常。

(37) 高抗保护 GOOSE 链路中断。

(38) 高抗保护对时异常。

1.3.3 GIS 组合电器异常信号

GIS 组合电器异常信号主要包括以下内容：

(1) 其他气室 SF_6 气压低告警。

(2) 汇控柜交流电源消失。

(3) 汇控柜直流电源消失。

1.3.4 断路器异常信号

断路器异常信号主要包括以下内容：

(1) 断路器保护第一组控制回路断线。

(2) 断路器保护控制电源断线。

(3) 断路器储能电机失电告警。

(4) 断路器储能电机运转超时。

(5) 断路器低油压合闸告警。

(6) 断路器低油压合闸闭锁。

(7) 断路器低油压重合闸闭锁。

(8) 断路器低油压分闸闭锁。

(9) 断路器气室 SF_6 压力低闭锁分合闸。

(10) 断路器气室 SF_6 低气压告警。

(11) 断路器电机控制/加热器电源故障。

(12) 断路器弹簧未储能。

(13) 断路器保护装置闭锁。

(14) 断路器保护装置异常。

(15) 断路器油位告警。

(16) 断路器油泵启动。

(17) 断路器故障。

(18) 断路器异常。

(19) 断路器 N_2 泄露告警。

(20) 断路器 N_2 泄露闭锁。

(21) 断路器气泵启动。

(22) 断路器气泵打压超时。

(23) 断路器气泵空气压力高告警。

(24) 断路器保护 TA 断线。

(25) 断路器保护 TV 断线。

(26) 断路器保护重合闸闭锁。

(27) 断路器保护装置通信中断。

(28) 断路器保护 SV 总告警。

(29) 断路器保护 SV 采样数据异常。

(30) 断路器保护 SV 采样链路中断。

(31) 断路器保护 GOOSE 总告警。

(32) 断路器保护 GOOSE 数据异常。

(33) 断路器保护 GOOSE 链路中断。

(34）断路器保护对时异常。

(35）断路器保护检修不一致。

(36）断路器保护检修压板投入。

1.3.5 隔离开关、接地开关异常信号

隔离开关、接地开关异常信号主要包括以下内容：

(1）开关电机失电告警。

(2）开关控制电源消失。

(3）开关机构加热器故障。

1.3.6 电压互感器、电流互感器异常信号

电压互感器（TV）、电流互感器（TA）异常信号主要包括以下内容：

(1）线路 CVT 小开关跳闸。

(2）TV 小开关跳闸。

(3）站用备用变压器 TV 空开跳闸/交直流电源故障。

(4）TA SF_6气压低告警。

(5）TV 二次电压空开跳闸。

(6）母线 TV 二次电压并列。

(7）电压切换继电器同时动作。

(8）母线 TV 并联装置直流电源消失。

1.3.7 线路异常信号

线路异常信号主要包括以下内容：

(1）线路保护装置闭锁。

(2）线路保护运行异常。

(3）线路保护通道告警。

(4）线路保护远传收信。

(5）线路保护启动远跳信号重动开入。

(6）线路保护装置故障。

(7）线路保护过负荷告警。

(8）线路保护重合闸闭锁。

(9）线路保护 TA 断线。

(10）线路保护 TV 断线。

(11）线路保护通道异常。

(12）线路保护收发信机装置故障。

(13）线路保护收发信机装置异常。

(14）线路保护收发信机通道异常。

(15) 线路保护 TV 并列或失压。
(16) 线路保护装置通信中断。
(17) 线路保护 SV 总告警。
(18) 线路保护 SV 采样数据异常。
(19) 线路保护 SV 采样链路中断。
(20) 线路保护 GOOSE 总告警。
(21) 线路保护 GOOSE 数据异常。
(22) 线路保护 GOOSE 链路中断。
(23) 线路保护对时异常。
(24) 线路保护检修不一致。

1.3.8 母线异常信号

母线异常信号主要包括以下内容：
(1) 母线接地（不接地系统）。
(2) 母线保护装置闭锁。
(3) 母线保护装置告警。
(4) 母线保护 TA 断线。
(5) 母线保护交流断线。
(6) 母线保护 TV 断线。
(7) 母线保护运行异常/直流消失。
(8) 母线保护装置通信中断。
(9) 母线保护开关刀闸位置异常。
(10) 母线保护 SV 总告警。
(11) 母线保护 SV 采样数据异常。
(12) 母线保护 SV 采样链路中断。
(13) 母线保护 GOOSE 总告警。
(14) 母线保护 GOOSE 数据异常。
(15) 母线保护 GOOSE 链路中断。
(16) 母线保护对时异常。
(17) 母线保护检修不一致。
(18) 母线保护检修压板投入。
(19) 母线保护母线互联运行。

1.3.9 电抗器、电容器异常信号

电抗器、电容器异常信号主要包括以下内容：
(1) 电容器组网门打开。
(2) 电容器保护运行异常。

(3) 电容器保护装置闭锁。
(4) 电容器同期分合闸装置告警。
(5) 电容器同期分合闸装置失电告警。
(6) 电容器同期分合闸装置非同期位置。
(7) 电抗器保护运行异常。
(8) 电抗器保护装置闭锁。
(9) 电抗器同期分合闸装置告警。
(10) 电抗器同期分合闸装置失电告警。
(11) 电抗器同期分合闸装置非同期位置。
(12) 电容器欠压保护动作。
(13) 电容器保护装置通信中断。
(14) 电容器保护 TA 断线。
(15) 电容器保护 TV 断线。
(16) 电容器保护 SV 总告警。
(17) 电容器保护 SV 采样数据异常。
(18) 电容器保护 SV 采样链路中断。
(19) 电容器保护 GOOSE 总告警。
(20) 电容器保护 GOOSE 数据异常。
(21) 电容器保护 GOOSE 链路中断。
(22) 电容器保护对时异常。
(23) 电容器保护检修不一致。
(24) 电容器保护检修压板投入。
(25) 电抗器保护动作。
(26) 电抗器保护装置故障。
(27) 电抗器保护装置异常。
(28) 电抗器保护 TA 断线。
(29) 电抗器保护 TV 断线。
(30) 电抗器保护装置通信中断。
(31) 电抗器保护 SV 总告警。
(32) 电抗器保护 SV 采样数据异常。
(33) 电抗器保护 SV 采样链路中断。
(34) 电抗器保护 GOOSE 总告警。
(35) 电抗器保护 GOOSE 数据异常。
(36) 电抗器保护 GOOSE 链路中断。
(37) 电抗器保护对时异常。
(38) 电抗器保护检修不一致。
(39) 电抗器保护检修压板投入。

1.3.10 站用变压器异常信号

站用变压器异常信号主要包括以下内容：

(1) 站用变压器保护运行异常。

(2) 站用变压器保护装置闭锁。

(3) 站用变压器超温告警。

(4) 一体化电源交流系统告警。

(5) 一体化电源交流进线告警。

(6) 一体化电源交流母线告警。

(7) 一体化电源交流馈电告警。

(8) 一体化电源交流监控装置设备通信告警。

(9) 一体化电源交流监控装置故障。

(10) 站用变压器备用自投保护运行异常。

(11) 站用变压器备用自投保护装置闭锁。

(12) 干式变压器温度控制器故障告警。

(13) 站用变压器分段开关异常。

(14) 站用变压器低压开关异常。

(15) 站用变压器备用自投装置故障。

(16) 站用变压器备用自投装置异常。

(17) 站用变压器交流电源异常。

(18) 站用变压器保护装置故障。

(19) 站用变压器保护装置异常。

(20) 站用变压器保护装置通信中断。

(21) 站用变压器保护 SV 总告警。

(22) 站用变压器保护 GOOSE 总告警。

(23) 站用变压器保护检修压板投入。

1.3.11 辅助设施及公用设备异常信号

辅助设施及公用设备异常信号主要包括以下内容：

(1) 安全Ⅰ区1号通信网关机装置闭锁。

(2) 安全Ⅰ区1号通信网关机装置故障告警。

(3) 安全Ⅰ区通信网关机禁止调度遥控。

(4) 安全Ⅰ区1号通信网关机维护。

(5) 安全Ⅰ区2号通信网关机维护。

(6) 保信子站及录波服务器屏失电告警。

(7) 站控层 MMS A 网交换机屏交换机故障告警。

(8) 站控层 MMS B 网交换机屏交换机故障告警。
(9) 网络分析屏装置失电告警。
(10) 网络分析屏装置故障告警。
(11) 电能处理器屏电源消失。
(12) 1000kV 故障测距通信接口屏电源空开告警。
(13) 保信子站及录波交换机屏失电告警。
(14) 相量测量主机屏装置告警。
(15) 相量测量主机屏通信异常。
(16) 相量测量主机屏直流消失。
(17) 时间同步系统主机屏直流电源 1 失电。
(18) 时间同步系统主机屏直流电源 2 失电。
(19) 时间同步系统主机屏运行异常告警。
(20) 时间同步系统主机屏北斗失步告警。
(21) 时间同步系统主机屏 GPS 失步告警。
(22) 时间同步系统主机屏 B 码 1 告警。
(23) 1 号消防泵运行信号。
(24) 1 号消防泵故障信号。
(25) 消防泵手动状态。
(26) 消防泵自动状态。
(27) 消防水池水位低告警。
(28) 消防水池水位高告警。
(29) 火灾告警及主变消防控制屏交流电源消失。
(30) 火灾告警及主变消防控制屏装置故障。
(31) 电能表屏一电能表失压告警。
(32) 电能表屏一直流异常告警。
(33) 相量采集装置直流消失。
(34) 故障测距屏一电源空气断路器告警。
(35) 故障测距屏一装置失电告警。
(36) 故障测距屏一录波启动告警。
(37) 故障测距屏一装置异常告警。
(38) 故障录波屏一装置失电。
(39) 故障录波屏一录波启动告警。
(40) 故障录波屏一装置异常/告警。
(41) 故障录波屏一电源空气断路器报警。
(42) 第一串断路器测控屏装置闭锁。
(43) 第一串断路器测控屏装置告警。
(44) 第一串断路器测控屏遥控信号。

1.4　变电站常见越限信号

1.4.1　变压器越限信号

变压器越限信号主要包括以下内容：

（1）主变××kV侧×相电流越限。

（2）主变×相油温越限。

1.4.2　电抗器越限信号

电抗器越限信号主要是高抗×相油温越限。

1.4.3　线路越限信号

线路越限信号主要包括以下内容：

（1）线路×相电流越限。

（2）线路线电压越限。

1.4.4　母线越限信号

母线遥测信息应包含母线各相电压、线电压、$3U_0$电压、频率等遥测信息。线电压宜取AB相间电压。对只有单相TV的母线，只采集单相电压。对不接地系统应采集母线接地信号。母线越限信号主要包括以下内容：

（1）××母线线电压越限。

（2）××母线$3U_0$电压越限。

1.5　变电站常见变位信号

1.5.1　断路器变位信号

断路器变位信号主要包括以下内容：

（1）主变高压侧断路器三相合闸合位。

（2）主变高压侧断路器三相分闸分位。

（3）主变高压侧断路器A相合闸位置。

（4）主变高压侧断路器A相分闸位置。

（5）主变中压侧断路器三相合闸合位。

（6）主变中压侧断路器三相分闸分位。

（7）主变中压侧断路器A相合闸位置。

（8）主变中压侧断路器A相分闸位置。

(9) 主变低压侧断路器合闸位置。

(10) 主变低压侧断路器分闸位置。

(11) 400 开关合位。

(12) 400 开关分位。

(13) 断路器保护重合闸软压板投入。

(14) 断路器保护重合闸充电完成。

(15) 断路器保护远方操作压板位置。

1.5.2 隔离开关、接地开关变位信号

隔离开关、接地开关变位信号主要包括以下内容:

(1) 高压侧隔离开关合位。

(2) 高压侧隔离开关分位。

(3) 中压侧隔离开关合位。

(4) 中压侧隔离开关分位。

(5) 低压侧隔离开关合位。

(6) 低压侧隔离开关分位。

(7) 高压侧接地开关合位。

(8) 高压侧接地开关分位。

(9) 中压侧接地开关合位。

(10) 中压侧接地开关分位。

(11) 低压侧接地开关合位。

(12) 低压侧接地开关分位。

(13) 备用变压器接地开关合位。

(14) 备用变压器接地开关分位。

1.6 变电站常见告知信号

1.6.1 主变遥信告知信号

变压器遥信告知信号应反映变压器本体、冷却器、有载调压机构、在线滤油装置等重要部件的运行状况,如挡位的调整等。主变遥信告知信号主要包括以下内容:

(1) 主变挡位 BCD 码。

(2) 主变调压开关最低挡。

(3) 主变调压开关最高挡。

(4) 主变调压开关切换中。

(5) 主变调压开关远方操作位置。

(6) 主变调压开关就地操作位置。

(7) 主变调压开关操作到位。

(8) 主变调压开关操作中。

(9) 主变辅助冷却器投入。

(10) 主变在线滤油装置启动。

1.6.2 高压并联电抗器告知信号

高压并联电抗器告知信号主要是高抗风机运行信号。

1.6.3 断路器告知信号

断路器告知信号主要包括以下内容：

(1) 断路器手车就地位置。

(2) 断路器手车试验位置。

(3) 断路器机构就地控制。

(4) 断路器机构远方控制。

(5) 断路器储能电机运转。

(6) 断路器测控装置就地控制。

(7) 断路器插入位置。

(8) 断路器试验位置。

(9) 断路器抽出位置。

1.6.4 隔离开关、接地开关告知信号

隔离开关、接地开关告知信号主要包括以下内容：

(1) 高压侧隔离开关远方操作位置。

(2) 高压侧隔离开关就地操作位置。

(3) 中压侧隔离开关远方操作位置。

(4) 中压侧隔离开关就地操作位置。

(5) 低压侧隔离开关远方操作位置。

(6) 低压侧隔离开关就地操作位置。

(7) 低压侧隔离开关交流电源消失。

(8) 隔离开关远方操作位置。

(9) 隔离开关就地操作位置。

1.6.5 电压互感器、电流互感器告知信号

TV、TA 告知信号主要包括以下内容：

(1) 线路 CVT 小开关分位。

(2) TV 小开关分位。

(3) 站用备用变 TV 小车试验位置。

（4）站用备用变 TV 小车工作位置。

1.6.6 线路告知信号

线路告知信号主要包括以下内容：

（1）线路保护重合闸充电完成。

（2）线路保护重合闸软压板。

（3）线路保护远方操作压板位置。

第 2 章　变电站信号硬件基础与网络通信

变电站综合自动化是计算机技术、信号处理技术、网络通信技术和现代电力电子技术等高新科技在变电站领域的综合应用，它将测量仪表、中央信号系统、继电保护、自动装置和远动装置等站内二次设备经过功能组合和优化设计，实现对全变电站的主要设备监视、测量、控制、保护及与调度间通信等综合自动化功能。

典型变电站综合自动化系统结构如图 2.1 所示。

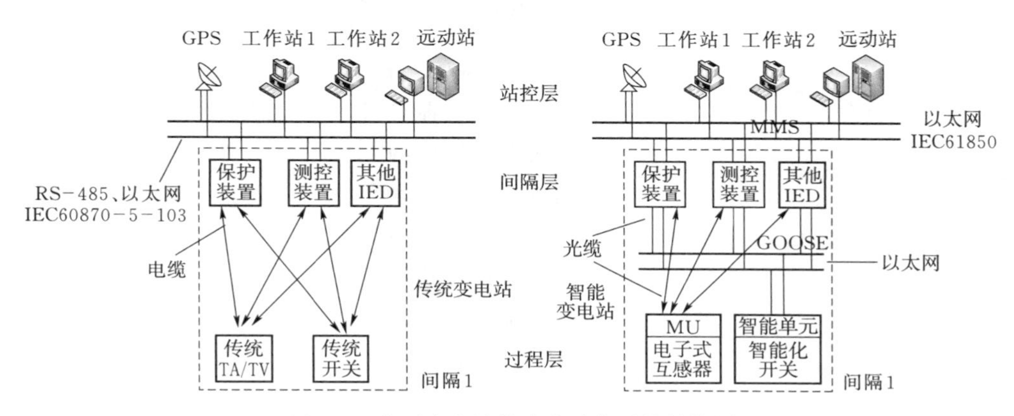

图 2.1　典型变电站综合自动化系统结构图

变电站综合自动化系统主要采用分层分布式、智能化的系统结构。系统内各子系统和各功能模块由单片机或微型计算机组成，通过网络、总线技术将微机保护、数据采集、控制等连接。

变电站各类信号以综合自动化系统为载体，实现上行或下送，形成信息流。本章主要介绍综合自动化系统基础知识、信号硬件基础及网络通信，为理解变电站信号产生、采集、处理与传输奠定基础。

2.1　微型计算机原理

微型计算机系统是 20 世纪最重要的科技成果之一。它能自动、高速、精确地处理信息，微型计算机具有算术运算和逻辑判断能力，并能通过预先编好的程序来自动完成数据的加工处理。因此，也可以说计算机是一种帮助人类从事脑力劳动（包括记忆、计算、分析、判断、设计、咨询、诊断、决策、学习和创造等思维活动）的工具。现在，计算机的应用已深入社会各个角落，极大改变着人们的工作、学习和生活方式，成为信息时代的主要标志。计算机应用的领域包括信息处理和事务管理、科学计算、过程控制、仪器仪表控制以及网络通信等。

目前，微型计算机已经被广泛应用在变电站综合自动化系统中。变电站综合自动化系统站控层设备主要由工作站、网络设备以及外界设备等组成。工作站就是一种高端的通用微型计算机，通常配有高分辨率的屏幕和容量很大的内存储器和外部存储器，并且具有较强的信息处理能力和极高的图形、图像处理以及联网能力。

微型计算机系统由硬件系统和软件系统两大部分组成。硬件系统包括运算器、存储器、控制器、输入和输出设备五个基础组成部分。软件系统包括计算机运行所需要的系统软件和为解决用户各种实际问题编制的应用软件。

2.1.1 微型计算机硬件系统组成

微型计算机硬件系统组成如图 2.2 所示，主要包括微处理器、存储器、输入设备和输出设备、输入/输出接口。

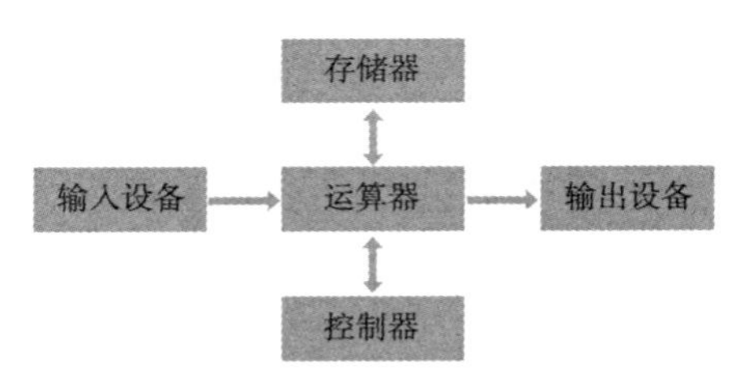

图 2.2 计算机基本组成

1. 微处理器

微处理器（MPU）是指由一片或几片大规模集成电路组成的具有运算器和控制器功能的中央处理机部件，它是计算机系统的核心或“大脑”，支配整个计算机系统工作。

微处理器最基本的功能结构包括运算器、控制器和寄存器。计算机中运算器和控制器合起来称为中央处理器（central processing unit，CPU）。故在微型计算机系统中微处理器也可称为 CPU。

（1）运算器。运算器是执行各种算术和逻辑运算操作的部件。运算器由算术逻辑单元（ALU）、累加器、状态寄存器、通用寄存器组等组成。算术逻辑运算单元（ALU）的基本功能为加、减、乘、除四则运算，与、或、非、异或等逻辑操作，以及移位、求补等操作。计算机运行时，运算器的操作和操作种类由控制器决定。运算器处理的数据来自存储器；处理后的结果数据通常送回存储器，或暂时寄存在运算器中。

（2）控制器。控制器是整个计算机的控制中心，它指挥计算机各部分协调地工作，保证计算机按照预先规定的目标和步骤有条不紊地进行操作及处理。控制器从存储器中逐条取出指令，分析每条指令规定的是什么操作以及所需数据的存放位置等，然后根据分析的结果向计算机其他部件发出控制信号，统一指挥整个计算机完成指令所规定的操作。计算机自动工作的过程实际上是自动执行程序的过程，而程序中的每条指令都是由控制器来分析执行的，它是计算机实现“程序控制”的主要设备。

（3）寄存器。内部存储器阵列是由多个功能不同的寄存器构成，用以存放参加处理和运算的操作数，存放数据处理的中间结果和最终结果等。包括通用寄存器、专用寄存器和控制寄存器。寄存器拥有非常高的读写速度，所以在寄存器之间的数据传送非常快。

2. 存储器

存储器是微机的存储和记忆装置，主要功能是存储程序和数据，并能在计算机运行过程中高速、自动地完成程序或数据的存取。存储器是具有“记忆”功能的设备，它采用具有两种稳定状态的物理器件来存储信息。这些器件也称为记忆元件。在计算机中采用只有两个数码“0”和“1”的二进制来表示数据。记忆元件的两种稳定状态分别表示为“0”和“1”。日常使用的十进制数必须转换成等值的二进制数才能存入存储器中。计算机中处理的各种字符如英文字母、运算符号等，也要转换成二进制代码才能存储和操作。

按照存储器在计算机结构中的位置，可以将其分为内部存储器和外部存储器两大类。内部存储器也称为内存或主存，其作用是暂时存放CPU中的运算数据以及与硬盘等外部存储器交换的数据。

3. 输入设备和输出设备

输入设备和输出设备两者合称为外部设备。输入设备是人或外部与计算机进行交互的一种装置，用于把原始数据和处理这些数的程序输入计算机中。常用的输入设备有键盘、鼠标、扫描仪、模数转换器等。输出设备是把CPU计算和处理结果转换成人们易于理解和阅读的形式，输出到外部，常用的输出设备有打印机、绘图仪、显示器、数模转换器等。

4. 输入/输出接口

计算机输入/输出接口用于外部设备或用户电路与CPU之间进行数据、信息交换以及控制，使用时应用微型计算机总线把外部设备和用户电路连接起来。CPU必须通过输入/输出接口与外部设备交换数据，所以输入/输出接口是CPU与外部设备之间信息传送的桥梁。

2.1.2 微型计算机软件系统组成

硬件是组成计算机的基础，软件是计算机的灵魂。计算机的硬件系统只有安装了软件后才能发挥其应有的作用。使用不同的软件，计算机可以完成各种不同的工作。配备了软件的计算机才成为完整的计算机系统。计算机的软件是计算机内各种程序的总和以及用程序编写的各种文件，实现运行、管理、测试和维护计算机。微型计算机系统的软件分为两大类，即系统软件和应用软件。

系统软件是管理计算机系统的硬件和支持应用软件运行而提供的基本软件，最常用的有操作系统、程序设计语言、数据库管理系统、联网及通信软件等。应用软件是指除了系统软件以外，利用计算机为解决某类问题而设计的程序的集合，主要包括信息管理软件、辅助设计软件、实时控制软件等。

2.2 单片机原理

在变电站综合自动化系统中，测控装置承担着开关量输入信号采集、交流量采集及处理，对断路器、隔离开关等进行控制，与总控单元或与智能设备接口进行通信等任务。测控装置是间隔层的最基本同时也是最重要的装置之一。为了保证供电的质量和电力系统的可靠性，综合自动化系统往往需要通过测控装置收集和处理大量的实时运行参数与状态信号，因此对测控装置处理器性能有更高的要求。

我国早期应用的变电站测控装置主要是由单片机作为其处理器。

2.2.1 单片机简介

单片机是一种集成度很高的单片微型计算机。又称嵌入式微控制器，它将存储器、定时器、接口电路等计算机的基本部件微型化并集成到一块芯片上，具有很高的集成度。所以，一般以某一种微处理器内核为核心，片内通常集成串行、并行、定时器、计数器、中断控制和总线等各种必要功能和外部设备。单片机具有单片化、体积小、功耗低、功能强、性价比高、易于推广应用等显著优点，在自动化装置、智能仪器仪表等许多领域得到日益广泛的应用。

目前单片机已经广泛应用在工业自动化控制、自动检测、智能仪器仪表、家用电器、电力电子、机电一体化等领域。但是，单片机和计算机还是有很大的区别，单片机是在半导体硅片上集成了微处理器（CPU）、存储器（RAM、ROM、EPROM）和各种输入/输出（I/O）接口等形成的芯片级的微型计算机，所以单片机具有计算机的属性，其主要应用于测控领域，也称微控制器 MCU。

单片机的基本组成和基本工作原理与一般微型计算机的相同，但在具体结构和处理过程上又有自己的特点。其主要特点如下：

（1）在存储器结构上，单片机的存储器采用哈佛结构（Harvard），其 ROM 和 RAM 是严格分开的。ROM 称为程序存储器，只存放程序、固定常数和数据表格。RAM 称为数据存储器，用于工作区及存放数据。二者的访问方式也不同，使用不同的寻址方式，通过不同的地址指针访问。单片机的存储器在操作时分为片内程序存储器、片外程序存储器、片内数据存储器、片外数据存储器四种。

（2）在芯片引脚上，单片机大部分采用分时复用技术进行封装。

（3）在内部资源访问上，单片机通过特殊功能寄存器（SFR）的形式来完成资源的访问。

（4）在指令系统上，单片机采用面向控制的指令系统。

（5）单片机内部一般都集成有一个全双工的串行接口。

（6）单片机有很强的外部扩展能力。

通常按单片机数据总线的位数将单片机分为 4 位、8 位、16 位、32 位等。目前，32 位单片机是单片机的发展趋势，随着技术发展及开发成本和产品价格的下降将会与 8 位单片机并驾齐驱。MCS－51 系列单片机是 Intel 公司开发的非常成功的 8 位单片机，具有性价比高、稳定、可靠、高效等特点。许多早期的测控装置硬件设计上采用 MCS－51 系列单片机作为其内核处理器，目前，MCS－51 系列单片机已逐步被性能更高的处理器替代，但是 MCS－51 系列单片机仍是学习和了解单片机的经典入门机型。本节以 MCS－51 系列单片机为例，介绍单片机相关基础内容。

2.2.2 MCS－51 系列单片机硬件资源

自从开放 MCS－51 系列单片机技术以来，不断有其他公司生产各种与 MCS－51 系列单片机兼容或者具有 MCS－51 系列单片机内核的单片机。MCS－51 系列单片机已成为当今 8 位单片机中具有事实“标准”意义的单片机，应用非常广泛。MCS－51 系列单片机采用模块化设计，各种型号的单片机都是在 8051（基本型）的基础上通过增、减部件的方式获得的。

MCS－51 系列单片机具有以下硬件资源：

（1）面向控制的 8 位 CPU。

（2）128B 内部 RAM 数据存储器。

（3）32 位双向输入/输出线。

（4）1 个全双工的异步串行口。

（5）2 个 16 位定时器/计数器。

（6）5 个中断源，2 个中断优先级。

（7）时钟发生器。

（8）可寻址 64KB 程序存储器和 64KB 外部数据存储器。

MCS－51 系列单片机系统结构如图 2.3 所示。

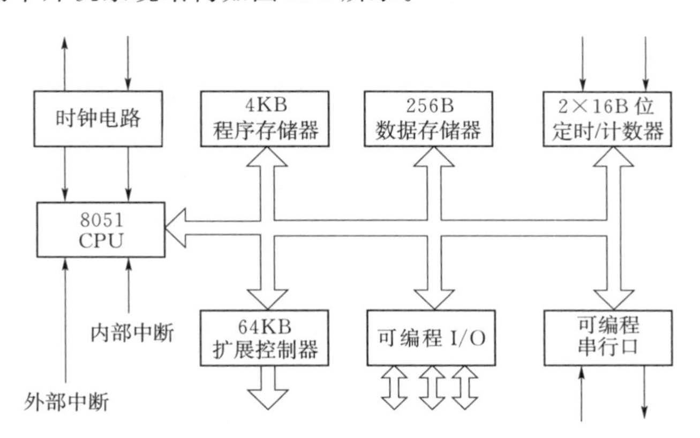

图 2.3　MCS－51 系列单片机系统结构图

2.2.3　单片机中断系统

中断是 CPU 与外设交换信息的一种方式。CPU 在执行正常程序的过程中，当某些随机的异常事件或某种外部请求产生时，CPU 将暂时中断正在执行的正常程序，而去执行对异常事件或外部请求的处理操作。当处理完毕后，CPU 再回到被暂时中断的程序，往下继续执行。CPU 暂停执行现行程序，转而处理随机事件，处理完毕后再返回被中断的程序，这一全过程称为中断。单片机内的中断系统主要用在实时测控中。

1. MCS－51 系列单片机中断源

在中断系统中，将引起中断请求的设备或事件的来源称为中断源。MCS－51 系列单片机有 5 个中断源，提供两个中断优先级，可实现二级中断嵌套。这 5 个中断源如下：

（1）INT0 外部中断 0 请求，由 INT0 引脚输入，中断请求标志为 IE0。

（2）INT1 外部中断 1 请求，由 INT1 引脚输入，中断请求标志为 IE1。

（3）定时器/计数器 T0 溢出中断请求，中断请求标志为 TF0。

（4）定时器/计数器 T1 溢出中断请求，中断请求标志为 TF1。

（5）串行口中断请求，中断请求标志为 TI/RI。

5 个中断源又可以分为三类，分别是外部中断源、定时中断源、串行口接收/发送中断源。

表 2.1　　中断优先级

请求标志	中　断　源	默认中断级别	请求标志	中　断　源	默认中断级别
INT0	外部中断 0	最高	T1 断	定时器/计数器 1 中	第 4
T0	定时器/计数器 0 中断	第 2	TI/RI	串行口中断	第 5
INT1	外部中断 1	第 3			

2. MCS－51 系列单片机中断控制

单片机对中断的开放和屏蔽以及每个中断源是否允许中断，都受到中断允许寄存器 IE 控制，每个中断源的优先级的设定，由中断优先级寄存器 IP 控制。

（1）中断允许寄存器 IE。其位序号及位地址见表 2.2。

表 2.2　　中断允许寄存器 IE

位序号	DB7	DB6	DB5	DB4	DB3	DB2	DB1	DB0
位符号	EA	—	—	ES	ET1	EX1	ET0	EX0

中断允许寄存器 IE 各符号位的含义、功能及操作方法如下：

1）EA——全局中允许位。EA＝1，打开全局中断控制，在此条件下，由各个中断控制位确定相应中断的打开或关闭；EA＝0，关闭全部中断。

2）—，无效位。

3）ES——串行口中断允许位。ES＝1，打开串行口中断；ES＝0，关闭串行口中断。

4）ET1——定时器/计数器 1 中断允许位。ET1＝1，打开 T1 中断；ET1＝0，关闭 T1 中断。

5）EX1——外部中断 1 中断允许位。EX1＝1，打开外部中断 1 中断；EX1＝0，关闭外部中断 1 中断。

6）ET0——定时器/计数器 0 中断允许位。ET0＝1，打开 T0 中断；ET0＝0，关闭 T0 中断。

7）EX0——外部中断 0 中断允许位。EX0＝1，打开外部中断 0 中断；EX0＝0，关闭外部中断 0 中断。

（2）中断优先级寄存器 IP。其位序号及位地址见表 2.3。

表 2.3　　中断优先级寄存器 IP

位序号	DB7	DB6	DB5	DB4	DB3	DB2	DB1	DB0
位符号	—	—	—	PS	PT1	PX1	PT0	PX0

中断优先级寄存器 IP 各位地址的含义、功能及操作方法如下：

1）—，无效位。

2）PS——串行口中断优先级控制位。PS＝1，串行口中断定义为高优先级中断；PS＝0，串行口中断定义为低优先级中断。

3）PT1——定时器/计数器1中断优先级控制位。PT1＝1，定时器/计数器1中断定义为高优先级中断；PT1＝0，定时器/计数器1中断定义为低优先级中断。

4）PX1——外部中断1中断优先级控制位。PX1＝1，外部中断1中断定义为高优先级中断；PX1＝0，外部中断1中断定义为低优先级中断。

5）PT0——定时器/计数器0中断优先级控制位。PT0＝1，定时器/计数器0中断定义为高优先级中断；PT0＝0，定时器/计数器0中断定义为低优先级中断。

6）PX0——外部中断0中断优先级控制位。PX0＝1，外部中断0中断定义为高优先级中断；PX0＝0，外部中断0中断定义为低优先级中断。

2.2.4 单片机定时器/计数器

定时器/计数器简称定时器，其作用主要包括产生各种时标间隔、记录外部事件的数量等，是单片机中最常用、最基本的部件之一。MCS-51系列单片机有两个16位定时器/计数器：定时器0（T0）和定时器1（T1）。

1. 定时器/计数器工作模式寄存器TMOD

定时器/计数器工作模式寄存器TMOD见表2.4。

表2.4　定时器/计数器工作模式寄存器TMOD

位序号	DB7	DB6	DB5	DB4	DB3	DB2	DB1	DB0
位符号	GATE	C/T\	M1	M0	GATE	C/T\	M1	M0
	定时器1				定时器0			

定时器/计数器工作模式寄存器TMOD各位符号的含义、功能及操作方法如下：

1）GATE——门控制位。GATE＝0，定时器/计数器启动与停止仅受TCON寄存器中TRX（X＝0，1）控制；GATE＝1，定时器/计数器启动与停止由TCON寄存器中TRX（X＝0，1）和外部中断引脚（INT0或INT1）上的电平状态共同控制。

2）C/T\——定时器/计数器模式选择位。C/T\＝1，为计数器模式；C/T\＝0，为定时器模式。

3）M1M0——工作模式选择位。其工作模式见表2.5。

表2.5　M1M0的工作模式

M1	M0	工作模式
0	0	方式0，为13位定时器/计数器
0	1	方式1，为16位定时器/计数器
1	0	方式2，8位初值自动重装的8位定时器/计数器
1	1	方式3，仅适用于T0，分成两个8位计数器，T1停止工作

2. 定时器/计数器控制寄存器 TCON

定时器/计数器控制寄存器 TCON 见表 2.6。

表 2.6　　定时器/计数器控制寄存器 TCON

位序号	DB7	DB6	DB5	DB4	DB3	DB2	DB1	DB0
符号位	TF1	TR1	TF0	TR0	IE1	IT1	IE0	IT0

定时器/计数器控制寄存器 TCON 各位符号的含义、功能及操作方法如下：

（1）TF1——定时器 1 溢出标志位。当定时器 1 记满溢出时，由硬件使 TF1 置 1，并且申请中断。进入中断服务程序后，由硬件自动清 0。需要注意的是，如果使用定时器中断，那么该位完全不用人为去操作，但是如果使用软件查询方式，当查询到该位置 1 后，就需要用软件清 0。

（2）TR1——定时器 1 运行控制位。由软件清 0 关闭定时器 1。当 GATE＝1，且 INIT 为高电平时，TR1 置 1 启动定时器 1；当 GATE＝0 时，TR1 置 1 启动定时器 1。

（3）TF0——定时器 0 溢出标志位。其功能及其操作方法同 TF1。

（4）TR0——定时器 0 运行控制位。其功能及操作方法同 TR1。

（5）IE1——外部中断 1 请求标志位。

1）当 IT1＝0 时，为电平触发方式，每个机器周期的 S5P2（第 5 个时钟周期的相位 2）采样 INT1 引脚，若 NIT1 脚为定电平，则置 1，否则 IE1 清 0。

2）当 IT1＝1 时，INT1 为跳变沿触发方式，当第一个及其机器周期采样到 INIT1 为低电平时，则 IE1 置 1。IE1＝1，表示外部中断 1 正向 CPU 中断申请。当 CPU 响应中断，转向中断服务程序时，该位由硬件清 0。

（6）IT1——外部中断 1 触发方式选择位。IT1＝0，电平触发方式，引脚 INT1 上低电平有效；IT1＝1，跳变沿触发方式，引脚 INT1 上的电平从高到低的负跳变有效。

（7）IE0——外部中断 0 请求标志位。其功能及操作方法同 IE1。

（8）IT0——外部中断 0 触发方式选择位。其功能及操作方法同 IT1。

综上所述可知，每个定时器都有 4 种工作模式，可通过设置 TMOD 寄存器中的 M1M0 位选择。

2.3 DSP 简 介

单片机以其极高的性价比，在控制领域得到了广泛的应用。但是，随着生产现场对控制要求的逐步提升，传统单片机已经无法满足控制要求，因此 DSP 应运而生。DSP 既可以指 digital signal processing（DSP 技术），又可以指 digital signal processor（DSP 处理器）。DSP 技术可以归结为：以快速傅里叶变换和数字滤波器为核心，以逻辑电路为基础，以大规模集成电路为手段，利用软硬件来实现各种模拟信号的数字处理，其中包括信号检测、信号变换、信号的调制和解调、信号的运算、信号的传输和信号的交换等。DSP 处理器是专门用于数字信号处理的微处理器，它是在数字信号处理的各种理论和算法的基础上发展起来的。数字信号处理的本质是信息提取和处理，用计算机或专用处理设备，将信息通过模拟、数字或光学方法从各种环境中提取出来，并将其转变为人或机器便于使用的形态。DSP 技术和 DSP 处理器是不可分割的，前者是后者的理论基础，后者是前者理论技术的实现。

由于 DSP 芯片具有运算速度快、运算精度高、芯片损耗小等优点，很多厂家的测控装置产品采用 DSP 芯片作为处理器。以南京南瑞继保电气有限公司 PCS－9705A/B/C 系列测控装置为例，装置使用了 TI 公司 32 位高性能的嵌入式双核处理器，由高速数字信号处理器 DSP 内核负责所有的保护运算。

MS320F28335 型数字信号处理器是 TI 公司的一款 TMS320C28X 系列浮点 DSP 控制器。与以往的定点 DSP 相比，该器件具有精度高、成本低、功耗小、性能高、外设集成度高、数据以及程序存储量大、A/D 转换更精确快速等优点。在保护继电器—配电馈线保护、信号测量—数字万用表（DMM)、变电站控制、太阳能—组串式逆变器等领域得到了广泛应用。

TMS320F28335 型数字信号处理器具有 150MHz 的高速处理能力，具备 32 位浮点处理单元，6 个 DMA 通道支持 ADC、McBSP 和 EMIF，有多达 18 路的 PWM 输出，其中有 6 路为 TI 公司特有的更高精度的 PWM 输出（HRPWM)，12 位 16 通道 ADC。得益于其浮点运算单元，用户可快速编写控制算法而无需在处理小数操作上耗费过多的时间和精力，与前代 DSP 相比，平均性能提高 50%，并与定点 C28x 控制器软件兼容，从而简化软件开发、缩短开发周期、降低开发成本。

2.4 变电站信号处理

变电站设备的遥测、遥信信号是变电运维人员判断设备运行状态的重要依据，是电网和设备安全、稳定运行的重要保障。遥测信号采集的一般是模拟量，包括电压、电流等。电压互感器和电流互感器将一次运行设备的高电压和大电流变换为低电压（一般为 100V 或 57.7V）和小电流（一般为 1A 或 5A)。然而二次装置处理器的 I/O 接口只能识别一定范围的电压值，因此必须进行交流输入量的变换，将电压互感器或电流互感器二次侧电气量转换成小电压信号。遥信信号采集的是继电器触点的闭合或者断开状态。触点的闭合或者断开代表着某一电路回路的通断，通过将通断状态转换为高电平或者低电平从而实现遥信信号的识别。

2.4.1 电气量处理

电力系统电压高、电流大，电压与电流值需要经过一系列的变换、处理后，才能真正被控制装置识别。一般包括互感器变换、交流输入变换、信号滤波与 A/D 转换过程。

1. 电压互感器与电流互感器原理

（1）电压互感器。电压互感器是一种把电网中的高电压转化为低压，便于监视和测量的高压设备。

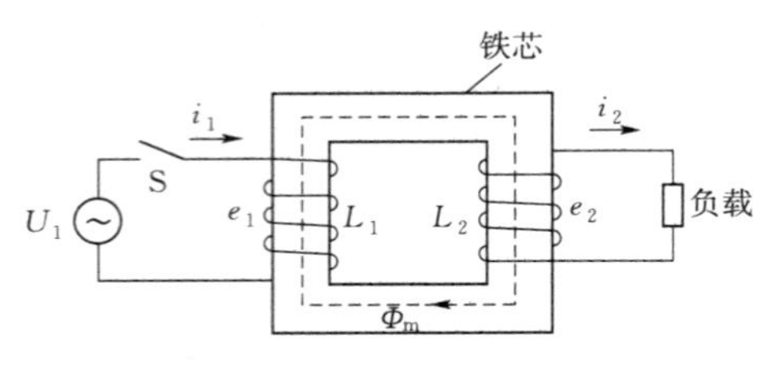

图 2.4　电磁式电压互感器结构

1）电磁式电压互感器。传统的电磁式电压互感器从结构上讲是一种小容量、小体积、大电压比的降压变压器，基本原理与变压器相同，也是由一次和二次绕组、铁芯、引出线以及绝缘结构等构成。电磁式电压互感器结构如图 2.4 所示。

TV 一次、二次侧电动势表示为

$$E_1 = 4.44 f N_1 \Phi_m$$

$$E_2 = 4.44 f N_2 \Phi_m$$

式中：Φ_m 为主磁通幅值，Wb；E_1、E_2 为一次、二次绕组电动势的有效值；f 为频率；N_1、N_2 为线圈匝数。

一次侧电动势 E_1 和二次侧电动势 E_2 之比称为变压器的电动势比，简称变比，用 K 表示，即

$$K = \frac{E_1}{E_2} = \frac{N_1}{N_2}$$

变压器的变比等于一次、二次绕组的匝数比。变压器空载运行时，一次侧 $U_1 \approx E_1$，二次侧电压 $U_2 \approx E_2$，变压器变比约等于一次、二次绕组电压之比，即

$$K = \frac{E_1}{E_2} \approx \frac{U_1}{U_2}$$

2）电容式电压互感器。电容式电压互感器是由串联电容器分压，再经电磁式互感器降压和隔离，和常规的电磁式电压互感器相比，电容式电压互感器器除可防止因电压互感器铁芯饱和引起铁磁谐振外，在经济和安全上还有很多优越之处。电容式电压互感器结构如图 2.5 所示。

设电容器 C_1 和 C_2 的阻抗为

$$Z_{C_1} = r_{C_1} + \frac{1}{j\omega C_1}$$

$$Z_{C_2} = r_{C_2} + \frac{1}{j\omega C_2}$$

式中：r_{C_1}、r_{C_2} 为电容器 C_1 和 C_2 有功损耗的等效电阻，C_1 和 C_2 为电容值。

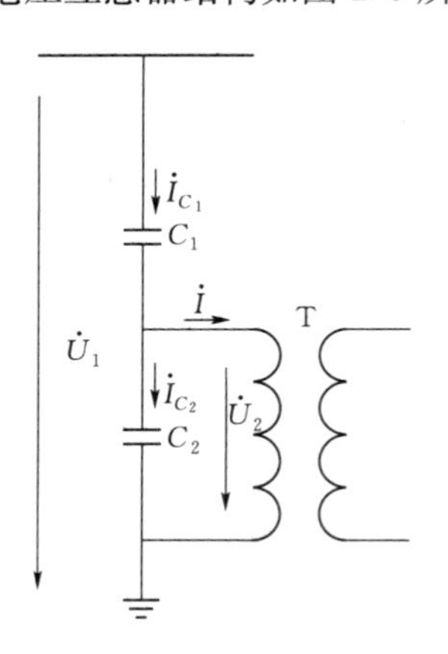

图 2.5　电容式电压互感器结构

根据电路定律可得

$$\begin{cases} \dot{U}_1 = \dot{U}_2 + Z_{C_1}(I + \dot{I}_{C_2}) \\ \dot{U}_2 = Z_{C_2}\dot{I}_{C_2} \end{cases}$$

解方程组可得

$$\dot{U}_2 = \frac{Z_{C_2}}{Z_{C_1} + Z_{C_2}}\dot{U}_1 - \frac{Z_{C_1}Z_{C_2}}{Z_{C_1} + Z_{C_2}}\dot{I}$$

$$\frac{Z_{C_2}}{Z_{C_1} + Z_{C_2}} \approx \frac{C_1}{C_1 + C_2} = K$$

式中：K 为降压比；Z_C为分压器的等值阻抗。

（2）电流互感器。电流互感器的作用是将一次侧大电流转换为较小的二次电流。传统的电流互感器基于电磁感应原理，由相互绝缘的一次绕组、二次绕组、铁芯等部分组成。一次绕组的匝数（N_1）较少，直接串联于电源线路中，二次绕组的匝数（N_2）较多，与电流线圈的二次负荷 Z 串联形成闭合回路。在实际工程应用中，电流互感器多采用穿心式结构，即铁芯采用硅钢片擀卷制成环形，一次导体从环形铁芯中穿过，二次绕组缠绕在环形铁芯上。穿心式电流互感器结构如图 2.6 所示。

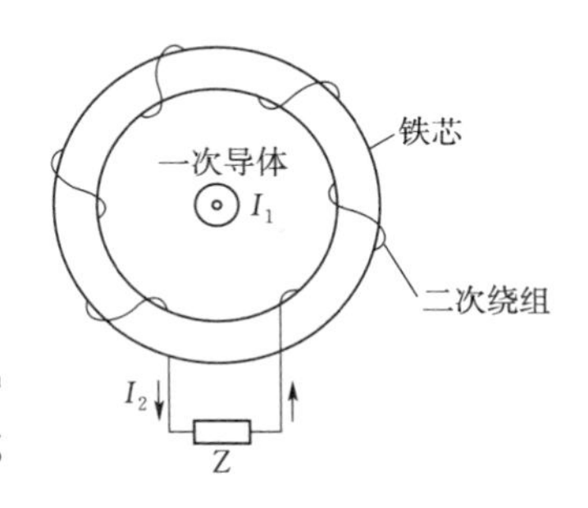

图 2.6　穿心式电流互感器结构

一次电流 I_1流过一次绕组，建立一次磁动势（$N_1 I_1$），亦称为一次安匝，其中 N_1为一次绕组的匝数。一次磁动势分为两部分：一部分用于励磁，在铁芯中产生磁通；另一部分用来平衡二次磁动势（$N_2 I_2$），亦称为二次安匝，其中 N_2为二次绕组的匝数。设励磁电流为 I_0，励磁磁动势（$N_1 I_0$）亦称为励磁安匝。平衡二次磁动势的这部分一次磁动势的大小与二次磁动势相等，但方向相反。

磁动势平衡方程式为

$$\dot{I}_1 N_1 + \dot{I}_2 N_2 = \dot{I}_0 N_1$$

在理想情况下，励磁电流为零，即互感器不消耗能量，则有

$$\dot{I}_1 N_1 + \dot{I}_2 N_2 = 0$$

若用额定值表示，则

$$\dot{I}_{1\mathrm{N}} N_1 = - \dot{I}_{2\mathrm{N}} N_2$$

式中：$\dot{I}_{1\mathrm{N}}$、$\dot{I}_{2\mathrm{N}}$ 为一次、二次绕组额定电流。

一次、二次绕组额定电流之比为电流互感器额定电流比，即

$$K_{\mathrm{N}} = \frac{I_{1\mathrm{N}}}{I_{2\mathrm{N}}}$$

2. 交流输入变换

交流输入变换的目的是将电压互感器二次电压值降低，把电流互感器二次侧电流值变换为电压值。交流输入变换电路如图 2.7 所示。

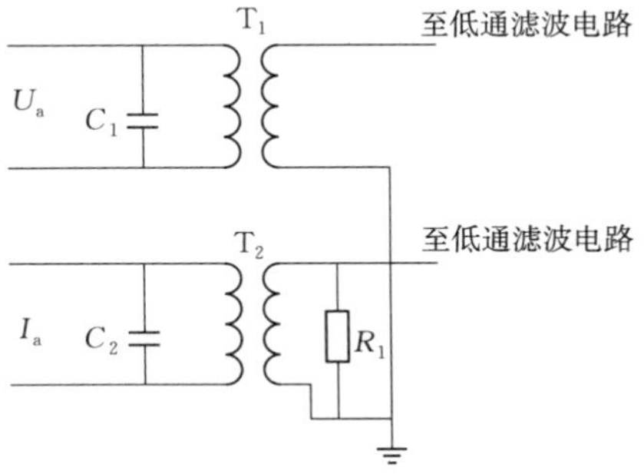

交流输入变换不仅能够将二次电压和二次电流值进行变换，还能实现电力系统与二次装置的有效隔离。

图 2.7　交流输入变换电路

3. 信号滤波

信号滤波是消除或减弱干扰噪声，保留有用信号的过程。实现滤波功能的系统或者电路称为滤波器。

当噪声和有用信号处于不同的频带时，噪声通

过滤波器将被衰减或消除，而有用信号得以保留。根据幅频特性的不同，滤波器分为低通滤波器、高通滤波器、带通滤波器、带阻滤波器等类型。根据处理信号类型的不同，滤波器可分为模拟滤波器和数字滤波器。变电站二次装置的滤波电路主要是滤除高频信号分量，保留低频信号分量，因此多采用低通滤波器。低通滤波器电路如图 2.8 所示。

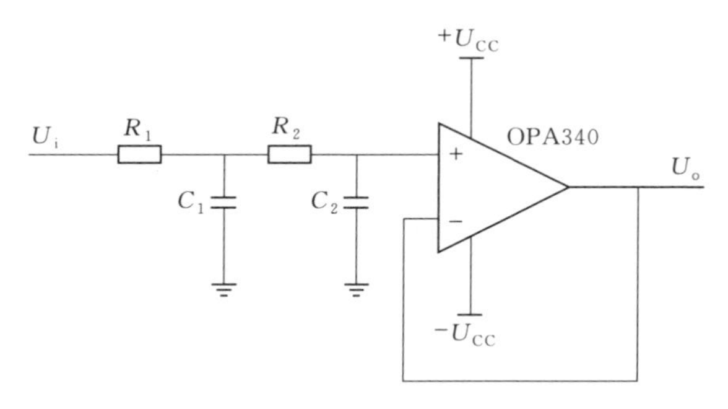

图 2.8　低通滤波器电路

4. A/D 转换

A/D 转换是将电压模拟量转换成处理器可以存储和计算的数字信号。A/D 转换包括采样、保持、量化和编码四个步骤。A/D 转换是为了将数字系统不能识别的信息转化为能识别的结果，在数字系统中只有 0 和 1 两个状态，而模拟量是连续的有很多状态。通过 A/D 转换，具体数值的电压值就变成了一串 0 与 1 的编码。

TMS320F2833X 系列 DSP 芯片集成了 ADC 模块。该模块是一个 12 位具有流水线结构的 A/D 转换器，内置 16 通道，可配置为 2 个独立的 8 通道模块。多个通道能同步进行数据采集，适合多输入、信号电平快速变化的场合。需要指出的是，这里的“同步”是指通道之间同时进行，与同步采样法是两个概念。

部分工业场合对 A/D 转换精度有更高要求，因此需要设计单独的 A/D 转换电路，使用专用转换芯片来实现。

2.4.2　开关量处理

断路器位置状态、继电保护动作信号以及事故总信号最终都可以转化为辅助触点或信号继电器触点的位置信号，故只要将触点位置采集进远程终端控制系统（remote terminal unit，RTU）就完成了遥信信息的采集。为了防止因辅助触点接触不良而造成差错，这些触点回路中所加电压一般都比较高，如直流 24V。电气设备的辅助触点与二次装置有一定距离，连线较长，为了避免干扰耦合，在连线上经二次回路串入远动装置，二次装置与触点回路之间要有隔离措施，目前常用继电器或光电耦合器作为隔离器件。遥信采集电路如图 2.9 所示。

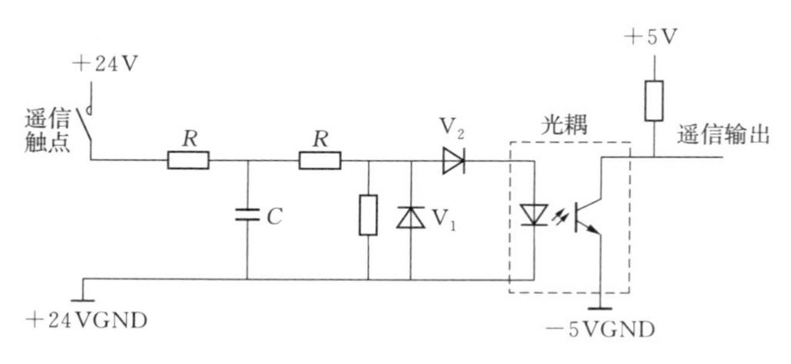

图 2.9　遥信采集电路

图 2.9 中，遥信触点串接在输入电路中，T 型 RC 网络构成低通滤波器，用来滤除遥信回路的高频干扰，电阻还有限流的作用，使进入发光二极管的电流限制在毫安级。两个二极管起保护光耦的作用。在这个电路中，＋24V 和＋5V 是两个独立的电源，且不共地网，使光耦真正起到隔离作用。此外，电容 C 的选择要考虑全面。C 的容量太大，则时间常数大，反应遥信变化的速度慢；C 的容量太小，不易滤除干扰信号，从而产生误遥信。

现以采集断路器状态来说明输入电路的工作原理：设断路器处于分闸状态，其辅助触点闭合，＋24V 经过 RC 网络后输入光耦，光耦中发光二极管发光，光敏三极管导通，遥信输出端得低电平“0”；若断路器处于合闸状态，其辅助触点断开，发光二极管无电不发光，光敏三极管截止，遥信输出端输出高电平“1”，从而完成遥信信息的采集。

在电力系统中，断路器的分合状态一般很少发生变化。如果厂站端重复发送内容不变的遥信信息给调度端，这是一种意义不大的工作，而且占用了信道和装置的 CPU 资源。但是，如果电力系统发生故障造成断路器动作或产生保护状态变化，必须快速、准确采集遥信状态，然后传向调度端，以利于事故的处理。

为达到快速、准确采集遥信状态，遥信开关量输入到控制器中的方式有两种：一是采用定时扫描方式，由 CPU 定时器设置一个固定的时限，每隔一定的时限 CPU 就扫描一次开关量状态；另一种是变位中断方式，只有当设备出现变位，触发中断程序时，才将变位信息输入到 CPU 中。

2.5 计算机网络通信

2.5.1 计算机网络概述

计算机网络是利用通信设备和线路将分布在不同地点、功能独立的多个计算机互连起来，通过功能完善的网络软件，实现网络中资源共享和信息传递的系统。计算机网络由资源子网和通信子网构成。

通信子网由通信节点和通信链路组成，承担计算机网络中的数据传输、交换、加工和变换等通信处理工作。通信节点由通信设备或具有通信功能的计算机组成，通信链路由一段一段的通信线路构成。资源子网由计算机网络中提供资源的终端（称为主机）和申请资源的终端共同构成，包括主计算机、终端、通信控制设备、联网外设、各种软件资源等。

1. 计算机网络的特点

计算机网络具有如下特点：

（1）网络建立的主要目的是实现计算机资源的共享。计算机资源主要指计算机硬件、软件与数据。网络用户可以使用本地计算机资源，可以通过网络访问联网的远程计算机资源，也可以调用网中几台不同的计算机共同完成某项任务。

（2）互连的计算机是分布在不同地理位置的多台独立的“自治计算机系统”（autonomous computer）。它们之间可以没有明确的主从关系，可以联网工作，也可以脱网独立工作。联网计算机可以为本地用户提供服务，也可以为远程网络用户提供服务。

（3）联网计算机在通信过程中必须遵循相同的网络协议。

2. 计算机网络的功能

计算机网络能够实现以下功能：

（1）数据交换和通信。计算机网络中的计算机之间或计算机与终端之间，可以快速、可靠地相互传递数据、程序或文件。例如，电子邮件（E－mail）可以使相隔万里的异地用户快速、准确地相互通信；电子数据交换（EDI）可以实现在商业部门（如银行、海关等）或公司之间进行订单、发票、单据等商业文件安全、准确的交换；文件传输服务（FTP）可以实现文件的实时传递，为用户复制和查找文件提供了有力的工具。

（2）资源共享。在计算机网络中，有许多昂贵的资源和设备，如大型数据库、巨型计算机等，通过资源共享，可以创造更加巨大的社会效益和经济效益。充分利用计算机网络中提供的资源（包括硬件、软件和数据）是计算机网络组网的目标之一。计算机的许多资源是十分昂贵的，不可能为每个用户所拥有。例如，进行复杂运算的巨型计算机、海量存储器、高速激光打印机、大型绘图仪和一些特殊的外部设备等，另外还有大型数据库和大型软件等。这些昂贵的资源都可以为计算机网络上的用户所共享。资源共享既可以使用户减少投资，又可以提高这些计算机资源的利用率。

（3）提高系统的可靠性和可用性。在单机使用的情况下，如没有备用机，计算机有故障则会引起停机。如有备用机，则费用会大大增高。当计算机连成网络后，各计算机可以通过网络互为后备，当某一处计算机发生故障时，可由别处的计算机代为处理，还可以在网络的一些节点上设置一定的备用设备，起全网络公用后备的作用，这种计算机网能起到提高可靠性及可用性的作用。特别是在地理分布很广且具有实时性管理和不间断运行的系统中，建立计算机网络便可保证更高的可靠性和可用性。

（4）均衡负荷，相互协作。对于大型的任务或当网络中某台计算机的任务负荷太重时，可将任务分散到较空闲的计算机上去处理，或由网络中比较空闲的计算机分担负荷。这就使得整个网络资源能互相协作，以免网络中的计算机忙闲不均，既影响任务又不能充分利用计算机资源。

（5）分布式网络处理。在计算机网络中，用户可根据问题的实质和要求选择网内最合适的资源来处理，以便使问题能迅速而经济地得以解决。对于综合性大型问题，可以采用合适的算法将任务分散到不同的计算机上进行处理。各计算机连成网络也有利于共同协作进行重大科研课题的开发和研究。利用网络技术还可以将许多小型机或微型机连成具有高性能的分布式计算机系统，使它具有解决复杂问题的能力，而费用大为降低。

（6）提高系统性价比，易于扩充，便于维护。计算机组成网络后，虽然增加了通信费用，但由于资源共享，明显提高了整个系统的性价比，降低了系统的维护费用，且易于扩充，方便系统维护。

计算机网络的以上功能和特点使得它在社会生活的各个领域得到了广泛的应用。

2.5.2 计算机网络组成

一个完整的计算机网络系统由网络硬件和网络软件所组成。网络硬件是计算机网络系统的物理实现，网络软件是网络系统中的技术支持，两者相互作用，共同完成网络功能。网络硬件一般指网络的计算机和网络连接设备等。网络软件一般指网络操作系统、网络通信协议等。

1. 计算机网络硬件

计算机网络硬件由网络中的计算机和网络连接设备组成。

（1）计算机。在计算机网络中，最核心的组成部分是计算机。计算机网络中的主体设备称为主机（host），一般可分为中心站（又称为服务器）和工作站（客户机）两类。

中心站（服务器）是为网络提供共享资源的基本设备，在其上运行网络操作系统，是网络控制的核心。其工作速度、磁盘及内存容量的指标要求都较高，携带的外部设备多且大都为高级设备。

工作站（客户机）是网络用户入网操作的节点，有自己的操作系统。用户既可以通过运行工作站上的网络软件共享网络上的公共资源，也可以不进入网络，单独工作。用作工作站的客户机一般配置要求不是很高，大多采用个人微机并携带相应的外部设备，如打印机、扫描仪、鼠标等。

（2）网络连接设备。在计算机网络中，除了计算机以外还有大量用于计算机之间、网络与网络之间的连接设备，这些设备称为网络连接设备，包括网卡、中继器、集线器、交换机、网桥和路由器等。

1）网卡。网络接口卡（network interface card，NIC）又称网卡或网络适配器，工作在数据链路层的网络组件，是主机和网络的接口，用于协调主机与网络间数据、指令或信息的发送与接收，硬件结构如图 2.10 所示。在发送方，把主机产生的串行数字信号转换成能通过传输媒介传输的比特流；在接收方，把通过传输媒介接收的比特流重组成为本地设备可以处理的数据。网卡的主要作用为：①读入由其他网络设备传输过来的数据包，经过拆包，将其变成客户机或服务器可以识别的数据，通过主板上的总线将数据传输到所需设备中；②将 PC 发送的数据，打包后输送至其他网络设备中。

2）中继器。中继器（repeater）是网络物理层上面的连接设备。由于传输线路噪声的影响，承载信息的数字信号或模拟信号只能传输有限的距离，中继器的功能是对接收信号进行再生和发送，从而增加信号传输的距离。它连接同一个网络的两个或多个网段。如以太网常常利用中继器扩展总线的电缆长度，标准细缆以太网的每段长度最大为 185m，最多可有 5 段，因此增加中继器后，最大网络电缆长度可提高到 925m。中继器外观如图 2.11 所示。

图 2.10　网卡

图 2.11　中继器

3）集线器。集线器（hub）是属于物理层的硬件设备，可以理解为具有多端口的中继器。同样对接收到的信号进行再生和整形放大，以扩大网络的传输距离。区别在于集线器能够提供多端口服务，也称为多口中继器。集线器是局域网中计算机和服务器的连接设备，是局域网的星形连接点，每个工作站是用双绞线连接到集线器上。集线器的基本功能是信息分发，它把一个端口接收的所有信号向所有端口分发出去。一些集线器在分发之前将弱信号重新生成，一些集线器整理信号的时序以提供所有端口间的同步数据通信。集线器的外观如图 2.12 所示。

图 2.12　集线器

4）交换机。交换机（switch）是一种基于 MAC 地址识别、能完成封装转发数据包功能的网络设备。与集线器广播的方式不同，它维持一张 MAC 地址表，可以为接入交换机的任意两个网络节点提供独享的电信号通路。这是交换机的一个重要特点，它不是像集线器那样每个端口共享整个带宽，它的每一端口都是独享交换机的一部分总带宽，对于每个端口来说在速率上有了根本的保障。另外，使用交换机也可以把网络“分段”，通过对照地址表，交换机只允许必要的网络流量通过交换机。通过交换机的过滤和转发，可以有效地隔离广播风暴，减少误包和错包的出现，避免共享冲突。这样，交换机就可以在同一时刻进行多个节点之间的数据传输，每一个节点都可视为独立的网段，连接在其上的网络设备独自享有固定的一部分带宽，无须同其他设备竞争使用。如当节点 A 向节点 D 发送数据时，节点 B 可同时向节点 C 发送数据，而且这两个传输都享有自己的带宽，都有着自己的虚拟连接。交换机的外观如图 2.13 所示。

图 2.13　交换机

5）网桥。网桥（bridge）将两个相似的网络连接起来，并对网络数据的流通进行管理。它工作于数据链路层，不但能扩展网络的距离或范围，而且可提高网络的性能、可靠性和安全性。网络 1 和网络 2 通过网桥连接后，网桥接收网络 1 发送的数据包，检查数据包中的地址，如果地址属于网络 1，它就将其放弃，相反，如果是网络 2 的地址，它就继续发送给网络 2，这样可利用网桥隔离信息，将同一个网络号划分成多个网段（属于同一个网络号），隔离出安全网段，防止其他网段内的用户非法访问。由于网络的分段，各网段相对独立（属于同一个网络号），一个网段的故障不会影响到另一个网段的运行。网桥的外观如图 2.14 所示。

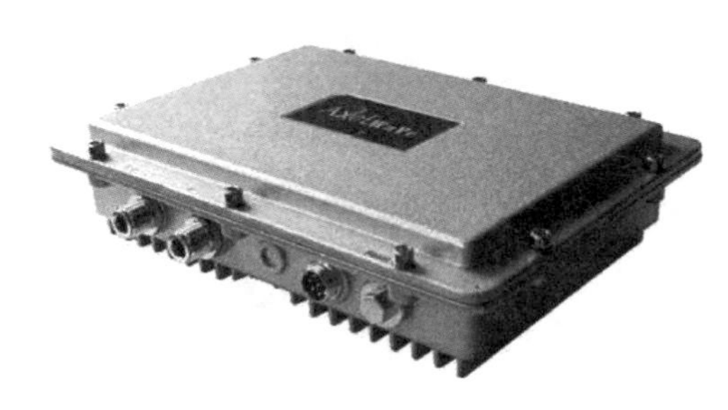

图 2.14　网桥

6）路由器。路由器（router）工作在网络层，能够根据一定的路由选择算法，结合数据包中的目的 IP 地址，确定传输数据的最佳路径。同样是维持一张地址与端口的对应表，但与网桥和交换机不同之处在于，网桥和交换机利用MAC地址来确定数据的转发端口，而路由器利用网络层中的IP地址做出相应的决定。由于路由选择算法比较复杂，路由器的数据转发速度比网桥和交换机慢，主要用于广域网之间或广域网与局域网的互联。

7）防火墙。防火墙（fire wall）是一个位于计算机和它所连接的网络之间的软件或硬件（硬件防火墙将隔离程序直接固化到芯片上，因为价格昂贵，应用较少，如国防以及大型机房等），它实际上是一种隔离技术。防火墙是在两个网络通信时执行的一种访问权限控制，它能将非法用户或数据拒之门外，最大限度地阻止网络上黑客的攻击，从而保护内部网免受入侵。

2. 计算机网络软件

在计算机网络系统中，除了各种网络硬件设备外，还必须具有网络软件。

（1）网络操作系统。网络操作系统是网络软件中最主要的软件，用于实现不同主机之间的用户通信，以及全网硬件和软件资源的共享，并向用户提供统一的、方便的网络接口，便于用户使用网络。操作系统主要有UNIX、LINUX和Windows。

（2）网络协议软件。网络协议是网络通信的数据传输规范，网络协议软件是用于实现网络协议功能的软件。目前，典型的网络协议软件有TCP/IP协议、IPX/SPX协议、IEEE802标准协议系列等。其中，TCP/IP是当前异种网络互连应用最为广泛的网络协议软件。

（3）网络管理软件。网络管理软件是用来对网络资源进行管理以及对网络进行维护的软件，如性能管理、配置管理、故障管理、计费管理、安全管理、网络运行状态监视与统计等。

（4）网络通信软件。网络通信软件是用于实现网络中各种设备之间通信的软件，使用户能够在不必详细了解通信控制规程的情况下，控制应用程序与多个站进行通信，并对大量的通信数据进行加工和管理。

（5）网络应用软件。网络应用软件为网络用户提供服务，最重要的特征是它研究的重点不是网络中各个独立的计算机本身的功能，而是如何实现网络特有的功能。

2.5.3 计算机网络拓扑

计算机网络拓扑是指网络中各个站点相互连接的形式。计算机网络拓扑结构分为总线型拓扑结构、环形拓扑结构、星形拓扑结构、网状拓扑结构、树形拓扑结构（由总线型演变而来）以及它们的混合型。

1. 总线型拓扑结构

总线型拓扑结构是将文件服务器和工作站都连在称为总线的一条公共电缆上，且总线两端必须有终结器。如图2.15所示，总线型拓扑结构是一种基于多点连接的拓扑结构，是将网络中的所有设备通过相应的硬件接口直接连接在共同的传输介质上。总线型拓扑结构使用一条所有PC都可访问的公共通道，每台PC只要连一条线缆即可。

在总线型拓扑结构中，所有网络上的计算机都通过相应的硬件接口直接连在总线上，任何一个节点的信息都可以沿着总线向两个方向传输扩散，并且能被总线中任何一个节点所接收。由于其信息向四周传播，类似于广播电台，故总线型网络也被称为广播式网络。总线有一定的负载能力，因此，总线长度有一定限制，一条总线也只能连接一定数量的节点。

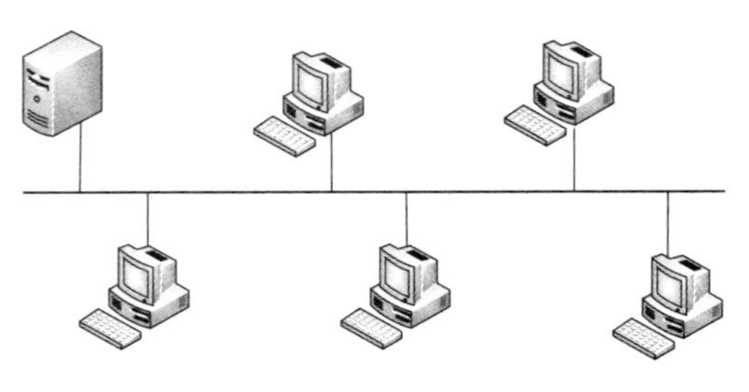

图 2.15　总线型拓扑结构

总线型拓扑结构特点为：结构简单灵活，非常便于扩充；可靠性高，网络响应速度快；设备量少、价格低、安装使用方便；共享资源能力强，非常便于广播式工作，即一个节点发送，所有节点都可接收。

总线型拓扑结构的优缺点见表 2.7。

表 2.7　总线型拓扑结构的优缺点

优　点	缺　点
（1）总线型结构所需要的电缆数量少。 （2）总线型结构简单，又是无源工作，有较高的可靠性。 （3）易于扩充，增加或减少用户比较方便。 （4）布线容易	（1）总线的传输距离有限，通信范围受到限制。 （2）故障诊断和隔离较困难。 （3）分布式协议不能保证信息的及时传送，不具有实时功能。 （4）所有的数据都需经过总线传送，总线成为整个网络的瓶颈。 （5）由于信道共享，连接的节点不宜过多，总线自身的故障可以导致系统的崩溃。 （6）所有的 PC 共享线缆，如果某一个节点出错，将影响整个网络

2. 环形拓扑结构

环形拓扑结构中各节点通过环路接口连在一条首尾相连的闭合环形通信线路中，就是把每台 PC 连接起来，数据沿着环依次通过每台 PC 直接到达目的地，环路上任何节点均可以请求发送信息。请求一旦被批准，便可以向环路发送信息。环形拓扑结构中的数据可以是单向传输也可是双向传输。信息在每台设备上的延时时间是固定的。环形拓扑结构如图 2.16 所示。

由于环线公用，一个节点发出的信息必须穿越环中所有的环路接口，信息流中目的地址与环上某节点地址相符时，信息被该节点的环路接口所接收，而后信息继续流向下一环路接口，一直流回到发送该信息的环路接口节点为止，环形拓扑结构特别适合用于实时控制的局域网系统。在环行结构中，每台 PC 都与另两台 PC 相连，每台 PC 的接口适配器必须接收数据再传往另一台 PC。因为两台 PC 之间都有电缆，所以能获得好的双向传输性能。

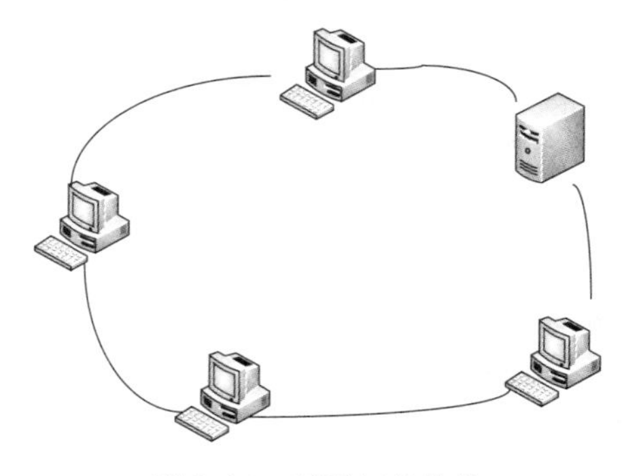

图 2.16　环形拓扑结构

环形拓扑结构特点是：信息流在网中是沿着固

定方向流动的，两个节点仅有一条道路，故简化了路径选择的控制；环路上各节点都是自举控制，故控制软件简单；由于信息源在环路中是串行地穿过各个节点，当环中节点过多时，势必影响信息传输速率，使网络的响应时间延长；环路是封闭的，不便于扩充；可靠性低，一个节点故障，将会造成全网瘫痪；维护难，对分支节点故障定位较难。环形拓扑结构的优缺点见表 2.8。

表 2.8　　环形拓扑结构的优缺点

优　　点	缺　　点
(1) 结构简单。 (2) 增加或减少工作站时，仅需简单的连接操作。 (3) 可使用光纤，传输距离远。 (4) 电缆长度短。 (5) 传输延迟确定。 (6) 信息在网络中沿固定方向流动，两个节点间仅有唯一的通路，大大简化了路径选择的控制。 (7) 某个节点发生故障时，可以自动旁路，可靠性较高	(1) 环网中的每个节点均成为网络可靠性的瓶颈，任意节点出现故障都会造成网络瘫痪。 (2) 故障检测困难。 (3) 环形拓扑结构的媒体访问控制协议都采用令牌传递的方式，在负载很轻时，信道利用率相对比较低。 (4) 由于信息是串行穿过多个节点环路接口，当节点过多时，影响传输效率，使网络响应时间变长。 (5) 由于环路封闭，故扩充不方便

3. 星形拓扑结构

星形拓扑结构是一种以中央节点为中心，把若干外围节点连接起来的辐射式互连结构，各节点与中央节点通过点与点方式连接，中央节点执行集中式通信控制策略，因此中央节点相当复杂，负担也重。这种结构适用于局域网，特别是近年来连接的局域网大都采用这种连接方式。这种连接方式以双绞线或同轴电缆作连接线路。在中心放一台中心计算机，每个臂的端点放置一台 PC，所有的数据包及报文通过中心计算机来通信，除了中心机外每台 PC 仅有一条连接，这种结构需要大量的电缆，星形拓扑结构可以看成一层的树形结构，不需要多层 PC 的访问权争用。星形拓扑结构如图 2.17 所示。

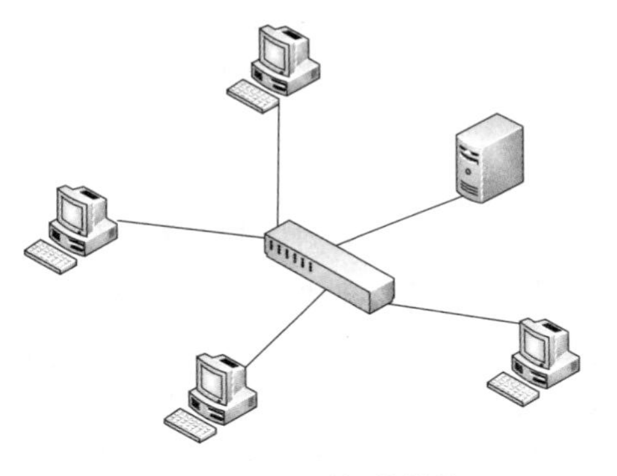

图 2.17　星形拓扑结构

星形拓扑结构特点是每个节点都由一条单独的通信线路与中心节点联结。其优缺点见表 2.9。

表 2.9　　星形拓扑结构的优缺点

优　　点	缺　　点
(1) 结构简单、容易实现、便于管理，通常以集线器作为中央节点，便于维护和管理。 (2) 故障诊断和隔离容易。 (3) 网络延迟时间短，误码率低	(1) 电缆长度和安装工作量可观。 (2) 中央节点的负担较重，形成瓶颈。 (3) 中心节点出现故障会导致网络的瘫痪。 (4) 各站点的分布处理能力较低。 (5) 网络共享能力较差，通信线路利用率不高

4. 网状拓扑结构

网状拓扑又称为无规则结构。将多个子网或多个局域网连接起来构成网状拓扑结构。在一个子网中，集线器、中继器将多个设备连接起来，而桥接器、路由器及网关则将子网连接起来。网状拓扑结构如图 2.18 所示。

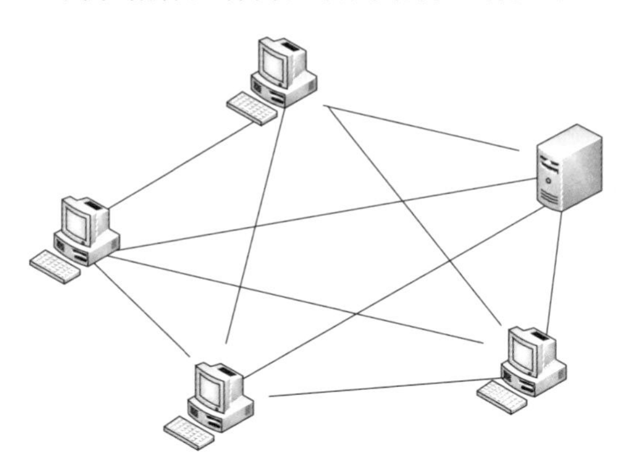

图 2.18　网状拓扑结构

网状拓扑结构的特点是其节点之间的连接是任意的，没有规律。

2.5.4　计算机网络体系结构

计算机网络体系结构是网络协议的层次划分与各层协议的集合，同一层中的协议根据该层所要实现的功能来确定。各对等层之间的协议功能由相应的底层提供服务完成。计算机网络体系结构的设计采用的是分层思想，必须解决以下问题：

（1）网络体系结构应该具有哪些层次，每一个层次又负责哪些功能。

（2）各个层次之间的关系如何，它们又如何进行交互。

（3）要想确保通信的双方可以达成高度默契，它们又需要遵循哪些规则。

1. OSI/RM 模型

国际标准化组织（International Standards Organization，ISO）在 20 世纪 80 年代提出的开放系统互联参考模型（open system interconnection，OSI），这个模型将计算机网络通信协议分为 7 层，如图 2.19 所示。

OSI 模型是一个定义异构计算机连接标准的框架结构，其具有以下特点：①网络中异构的每个节点均有相同的层次，相同层次具有相同的功能；②同一节点内相邻层次之间通过接口通信；③相邻层次间接口定义原语操作，由低层向高层提供服务；④不同节点的相同层次之间，其通信由该层次的协议管理；⑤每层次完成对该层所定义的功能，修改本层次功能不影响其他层；⑥仅在最低层进行直接数据传送；⑦定义的是抽象结构，并非具体实现的描述。

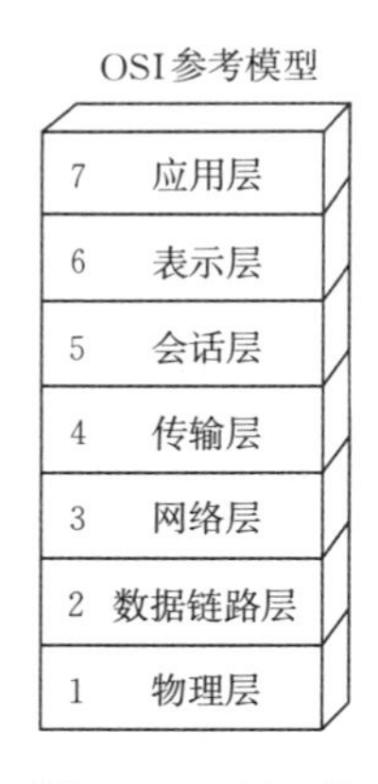

图 2.19　OSI 的 7 层结构

在 OSI 模型网络体系结构中，除了物理层之外，网络中数据的实际传输方向是垂直的。数据由用户发送进程发送给应用层，向下经表示层、会话层等到达物理层，再经传输媒体传到接收端，由接收端物理层接收，向上经数据链路层等到达应用层，再由用户获取。数据在由发送进程交给应用层时，由应用层加上该层有关控制和识别的信息，再向下传送，这一过程一直重复到物理层。在接收端信息向上传递时，各层的有关控制和识别的信息被逐层剥去，最后数据送到接收进程。

现在一般在制定网络协议和标准时，都把 ISO/OSI 参考模型作为参照基准，并说明与该参照基准的对应关系。例如，在 IEEE 802 局域网 LAN 标准中，只定义了物理层和数据链路层，并且增强了数据链路层的功能。在广域网WAN协议中，CCITT的X.25建议包含了物理层、数据链路层和网络层等三层协议。一般来说，网络的低层协议决定了一个网络系统的传输特性，如所采用的传输介质、拓扑结构及介质访问控制方法等，这些通常由硬件来实现；网络的高层协议则提供了与网络硬件结构无关的、更加完善的网络服务和应用环境，这些通常是由网络操作系统来实现的。

（1）物理层（physical layer）。物理层建立在物理通信介质的基础上，作为系统和通信介质的接口，用来实现数据链路实体间透明的比特流传输。只有该层为真实物理通信，其他各层为虚拟通信。物理层实际上是设备之间的物理接口，物理层传输协议主要用于控制传输媒体。

1）物理层的特性。物理层提供与通信介质的连接，提供为建立、维护和释放物理链路所需的机械特性、电气特性、功能特性和规程特性，提供在物理链路上传输非结构的位流以及故障检测指示。物理层向上层提供位信息的正确传送。其中机械特性主要规定接口连接器的尺寸、芯数和芯的位置的安排、连线的根数等；电气特性主要规定了每种信号的电平、信号的脉冲宽度、允许的数据传输速率和最大传输距离；功能特性规定了接口电路引脚的功能和作用；规程特性规定了接口电路信号发出的时序、应答关系和操作过程，例如，怎样建立和拆除物理层连接，是全双工还是半双工等。

2）物理层功能。为了实现数据链路实体之间比特流的透明传输，物理层应具有以下功能：

a. 物理连接的建立与拆除。当数据链路层请求在两个数据链路实体之间建立物理连接时，物理层能够立即为它们建立相应的物理连接。若两个数据链路实体之间要经过若干中继数据链路实体时，物理层还能够对这些中继数据链路实体进行互连，以建立起一条有效的物理连接。当物理连接不再需要时，由物理层立即拆除。

b. 物理服务数据单元传输。物理层既可以采取同步传输方式，也可以采取异步传输方式来传输物理服务数据单元。

c. 物理层管理。对物理层收发进行管理，如功能的激活（何时发送和接收、异常情况处理等）、差错控制（传输中出现的奇偶错和格式错）等。

（2）数据链路层（data link layer）。数据链路层为网络层相邻实体间提供传送数据的功能和过程；提供数据流链路控制；检测和校正物理链路的差错。物理层不考虑位流传输的结构，而数据链路层主要职责是控制相邻系统之间的物理链路，传送数据以帧为单位，规定字符编码、信息格式，约定接收和发送过程，在一帧数据开头和结尾附加特殊二进制编码作为帧界识别符，以及发送端处理接收端送回的确认帧，保证数据帧传输和接收的正确性，保证发送和接收速度的匹配及流量控制等。

1）数据链路层的目的。提供建立、维持和释放数据链路连接以及传输数据链路服务数据单元所需的功能和过程的手段。数据链路连接是建立在物理连接基础上的，在物理连接建立以后，进行数据链路连接的建立和数据链路连接的拆除。具体来讲就是每次通信前后，双方相互联系以确认一次通信的开始和结束，在一次物理连接上可以进行多次通信。数据链路层检测和校正在物理层出现的错误。

2）数据链路层的功能和服务。数据链路层的主要功能是为网络层提供连接服务，并在数据链路连接上传送数据链路协议数据单元 L－PDU，一般将 L－PDU 称为帧。数据链路层服务可分为以下 3 种：

a. 无应答、无连接服务。发送前不必建立数据链路连接，接收方也不作应答，出错和数据丢失时也不作处理。这种服务质量低，适用于线路误码率很低以及传送实时性要求高的（如语音类的）信息等。

b. 有应答、无连接服务。当发送主机的数据链路层要发送数据时，直接发送数据帧。目标主机接收数据链路的数据帧，并经校验结果正确后，向源主机数据链路层返回应答帧；否则返回否定帧，发送端可以重发原数据帧。这种方式发送的第一个数据帧除传送数据外，也起数据链路连接的作用。这种服务适用于一个节点的物理链路多或通信量小的情况，其实现和控制都较为简单。

c. 面向连接的服务。该服务一次数据传送分为数据链路建立、数据帧传送和数据链路拆除 3 个阶段。数据链路建立阶段要求双方的数据链路层做好传送的准备；数据帧传送阶段是将网络层递交的数据传送到对方；数据链路拆除阶段是当数据传送结束时，拆除数据链路连接。这种服务的质量好，是 ISO/OSI 参考模型推荐的主要服务方式。

3）数据链路数据单元。数据链路层与网络层交换数据格式为服务数据单元。数据链路服务数据单元配上数据链路协议控制信息形成数据链路协议数据单元。

数据链路层能够从物理连接上传输的比特流中识别出数据链路服务数据单元的开始和结束，以及识别出其中的每个字段，实现正确的接收和控制，能按发送的顺序传输到相邻结点。

4）数据链路层协议。数据链路层协议可分为面向字符的通信规程和面向比特的通信规程。

a. 面向字符的通信规程。它是利用控制字符控制报文的传输。报文由报头和正文两部分组成。报头用于传输控制，包括报文名称、源地址、目标地址、发送日期以及标识报文开始和结束的控制字符。正文则为报文的具体内容。目标节点对收到的源节点发来的报文进行检查，若正确，则向源节点发送确认的字符信息；否则发送接收错误的字符信息。

b. 面向比特的通信规程。典型的是以帧为传送信息的单位，帧分为控制帧和信息帧。在信息帧的数据字段（即正文）中，数据为比特流。比特流用帧标志来划分帧边界，帧标志也可用作同步字符。

（3）网络层（net work layer）。广域网络一般都划分为通信子网和资源子网。物理层、数据链路层和网络层组成通信子网，网络层是通信子网的最高层，完成对通信子网的运行控制。网络层和传输层的界面既是层间的接口，又是通信子网和用户主机组成的资源子网的界限，网络层利用本层和数据链路层、物理层两层的功能向传输层提供服务。

数据链路层的任务是在相邻两个节点间实现透明的、无差错的帧级信息的传送，而网络层则要在通信子网内把报文分组从源节点传送到目标节点。在网络层的支持下，两个终端系统的传输实体之间要进行通信，只需把要交换的数据交给它们的网络层便可实现。至于网络层如何利用数据链路层的资源来提供网络连接，对传输层是透明的。

网络层控制分组传送操作，即路由选择、拥塞控制、网络互连等功能，根据传输层的要求来选择服务质量，向传输层报告未恢复的差错。网络层传输的信息以报文分组为单位，它将来自源的报文转换成发送报文，并经路径选择算法确定路径送往目的地。网络层协议用于实现这种传送中涉及的中继节点路由选择、子网内的信息流量控制以及差错处理等。

1）网络层功能。网络层的主要功能是支持网络层的连接。网络层的具体功能如下：

a. 建立和拆除网络连接。在数据链路层提供的数据链路连接的基础上，建立传输实体间或者若干个通信子网的网络连接。互连的子网可采用不同的子网协议。

b. 路径选择、中继和多路复用。网际的路径和中继不同于网内的路径和中继，网络层可以在传输实体的两个网络地址之间选择一条适当的路径，或者在互连的子网之间选择一条适当的路径和中继，并提供网络连接多路复用的数据链路连接，以提高数据链路连接的利用率。

c. 分组、组块和流量控制。数据分组是指将较长的数据单元分割为一些相对较小的数据单元；数据组块是指将一些相对较小的数据单元组成块后一起传输，用以实现网络服务数据单元的有序传输，以及对网络连接上传输的网络服务数据单元进行有效的流量控制，以免发生信息“堵塞”现象。

d. 差错的检测与恢复。利用数据链路层的差错报告，以及其他的差错检测能力来检测经网络连接所传输的数据单元，检测是否出现异常情况，并可以从出错状态中解脱出来。

2）数据报和虚电路。网络层中提供两种方式的网络服务，即无连接服务和面向连接的服务，它们又被称为数据报服务和虚电路服务。

a. 数据报（datagram）服务。在数据报服务方式中，网络层从传输层接受报文，拆分为报文分组，并且独立地传送，因此数据报格式中包含有源和目标节点的完整网络地址、服务要求和标识符。发送时，由于数据报每经过一个中继节点时，都要根据当时情况按照一定的算法为其选择一条最佳的传输路径，因此，数据报服务方式不能保证这些数据报按序到达目标节点，需要在接收节点根据标识符重新排序。

数据报服务方式对故障的适应性强，若某条链路发生故障，则数据报服务可以绕过这些故障路径而另选择其他路径，把数据报传送至目标节点。数据报服务方式易于平衡网络流量，因为中继节点可为数据报选择一条流量较少的路由，从而避开流量较高的路由。数据报传输不需建立连接，目标节点在收到数据报后，也不需发送确认，因而是一种开销较小的通信方式。但是发方不能确切地知道对方是否准备好接收、是否正在忙碌，故数据报服务的可靠性不是很高；而且数据报发送每次都附加源和目标主机的全网名称，降低了信道利用率。

b. 虚电路（virtue circuit）服务。在虚电路服务方式下，在源主机与目标主机通信之前，必须为分组传输建立一条逻辑通道，称为虚电路。为此，源节点先发送请求分组Call－Request，Call－Request包含了源和目标主机的完整网络地址。Call－Request途经每一个通信网络节点时，都要记下为该分组分配的虚电路号，并且路由器为它选择一条最佳传输路由发往下一个通信网络节点。当请求分组到达目标主机后，若它同意与源主机通信，沿着该虚电路的相反方向发送请求分组 Call－Request 给源节点，当在网络层为双方建立起一条虚电路后，每个分组中不必再填上源主机和目标主机的全网地址，而只需标上虚电路号，即可以沿着固定的路由传输数据。当通信结束时，将该虚电路拆除。

虚电路服务能保证主机所发出的报文分组按序到达。由于在通信前双方已进行过联系，每发送完一定数量的分组后，对方也都给予确认，故可靠性较高。

3）路由选择。网络层的主要功能是将分组从源节点经过选定的路由送到目标节点，分组途经多个通信网络节点造成多次转发，存在路由选择问题。路由选择或称路径控制，是指网络中的节点根据通信网络的情况（可用的数据链路、各条链路中的信息流量），按照一定的策略（传输时间最短、传输路径最短等）选择一条可用的传输路由，把信息发往目标节点。

网络路由选择算法是网络层软件的一部分，负责确定所收到的分组应传送的路由。当网络内部采用无连接的数据报方式时，每传送一个分组都要选择一次路由。当网络层采用虚电路方式时，在建立呼叫连接时，选择一次路径，后继的数据分组就沿着建立的虚电路路径传送，路径选择的频度较低。

路由选择算法可分为静态算法和动态算法。静态路由算法是指总是按照某种固定的规则来选择路由，如扩散法、固定路由选择法、随机路由选择法和流量控制选择法。动态路由算法是指根据拓扑结构以及通信量的变化来改变路由，如孤立路由选择法、集中路由选择法、分布路由选择法、层次路由选择法等。

（4）传输层（transport layer）。从传输层向上的会话层、表示层、应用层都属于端—端的主机协议层。传输层是网络体系结构中最核心的一层，传输层将实际使用的通信子网与高层应用分开。从这层开始，各层通信全部是在源与目标主机上的各进程间进行的，通信双方可能经过多个中间节点。传输层为源主机和目标主机之间提供性能可靠、价格合理的数据传输。具体实现上是在网络层的基础上再增添一层软件，使之能屏蔽掉各类通信子网的差异，向用户提供一个通用接口，使用户进程通过该接口方便地使用网络资源并进行通信。

1）传输层功能。传输层独立于所使用的物理网络，提供传输服务的建立、维护和连接拆除的功能；选择网络层提供的最适合的服务。传输层接收会话层的数据，分成较小的信息单位，再送到网络层，实现两传输层间数据的无差错透明传送。

传输层可以使源主机与目标主机之间以点对点的方式简单地连接起来，真正实现端—端间的可靠通信。传输层服务通过服务原语提供给传输层用户（可以是应用进程或者会话层协议），传输层用户使用传输层服务是通过传送服务端口 TSAP 实现的。当一个传输层用户希望与远端用户建立连接时，通常定义传输服务访问点 TSAP。提供服务的进程在本机 TSAP 端口等待传输连接请求，当某一节点机的应用程序请求该服务时，向提供服务的节点机的 TSAP 端口发出传输连接请求，并表明自己的端口和网络地址。如果提供服务的进程同意，就向请求服务的节点机发确认连接，并对请求该服务的应用程序传递消息，应用程序收到消息后，释放传输连接。

传输层提供面向连接和无连接两种类型的服务。这两种类型的服务和网络层的服务非常相似。传输层提供这两种类型服务是因为用户不能对通信子网加以控制，无法通过使用通信处理机来改善服务质量。传输层提供比网络层更可靠的端—端间数据传输和更完善的查错纠错功能。传输层之上的会话层、表示层、应用层都不包含任何数据传送的功能。

2）传输层协议类型。传输层协议和网络层提供的服务有关。网络层提供的服务越完善，传输层协议就越简单，网络层提供的服务越简单，传输层协议就越复杂。传输层服务可分成以下5类：

0类：提供最简单形式的传送连接，提供数据流控制。

1类：提供最小开销的基本传输连接，提供误差恢复。

2类：提供多路复用，允许几个传输连接多路复用一条链路。

3类：具有0类和1类的功能，提供重新同步和重建传输连接的功能。

4类：用于不可靠传输层连接，提供误差检测和恢复。

基本协议机制包括建立连接、数据传送和拆除连接。传输连接涉及四种不同类型的标识：①用户标识，即服务访问点SAP，允许实体多路数据传输到多个用户；②网络地址，标识传输层实体所在的站；③协议标识，当有多个不同类型的传输协议的实体时，对网络服务标识出不同类型的协议；④连接标识，标识传送实体，允许传输连接多路复用。

（5）会话层（session layer）。会话是指两个用户进程之间的一次完整通信。会话层提供不同系统间两个进程建立、维护和结束会话连接的功能；提供交叉会话的管理功能，有一路交叉、两路交叉和两路同时会话的。

1）会话层的主要功能。会话层的作用是提供一个面向应用的连接服务。建立连接时，将会话地址映射为传输地址。会话连接和传输连接有3种对应关系：一个会话连接对应一个传输连接；多个会话连接建立在一个传输连接上；一个会话连接对应多个传输连接。

数据传送时，可以进行会话的常规数据、加速数据、特权数据和能力数据的传送。

会话释放时，允许正常情况下的有序释放；异常情况下由用户发起的异常释放和服务提供者发起的异常释放。

2）会话活动。会话服务用户之间的交互对话可以划分为不同的逻辑单元，每个逻辑单元称为活动。每个活动完全独立于它前后的其他活动，且每个逻辑单元的所有通信不允许分隔开。

会话活动由会话令牌来控制，保证会话有序进行。会话令牌分为数据令牌、释放令牌、次同步令牌和主同步令牌四种。令牌是互斥使用会话服务的手段。

会话用户进程间的数据通信一般采用交互式的半双工通信方式。由会话层给会话服务用户提供数据令牌来控制常规数据的传送，有数据令牌的会话服务用户才可以发送数据，另一方只能接收数据。当数据发完之后，就将数据令牌转让给对方，对方也可以请求令牌。

3）会话同步。在会话服务用户组织的一个活动中，有时要传送大量的信息，如将一个文件连续发送给对方。为了提高数据发送的效率，会话服务提供者允许会话用户在传送的数据中设置同步点。一个主同步点表示前一个对话单元的结束及下一个对话单元的开始。在一个对话单元内部或者两个主同步点之间可以设置次同步点，用于会话单元数据的结构化。当会话用户持有数据令牌、次同步令牌和主同步令牌时，就可在发送数据流中用相应的服务原语设置次同步点和主同步点。

一旦出现高层软件错误或不符合协议的事件，则发生会话中断，这时会话实体可以从中断处返回到一个已知的同步点继续传送，而不必从文件的开头恢复会话。会话层定义了重传功能，重传是指在已正确应答对方后，在后期处理中发现出错而请求的重传，又称为再同步。为了使发送端用户能够重传，必须保存数据缓冲区中已发送的信息数据，将重新同步的范围限制在一个对话单元之内，一般返回到前一个次同步点，最多返回到最近一个主同步点。

（6）表示层（presentation layer）。表示层的目的是处理信息传送中数据表示的问题。由于不同厂家的计算机产品常使用不同的信息表示标准，如在字符编码、数值表示、字符等方面存在着差异。如果不解决信息表示上的差异，通信的用户之间就不能互相识别。因此，表示层要完成信息表示格式转换，转换可以在发送前，也可以在接收后，也可以要求双方都转换为某种标准的数据表示格式。所以表示层的主要功能是完成被传输数据表示的解释工作，包括数据转换、数据加密和数据压缩等。表示层协议的主要功能有：为用户提供执行会话层服务原语的手段；提供描述负载数据结构的方法；管理当前所需的数据结构集和完成数据的内部与外部格式之间的转换。例如，确定所使用的字符集、数据编码以及数据在屏幕和打印机上显示的方法等。表示层提供了标准应用接口所需要的表示形式。

（7）应用层（application layer）。应用层作为用户访问网络的接口层，给应用进程提供了访问 OSI 环境的手段。应用进程借助于应用实体（AE）、实用协议和表示服务来交换信息，应用层的作用是在实现应用进程相互通信的同时，完成一系列业务处理所需的服务功能。当然这些服务功能与所处理的业务有关。应用进程使用 OSI 定义和通信功能，这些通信功能是通过 OSI 参考模型各层实体来实现的。应用实体是应用进程利用 OSI 通信功能的唯一窗口。它按照应用实体间约定的通信协议（应用协议），传送应用进程的要求，并按照应用实体的要求在系统间传送应用协议控制信息，有些功能可由表示层和表示层以下各层实现。

应用实体由一个用户元素和一组应用服务元素组成。用户元素是应用进程在应用实体内部，为完成其通信目的，需要使用的那些应用服务元素的处理单元。实际上，用户元素向应用进程提供多种形式的应用服务调用，而每个用户元素实现一种特定的应用服务使用方式。用户元素屏蔽应用的多样性和应用服务使用方式的多样性，简化了应用服务的实现。应用进程完全独立于 OSI 环境，它通过用户元素使用 OSI 服务。

应用服务元素可分为公共应用服务元素（CASE）和特定应用服务元素（SASE）两类。公共应用服务元素是用户元素和特定应用服务元素公共使用的部分，提供通用的最基本的服务，它使不同系统的进程相互联系并有效通信。它包括联系控制元素、可靠传输服务元素、远程操作服务元素等。特定应用服务元素提供满足特定应用的服务。包括虚拟终端、文件传输和管理、远程数据库访问、作业传送等。对于应用进程和公共应用服务元素来说，用户元素具有发送和接收能力。对特定服务元素来说，用户元素是请求的发送者，也是响应的最终接收者。

2. TCP/IP 参考模型结构体系

TCP/IP 参考模型（TCP/IP reference model）是一个使用非常普遍的网络互联标准协议，目前众多的网络产品厂家都支持 TCP/IP 协议。这一网络协议共分为网络访问层、互联网层、传输层和应用层 4 层。TCP/IP 参考模型与 OSI 模型的对应关系如图 2.20 所示：

OSI 模型		TCP/IP参考模型
应用层		应用层（HTTP，FTP）
表示层		
会话层		
传输层		传输层（UDP，TCP）
网络层		互联网层（IP）
数据链路层		网络访问层
物理层		

图 2.20　TCP/IP 参考模型与 OSI 模型的对应关系

网络访问层（network access layer）在 TCP/IP 参考模型中并没有详细描述，只是指出主机必须使用某种协议与网络相连。

互联网层（internet layer）是整个体系结构的关键部分，其功能是使主机可以把分组发往任何网络，并使分组独立地传向目标。这些分组可能经由不同的网络，到达的顺序和发送的顺序也可能不同。高层如果需要顺序收发，那么就必须自行处理对分组的排序。互联网层使用因特网协议（internet protocol，IP）。TCP/IP 参考模型的互联网层和 OSI 模型的网络层在功能上非常相似。

传输层使源端和目的端机器上的对等实体可以进行会话。在这一层定义了两个端—端的协议：传输控制协议（transmission control protocol，TCP）和用户数据报协议（user datagram protocol，UDP）。TCP 是面向连接的协议，它提供可靠的报文传输和对上层应用的连接服务。为此，除了基本的数据传输外，它还有可靠性保证、流量控制、多路复用、优先权和安全性控制等功能。UDP 是面向无连接的不可靠传输的协议，主要用于不需要 TCP 的排序和流量控制等功能的应用程序。

应用层包含所有的高层协议，包括虚拟终端协议（telecommunications network，TELNET）、文件传输协议（file transfer protocol，FTP）、电子邮件传输协议（simple mail transfer protocol，SMTP）、域名服务（domain name service，DNS）、网上新闻传输协议（net news transfer protocol，NNTP）和超文本传送协议（hyper text transfer protocol，HTTP）等。TELNET 允许一台机器上的用户登录到远程机器上，并进行工作；FTP 提供有效地将文件从一台机器上移到另一台机器上的方法；SMTP 用于电子邮件的收发；DNS 用于把主机名映射到网络地址；NNTP 用于新闻的发布、检索和获取；HTTP 用于在 WWW 上获取主页。

2.6　变电站通信与网络设备

变电站通信网络是计算机网络技术在电力通信系统中的综合应用，是通过光纤将变电站内各类网络设备和自动化装置进行有效连接而形成的内部通信网络。目前电力通信网络的发展越来越快速，结果越来越复杂，同时由于各个变电站的具体情况又不尽相同，变电站通信安全这一问题显得更加复杂。

变电站通信网络相比于其他传统通信网，有以下特点：

（1）有较高的可靠性、安全性要求。

（2）变电站传输信息量少，但是信息种类复杂、传输实时性强。

（3）部分变电站地处偏僻，通信设备维护半径长。

（4）无人值守站点增多。

本节以及后续两节将在计算机网络技术基础上，对变电站通信网络、监控系统以及网络安全设备进行介绍。

2.6.1 电力通信网

电力通信系统与安全稳定控制系统、调度自动化系统共同维系着电力系统的安全稳定，它是实现电力系统自动化、网络化、现代化的基础，电力通信网对通信的可靠性、快速性和准确性有极高要求，是重要的基础设施。电力通信网的任务是为电网生产、运行、管理、建设等服务，主要功能应满足调度电话、行政电话、电网自动化、继电保护、安全自动装置、计算机联网、传真、图像传输等各种业务的需要。

我国电力通信网是与电网建设同步建设、同步发展的。先后经历了明线电话、电力线载波、微波通信、FDM 模拟载波、邮电多路载波、电缆、架空明线、数字微波、卫星通信、光纤通信、移动通信、对流层散射通信、特高频通信等多种通信技术，使用过电力线载波机、交换机、数字程控交换机、光通信等多种通信设备，随着电力通信网的进步，传输网、数据网、监测网等将逐步建立和完善。

电力通信网可靠性高、灵活性好，可应对电力生产的连续性和状态突然性变化，要保证语音信号、远动信号、负荷信息、图像信息等信息数据不间断传输。同时要保证发生系统故障时，通信不中断、通信不堵塞，具备充足的应急、备用容量以满足各级沟通及传输信息的需要。即使偏远的变电站、供电所，也应具备基本的通信设备，实现大范围、点多面广的通信网络覆盖。对于网络中不同时期、不同厂家的各种通信设备，应具有相互转换的接口或转接装置，保证相互间信息传输的快速、准确。

电力通信信息可分为语音信息、继电保护及安全自动装置信息、系统调控监控信息及远动信息 3 类。

（1）语音信息。传输电话是通信的基本信息。包括调度电话、厂站间操作联络电话、行政电话、会议电话等。

（2）继电保护及安全自动装置信息。包括为迅速切除系统故障的要求灵敏度高、动作迅速的继电保护信息；为使系统安全稳定运行的安全自动装置信息。

（3）系统调控监控信息及远动信息。包括调度数据采集与监视系统信息，遥控、遥调信息等。

类似调度电话、继电保护信息等电网运行业务的信息，数据量较小，对传输速度和准确度要求高，行政电话、会议电话、会议视频等日常管理类信息数据量较大，种类繁多，实时性要求不高。

2.6.2 站内通信网络

变电站运行管理方式目前向少人值班、无人值班发展，计算机监控系统及站内通信网络设计应按无人值班原则设计，设备配置具备无人值班功能。站内通信网络主要实现站内信息的输送，可采用分层分布式结构、开放式网络结构，跨平台操作系统应用，使用相应规约传输数据。按逻辑功能站内通信网络可分为站控层、间隔层、过程层。

对于500kV及以上变电站，通信网络结构可采用两层设备单层网形式，由站控层、间隔层设备以及站控层网络（MMS网络）构成。其中站控层和间隔层均配置双以太网，站控层可采用千兆网，间隔层采用百兆网，站控层与间隔层使用光纤连接。站控层网络采用双星形网络结构，网络中主要传输站控层、间隔层至站控层设备之间的通信数据。站控层负责整站的集中监控，包括监控主机、数据服务器、操作员工作站等，站控层设备布置在主控室。间隔层设备负责各间隔就地监控，间隔层设备布置在各相应保护室，主要由测控装置和网络交换机等设备组成。各保护装置均通过两个电以太网口接入监控系统MMS A/B网交换机，保护及故障信息管理子站经Ⅱ区站控层交换机获取保护信息；各测控装置均通过两个以太网口接入监控系统MMS A/B网交换机。

对于其他电压等级变电站，站控层从间隔层获取实时数据，承担着本站与远方监视和维护工程师站的人机接口、监视、管理、控制等功能，并负责与远方调度中心通信。间隔层负责对就地装置和智能电子设备（IDEs）进行管理、控制等任务，同时也承担着不同通信规约之间的转换工作。过程层负责就地设备的模拟量、开关量和脉冲量数据采集、传输、控制、保护等任务。三层之间靠站内通信系统联系。站内通信系统主要是指第一层与第二层之间，第二层与第三层之间进行数据交换的系统，可通过传统的RS-485总线、LonWorks网络、CAN网络或高速标准以太技术通信在各层之间进行数据交换。通信网络的组成方案有很多种，主流结构是分层分布式，比较常见的通信方式为串口通信方式、现场总线方式和网络、以太网方式。

1. 串口通信方式

串口通信是每个变电站都可能用到的通信方式，也是历史最悠久的一种通信方式，有3种形式，分别是全双工的RS-232和RS-422、半双工的RS-485。RS-232接口标准是早期串行通信接口标准，是美国电子工业协会于1973年制定的数据传输标准接口。RS-232接口标准接口简单，广泛应用于变电站综合自动化系统内部的通信，主要缺点是易受干扰，故而传输距离短、速率低，最大传输距离为15m，在距离15m时，最大传输速率为20000bit/s。RS-422对RS-232的电路进行了改进，采用了平衡差分电气接口，加强了抗干扰能力，使传输速率和距离有了很大提高。但RS-422在全双工通信时，需要4根传输线，成本高。因此RS-422标准变形为RS-485，工作于半双工，只有2根传输线，传输距离可达1200m，传输速率可达100kbit/s。

RS-485是一种低成本、易操作的半双工结构总线，变电站通信网络使用RS-485串口通信时，间隔层功能实际上是由一台工控机完成的。工控机接收智能通信卡的外设接口RS-485和串口RS-232智能电子设备采集的各种数据，进行处理后直接显示为后台监控，并通过串口上发调度主站。RS-485总线通常应用于一对多点的主从应答式通信系统中，但RS-485总线在抗干扰、自适应、通信效率等方面仍存在缺陷，数据通信方式为命令响应式，数据传输效率降低，尤其是错误处理能力不强，同时当下端出现异常时，数据不能立即上传，灵活性极差，不适于实时性要求较高的场合。这种结构的特点是进一步简化了通信系统，使得整个系统的数据交换功能都集中在作为数据处理和后台监控的工控机及其智能通信卡上，一旦工控机故障或死机就会造成系统瘫痪，这样就对系统硬件的稳定性及软件系统的可靠性要求很高。但这种通信结构成本低廉，所以这种结构一般用于数据处理量不大的35kV变电站。

2. 现场总线方式和网络

现场总线主要有CAN和LON，采用现场总线通信方式的设备一般都为同一厂家的设备，能兼容其他厂家的总线通信装置的较少。

（1）CAN（controller area network）。变电站层与间隔层之间采用CAN结构时，以CAN国际标准ISO 11898网络协议进行数据交换，间隔层与过程层之间采用的是485串口通信，以轮询（POLLING）方式的厂家内部规约进行数据交换。CAN控制器局部网属于现场总线的范畴，它是一种有效支持分布式控制或实时控制的串行通信网络。CAN采用双线串行通信方式，检错能力强，可在高噪声干扰环境中工作。CAN具有优先权和仲裁功能，多个控制模块通过CAN控制器挂到CAN-bus上，形成多主机局部网络。CAN结构通信速率比以太网慢，最高只能达到1Mbit/s，但基本能满足站内数据交换的要求。这种结构用于110kV变电站。

LON（local operating networks）网络，共有两种实现方式：第一种是通过LON协议在间隔层和过程层间进行数据交换，对站内智能电子设备通过规约转换后，在LON网络上实现共享数据，直接串口通信在站控层与间隔层间进行；第二种是通过采用MOXA卡或直接串口并经相应规约转换后与站内智能电子设备进行通信，使用直接串口与调度主站进行通信，数据传输使用双绞线，通信速率为1.25Mbps/130m/每段64个节点，共有7层网络协议，具备了局域网的基本功能，为了减少网络碰撞率，利用紧急优先机制，将间隔层与过程层之间的数据通信视为重点，在实际应用中较为稳定。但由于对站控层与间隔层之间的网络结构进行简化后，不利于进行网络规模扩大和功能扩展，因此上述两种方式只在110kV变电站中使用较多。

3. 以太网

以太网中重要的通信设备是网卡，网卡上装有处理器和存储器（包括RAM和ROM）。网卡和局域网之间的通信通过双绞线或光纤以串行传输方式进行，而网卡和计算机之间的通信通过计算机的I/O总线以并行方式进行传输。网络通信采用TCP/IP协议，每一个通信单元均要有唯一的IP地址。这种结构有以下两种不同的实现方式：

1）站控层与间隔层共享以太网，取消了传统的通信单元。主干网络结构采用光纤自愈环形以太网，间隔层与过程层设备直接采用双绞线以星形方式接入主干网，用TCP/IP网络协议通信。对于其他智能电子设备，具有以太网接口可直接接入主干网，否则通过网关实现规约转换后接入系统。光纤双环自愈的原理就是将所有的设备分布在信号流向相反的两个环上，平时只有主环在工作，次环处于备份状态；当环上某处光纤断裂或某节点发生故障时，其相邻节点的主环、备环自动环回，这时，环网仍然是一个闭环，通信链路保持畅通。故障点链路恢复后，备环回到备份状态。这种自愈环形网极大地提高了光纤通信的可靠性。

2）站控层与间隔层之间采用以太网结构，以 TCP/IP 网络协议通信，间隔层与过程层设备采用的是 RS-485 总线结构，以轮询方式的厂家的内部规约进行数据交换。

第一种结构一般用于 220kV 及以上枢纽变电站，光纤自愈环形以太网在网络中任一点故障时，可快速切换通道，保证网络上设备的正常通信，其可靠性高于双总线网络，所有的环网接入设备可实时监视与之相连的网络通信状态以及直流电源供电情况，出现问题时可通过输出触点及时反应，并能反应故障位置，极大地简化了网络的维护，并具有良好的灵活性和扩展性。间隔层与过程层设备直接采用以太网以 TCP/IP 网络协议通信，实现数据的高速无瓶颈平衡式传输。第二种结构用于 110kV 变电站，它的特点是根据各层之间需传输的数据量和开放性要求而采用不同的网络结构和传输协议，变电站层与间隔层之间需要传输整个变电站间隔层设备及智能电子设备采集的数据，因此采用了传输速率较高的以太网结构。而在间隔层与过程层之间由于采用多个通信管理单元，传输的数据量不大，通信速率要求不高，因而采用传输速率较低的 RS-485 总线结构。

从发展趋势看，以太网具有的速度优势巨大，变电站通信网络的未来将是以太网为主，其他多种形式为辅的网络结构形式。

2.6.3 变电站通信设备

1. 网关及 IP 地址

（1）网关。网关（gateway）又称为网间连接器、协议转换器。网关在网络层以上实现网络互联，是最复杂的网络互联设备，仅用于两个高层协议不同的网络互联。网关既可以用于广域网互联，也可以用于局域网互联。网关是一种充当转换重任的计算机系统或设备。在使用不同的通信协议、数据格式或语言，甚至体系结构完全不同的两种系统之间，网关是一个翻译器。与网桥只是简单地传达信息不同，网关对收到的信息要重新打包，以适应目的系统的需求。同时，网关也可以提供过滤和安全功能。

网关实质上是一个网络通向其他网络的 IP 地址。比如有网络 A 和网络 B，网络 A 的 IP 地址范围为 192.168.1.1～192.168.1.254，子网掩码为 255.255.255.0；网络 B 的 IP 地址范围为 192.168.2.1～192.168.2.254，子网掩码为 255.255.255.0。在没有路由器的情况下，两个网络之间是不能进行 TCP/IP 通信的，即使是两个网络连接在同一台交换机（或集线器）上，TCP/IP 协议也会根据子网掩码（255.255.255.0）判定两个网络中的主机处在不同的网络里。而要实现这两个网络之间的通信，则必须通过网关。如果网络 A 中的主机发现数据包的目的主机不在本地网络中，就把数据包转发给它自己的网关，再由网关转发给网络 B 的网关，网络 B 的网关再转发给网络 B 的某个主机。

设置好网关的 IP 地址，TCP/IP 协议才能实现不同网络之间的相互通信。网关的 IP 地址是具有路由器功能的设备的 IP 地址，具有路由器功能的设备有路由器、启用了路由协议的服务器、代理服务器三种。

网关可以分为协议网关、应用网关和安全网关。

1）协议网关通常在使用不同协议的网络区域间做协议转换。这一转换过程可以发生在 OSI 模型的第 2 层、第 3 层或第 2 层与第 3 层之间。但是安全网关和管道这两种协议网关不提供转换的功能。由于两个互连的网络区域具有逻辑差异，安全网关是两个技术上相似的网络区域间的必要中介，如私有广域网和公有的因特网。

2）应用网关是在使用不同数据格式间翻译数据的系统。典型的应用网关接收一种格式的输入，将之翻译，然后以新的格式发送。输入和输出接口可以是分立的也可以使用同一网络连接。应用网关也可以用于将局域网计算机与外部数据源相连，这种网关为本地主机提供了与远程交互式应用的连接。将应用的逻辑和执行代码置于局域网中的客户端，避免了低带宽、高延迟的广域网的缺点，这就使得客户端的响应时间更短。应用网关将请求发送给相应的计算机，获取数据，如果需要就把数据格式转换成客户机所要求的格式。

3）安全网关是各种技术的融合，具有重要且独特的保护作用，其范围从协议级过滤到十分复杂的应用级过滤。

（2）IP 地址。网络规划中，IP 地址规划设计对提高网络扩展性和减少网络拥堵至关重要。IP 地址是 IP 协议提供的一种统一的地址格式，它为互联网上的每一个网络和每一台主机分配一个逻辑地址，以此来屏蔽物理地址的差异。它由 32 位二进制数组成，通常被分割为 4 个“8 位二进制数”（也就是 4 个字节），表示为×××.×××.×××.×××，每个字节所能表示的最大数为 255，因此每个字节为 0～255 之间的数值，其中 255 代表广播地址，0 用在首字节时用于指定网络地址号，0 用在末字节时用于指定主机节点地址。例如 192.168.30.0 代表网络 192.168.30.0，而 0.0.0.30 代表网络上节点地址为 30 的计算机。

根据 IP 地址中表示网络地址字节数的不同将 IP 地址分为 A、B、C 三类。

1）A 类 IP 地址。如果用二进制表示 IP 地址，A 类 IP 地址就由 1 字节的网络地址和 3 字节主机节点地址组成，网络地址的最高位必须是 0。IP 地址范围为 1.0.0.0～127.255.255.255，最后一个是广播地址。A 类 IP 地址中网络的标识长度为 8 位，主机的标识长度为 24 位，A 类网络地址数量较少，有 126 个网络，每个网络支持的最大主机数为 $256^3-2=16777214$ 台，可用于超大型网络（百万节点）。A 类 IP 地址的子网掩码为 255.0.0.0。

2）B 类 IP 地址。如果用二进制表示 IP 地址，B 类 IP 地址就由 2 字节的网络地址和 2 字节主机节点地址组成，网络地址的最高位必须是 10。IP 地址范围为 128.0.0.0～191.255.255.255，最后一个是广播地址。B 类 IP 地址中网络的标识长度为 16 位，主机的标识长度为 16 位，有 16384 个网络，每个网络支持的最大主机数为 $256^2-2=65534$ 台，可用于中等规模的网络。B 类 IP 地址的子网掩码为 255.255.0.0。

3）C 类 IP 地址。如果用二进制表示 IP 地址，C 类 IP 地址就由 3 字节的网络地址和 1 字节主机节点地址组成，网络地址的最高位必须是 110，IP 地址范围为 192.0.0.0～

223.255.255.255。C类IP地址中网络的标识长度为24位，主机的标识长度为8位，C类网络地址数量较多，有209万余个网络，每个网络支持的最大主机数为256－2＝254台，可用于小规模的局域网络。C类IP地址的子网掩码为255.255.255.0。

子网掩码（subnet mask）又称为网络掩码、地址掩码、子网络遮罩，它用来指明一个IP地址的哪些位标识的是主机所在的子网，以及哪些位标识的是主机的位掩码。子网掩码不能单独存在，它必须结合IP地址一起使用。子网掩码只有一个作用，就是将某个IP地址划分成网络地址和主机节点地址两部分。子网掩码是一个32位二进制（四字节）地址，用于屏蔽IP地址的一部分以区别网络标识和主机节点标识，并说明该IP地址是在局域网上还是在远程网上。如一个节点IP地址为192.168.020.190，子网掩码255.255.255.0，表示C类IP地址，可用主机数目为254个，网络地址为192.168.020，而190为主机节点地址。

如果不计划连到Internet网上，可使用私有地址（private address)，私有地址属于非注册地址，专门为组织机构内部使用。以下为留用的内部私有地址：①A类，10.0.0.0～10.255.255.255；②B类，172.16.0.0～172.31.255.255；③C类，192.168.0.0～192.168.255.255。

2. 通信网线

在局域网中常见的网线主要有双绞线、同轴电缆、光缆三种。

（1）双绞线。双绞线（twisted pair，TP)，一般与RJ－45组成网线。它有8根不同颜色的线，分成4对，每对绝缘的铜导线按一定密度互相绞在一起，每一根导线在传输中辐射出来的电波会被另一根线上发出的电波抵消，有效降低信号干扰的程度。与其他传输介质相比，双绞线在传输距离、信道宽度和数据传输速度等方面均受到一定限制，但价格较为低廉，所以常用于变电站通信系统。

根据有无屏蔽层，双绞线分为屏蔽双绞线（shielded twisted pair，STP）与非屏蔽双绞线（unshielded twisted pair，UTP)。

屏蔽双绞线在双绞线与外层绝缘封套之间有一个金属屏蔽层。屏蔽双绞线分为STP和FTP（foil twisted－pair)，STP指每条线都有各自的屏蔽层，而FTP只在整个电缆有屏蔽装置，并且两端都正确接地时才起作用。所以要求整个系统是屏蔽器件，包括电缆、信息点、水晶头和配线架等，同时建筑物需要有良好的接地系统。屏蔽层可减少辐射，防止信息被窃听，也可阻止外部电磁干扰的进入，使屏蔽双绞线比同类的非屏蔽双绞线具有更高的传输速率。

UTP是一种数据传输线，由4对不同颜色的传输线组成，广泛用于以太网和电话线中。UTP电缆具有以下优点：无屏蔽外套，直径小，节省所占用的空间，成本低；重量轻，易弯曲，易安装；将串扰减至最小或消除；具有阻燃性；具有独立性和灵活性，适用于结构化布线。因此，在通信系统中，UTP得到广泛应用。

根据频率和信噪比进行分类，双绞线可分为一类至七类线，通信网络中常见的有三类线和五类线，五类线目前占有最大的LAN市场，前者线径细而后者线径粗。7种类型线的具体型号如下：

一类线（CAT1）：线缆最高频率带宽为750kHz，用于告警系统，或只适用于语音传输（一类标准主要用于20世纪80年代初以前的电话线缆），不用于数据传输。

二类线（CAT2）：线缆最高频率带宽是1MHZ，用于语音传输和最高传输速率4Mbit/s的数据传输，常见于使用4Mbit/s规范令牌传递协议的旧的令牌网。

三类线（CAT3）：指在ANSI和EIA/TIA568标准中指定的电缆，该电缆的传输频率16MHz，最高传输速率为10Mbit/s，主要应用于语音、10Mbit/s以太网（10BASE－T）和4Mbit/s令牌环，最大网段长度为100m，采用RJ形式的连接器。

四类线（CAT4）：该类电缆的传输频率为20MHz，用于语音传输和最高传输速率16Mbit/s（指的是16Mbit/s令牌环）的数据传输，主要用于基于令牌的局域网和10BASE－T/100BASE－T。最大网段长为100m，采用RJ形式的连接器，未被广泛采用。

五类线（CAT5）：该类电缆增加了绕线密度，外套一种高质量的绝缘材料，线缆最高频率带宽为100MHz，最高传输率为100Mbit/s，用于语音传输和最高传输速率为100Mbit/s的数据传输，主要用于100BASE－T和1000BASE－T网络，最大网段长为100m，采用RJ形式的连接器。这是最常用的以太网电缆。在双绞线电缆内，不同线具有不同的绞距长度。通常，4对双绞线绞距周期在38.1mm长度以内，按逆时针方向扭绞，一对线对的扭绞长度在12.7mm以内。

超五类线（CAT5e）：此类电缆衰减小、串扰少，并且具有更高的衰减与串扰的比值（ACR）和信噪比（SNR）、更小的时延误差，性能得到很大提高。超五类线主要用于千兆位以太网（1000Mbit/s）。

六类线（CAT6）：该类电缆的传输频率为1M～250MHz，六类布线系统在200MHz时综合衰减串扰比（PS－ACR）应该有较大的余量，它提供2倍于超五类线的带宽。六类线的传输性能远远高于超五类线的标准，最适用于传输速率高于1Gbit/s的应用。六类线与超五类线相比，其重要的不同点在于：改善了在串扰以及回波损耗方面的性能，对于新一代全双工的高速网络应用而言，优良的回波损耗性能是极重要的。六类线标准中取消了基本链路模型，布线标准采用星形的拓扑结构，要求的布线距离为：永久链路的长度不能超过90m，信道长度不能超过100m。

超六类或6A（CAT6A）：此类电缆传输带宽介于六类线和七类线之间，传输频率为500MHz，传输速度为10Gbit/s，标准外径为6mm。和七类线一样，国家还没有出台正式的检测标准，只是行业中有此类产品，各厂家宣布一个测试值。

七类线（CAT7）：传输频率为600MHz，传输速度为10Gbit/s，单线标准外径为8mm，多芯线标准外径为6mm。

类型数字越大、版本越新，技术越先进、带宽也越宽，当然价格也越贵。这些不同类型的双绞线标注方法为：如果是标准类型则按CATx方式标注，如常用的五类线和六类线是在线的外皮上标注为CAT 5、CAT 6；而如果是改进版，就按xe方式标注，如超五类线就标注为5e（字母是小写）。

无论是哪一种线，衰减都随频率的升高而增大。在通信网络布线时，要考虑到受到衰减的信号还应当有足够大的振幅，以便在有噪声干扰的条件下能够在接收端正确地被检测出来。双绞线能够传送的数据的速率（Mbit/s）还与数字信号的编码方法有很大的关系。

国际上在双绞线标准中应用最广的是 ANSI/EIA/TIA－568A 和 ANSI/EIA/TIA－568B。这两个标准最主要的不同就是芯线序列不同：EIA/TIA 568A 的线序定义依次为绿白、绿、橙白、蓝、蓝白、橙、棕白、棕，其标号见表 2.10；EIA/TIA 568B 的线序定义依次为橙白、橙、绿白、蓝、蓝白、绿、棕白、棕，其标号见表 2.11。

表 2.10　　EIA/TIA 568A 的线序定义表

颜色	绿白	绿	橙白	蓝	蓝白	橙	棕白	棕
线序	1	2	3	4	5	6	7	8

表 2.11　　EIA/TIA 568B 的线序定义表

颜色	橙白	橙	绿白	蓝	蓝白	绿	棕白	棕
线序	1	2	3	4	5	6	7	8

根据 ANSI/EIA/TIA－568A 和 ANSI/EIA/TIA－568B 标准，在网络连接中，RJ－45 连接头（水晶头）各触点对传输信号所起的作用分别是：1、2 用于发送，3、6 用于接收，4、5，7、8 是双向线；对于与其相连接的双绞线，为降低相互干扰，标准要求 1、2 必须是绞缠的一对线，3、6 也必须是绞缠的一对线，4、5 相互绞缠，7、8 相互绞缠。由此可见，实际上这两个标准没有本质的区别，只是连接 RJ－45 时 8 根双绞线的线序排列不同，在实际的网络工程施工中较多采用 ANSI/EIA/TIA－568B。

（2）同轴电缆。同轴电缆由里到外分为中心铜线（单股的实心线或多股绞合线）、塑料绝缘体、网状导电层和电线外皮 4 层。同轴电缆因为中心铜线和网状导电层为同轴关系而得名。中心铜线和网状导电层形成电流回路。同轴电缆传导交流电而非直流电。如果使用一般电线传输高频率电流，这种电线就会相当于一根向外发射无线电波的天线，这种效应损耗了信号的功率，使得接收到的信号强度减弱，同轴电缆正是为了解决这个问题而设计的。中心电线发射出来的无线电被网状导电层所隔离，网状导电层可以通过接地的方式来控制发射出来的无线电波。

同轴电缆也存在一个问题，就是如果电缆某一段发生比较大的挤压或者扭曲变形，那么中心电线和网状导电层之间的距离就不均匀，这会造成内部的无线电波会被反射回信号发送源，这种效应减低了可接收的信号功率。为了克服这个问题，在中心电线和网状导电层之间加入了一层塑料绝缘体来保证它们之间的距离始终如一，这也造成了这种电缆比较僵直而不容易弯曲的特性。

同轴电缆从用途上分可分为基带同轴电缆和宽带同轴电缆（即网络同轴电缆和视频同轴电缆）。同轴电缆分 50Ω 基带电缆和 75Ω 宽带电缆两类。基带电缆又分为细同轴电缆和粗同轴电缆。基带电缆仅仅用于数字传输，数据率可达 10Mbit/s。目前常用的是基带电缆，其屏蔽线是用铜做成的网状线，特征阻抗为 50Ω（如 RG－8、RG－58 等）；宽带同轴电缆常用的电缆屏蔽层通常是用铝冲压成的，特征阻抗为 75Ω（如 RG－59 等）。粗同轴电缆适用于比较大型的局部网络，它的标准距离长，可靠性高，由于安装时不需要切断电缆，因此可以根据需要灵活调整计算机的入网位置，但粗同轴电缆网络必须安装收发器电缆，安装难度大，所以总体造价高。相反，细同轴电缆安装则比较简单，造价低，但由于安装过程要切断电缆，两头必须装上基本网络连接头（BNC），然后接在T形连接器两端，所以当接头多时容易产生不良的隐患，这是目前运行中的以太网所发生的最常见的故障之一。

无论是粗同轴电缆还是细同轴电缆均为总线拓扑结构，即一根缆上接多部机器，这种拓扑结构适用于机器密集的环境，但是当一触点发生故障时，故障会串联影响到整根缆上的所有机器，故障的诊断和修复都很麻烦，因此逐步被UTP或光缆（optical fiber cable）取代。

（3）光缆。光缆是为了满足光学、机械或环境的性能规范而制造的，它是利用置于包覆护套中的一根或多根光纤作为传输媒质并可以单独或成组使用的通信线缆组件。光缆主要由光纤和塑料保护套管及塑料外皮构成，光缆内没有金、银、铜铝等金属。光缆是一定数量的光纤按照一定方式组成缆芯，外包有护套，有的还包覆外护层，用以实现光信号传输的一种通信线路。即由光纤（光传输载体）经过一定的工艺而形成的线缆。光缆一般是由缆芯、加强钢丝、填充物和护套等几部分组成，另外根据需要还有防水层、缓冲层、绝缘金属导线等构件。光缆是光纤通信的重要介质，电力系统中常用的光缆类型有以下几种：

1）OPGW光缆。也称光纤复合架空地线。把光纤放置在架空高压输电线的地线中，用以构成输电线路上的光纤通信网，这种结构形式兼具地线与通信双重功能。OPGW光缆由于有金属导线包裹，使光缆更为可靠、稳定、牢固，由于架空地线和光缆复合为一体，与使用其他方式的光缆相比，既缩短施工工期又节省施工费用。另外，如果采用铝包钢线或铝合金线绞制的OPGW光缆，相当于架设了一根良导体架空地线，可以收到减少输电线潜供电流、降低工频过电压、改善电力线对通信线的干扰及危险影响等多方面的效益。由于光纤具有抗电磁干扰、自重轻等特点，它可以安装在输电线路杆塔顶部而不必考虑最佳架挂位置和电磁腐蚀等问题。因而，OPGW光缆具有较高的可靠性、优越的机械性能、成本较低等显著特点。这种技术在新敷设或更换现有地线时尤其合适和经济。

2）ADSS光缆。也称全介质自承式光缆，所用的是全介质材料，自承式是指光缆自身加强构件能承受自重及外界负荷。因为是自承式，所以其机械强度举足轻重；使用全介质材料是因为光缆处于高压强电环境中，必须能耐受强电的影响；由于是在电力杆塔上架空使用，所以必须有配套的挂件将光缆固定在杆塔上。ADSS光缆机械性能主要体现在光缆最大允许张力（maximum allowable tension，MAT）、年平均运行张力（every day strength，EDS）及极限抗拉强度（ultimate tensile strength，UTS）等。对于普通光缆，国家标准明确规定了不同使用方式（如架空、管道、直埋等）的光缆应具有的机械强度。而ADSS光缆是自承式架空光缆，所以它除了必须承受自身重力的长期作用外，还必须能经受住复杂自然环境的考验。如果ADSS光缆机械性能设计不合理，与当地天气不相适应，则光缆就会存在安全隐患，寿命就会打折扣。因此，每个ADSS光缆工程都必须考虑光缆路径所处的自然环境和跨距。ADSS 光缆的架设挡距可达到 1800m/挡，耐压高、抗电蚀性能好、防雷击，可以在 500kV 电压等级的输电线路杆塔上敷设，并具有很强的抗弹击性能，一般的砂枪在 10m 以外的距离射击不会对光缆造成故障性伤害；光缆还具有很强的耐低温性能和环境适应性；光缆不依赖于输电线而独立敷设，施工和维护都比较方便，而且不需要停电作业；光缆也比较便宜。

3）OPAC 光缆。也称为附加型光缆，包括 GWWOP 地线缠绕式光缆和 ADL 捆绑式光缆两类。其中 GWWOP 地线缠绕式光缆是一种直接缠绕在架空地线上的光缆，它沿着输电线路以地线为中心轴螺旋缠绕在地线上，形成一种依附于输电线支承的光传输媒介。ADL 捆绑式光缆是一种通过一条或两条抗风化的胶带、被覆芳纶线或金属线捆绑在地线或相线上。与 GWWOP 地线缠线式光缆相比，ADL 捆绑式光缆减少了光缆由于弯曲缠绕而引起衰减偏大或应力增加的风险。OPAC 光缆一般用于 35kV 以下线路中，早在 20 世纪 80 年代初就已经开发并被电力部门所使用，是电力系统中建设光纤通信网络既经济又快捷的方式。OPAC 光缆不是自承式光缆，而是附加在原有地线或相线上的，具有轻型柔软且外径小等优点，一般采用全介质中心管式光缆结构，非金属加强层通常采用芳纶纤维纱、玻璃纤维纱和玻璃纤维带等柔性材料。OPAC 光缆安装时需要特殊的器具，安装完后，光缆直接与电力线接触，所以都需要承受线路短路时相线或地线上产生的高温，都有外护套材料老化问题，因此虽然研究和应用早于 ADSS 光缆，但是在国内没有大范围的应用。在线路设计时，还需覆冰和风载校验电力线和杆塔强度。

（4）配线架。即通信系统用的母线。依照通信方式的不同，分为音频配线架（VDF）、数字配线架（DDF）和光纤配线架（ODF）。

1）音频配线架。它的作用是连接 64kbit/s 速度传输的设备，它的设备侧连接 PCM，用户侧连接站内自动化设备，根据通信方式的不同而选择接入相应的端子。用户侧常见设备有自动化系统的调度、集控主备用设备、站内电话、计量电话、调度直通和集控直通电话。

2）数字配线架。又称高频配线架，一般采用列式排列，即以列为单位。来自微波、光纤及其他设备速率为 2Mbit/s 的信号通过 75Ω 的同轴电缆接到数字配线架上，电缆与接线座固定连接，以保证接续衰耗最小。在成对的接线座上，左面的接线座为发送接线座，右面的接线座为接收接线座。在电路设计时，通常将同种设备送来的信号集中在一起，设备复用器的发送信号全部接入左面一列接线端子，设备复用器的接收信号全部接入右面一列接线端子，由于复接设备采用背靠背形式，因此相邻两个接线座的收发为两套背靠背设备的收发。

3）光纤配线架。它是由站外光缆分出来的各个芯（一般情况是 12 的整数倍，常见的是 24 芯和 48 芯），经过熔接和布放，通过法兰提供一个站外出口。光端机和路由器将出口的尾纤芯连接到光纤配线架相应的端子上即可，一收一发各一芯，共两芯。如一个 24 芯光缆满载，可以带 12 个光端机或路由器。

（5）通信光纤。光纤是光导纤维的简写，是一种由玻璃或塑料制成的纤维，可作为光传导工具。传输原理是光的全反射。光纤通信是利用光波作为载体，以光纤维传输媒质将信息从一处传至另一处的通信方式。通常光纤与光缆两个名词会被混淆。多数光纤在使用前必须由几层保护结构包覆，包覆后的缆线即被称为光缆。光纤外层的保护层和绝缘层可防止周围环境对光纤的伤害，如水、火、电击等。光缆由缆皮、芳纶丝、缓冲层和光纤组成。光纤和同轴电缆相似，只是没有网状屏蔽层，中心是光传播的玻璃芯。

1）光纤分类。光纤按传输模式可分为单模光纤和多模光纤：

a. 单模光纤（single mode fiber)。在工作波长中只能传输一个传播模式的光纤通常简称为单模光纤。是目前在有线电视和光通信中应用最广泛的光纤。其中玻璃芯很细（芯径一般为 9μm 或 10μm)，由于只能传一种模式的光纤，因此，其模间色散很小，适用于远程通信。但单模光纤还存在着材料色散和波导色散，因此单模光纤对光源的谱宽和稳定性有较高的要求，即谱宽要窄、稳定性要好。由于发现在 1.31μm 波长处，单模光纤的材料色散和波导色散一为正、一为负，大小也正好相等，因此，其 1.31μm 波长区就成了光纤通信的一个很理想的工作窗口，也是现在实用光纤通信系统的主要工作波段。常规单模光纤的主要参数是由国际电信联盟 ITU－T 在 G652 建议中确定的，因此这种光纤又称为 G652 光纤。单模光纤与多模光纤相比，它可支持更长传输距离，在 100Mbit/s 的以太网以至 1Gbit/s 的千兆网，单模光纤都可支持超过 5000m 的传输距离。从成本角度考虑，由于光端机非常昂贵，故采用单模光纤的成本会比多模光纤光缆的成本高。一般光纤跳线用黄色表示，接头和保护套为蓝色；传输距离较长。

b. 多模光纤（multi mode fiber)。其电缆容许不同光束在一条电缆上传输，由于多模光缆的芯径较大，故可使用较为便宜的耦合器及接线器。多模光缆直径为 50～100μm。基本上有两种多模光纤：一种是梯度型（graded)；另一种是阶跃型（stepped)。对于梯度型光纤，芯的折射率（refraction index）于芯的外围最小而逐渐向中心点不断增加，从而减少信号的模式色散；而对阶跃型光纤来说，折射率基本上是平均不变的，而只有在包层(cladding）表面上才会突然降低。阶跃型光纤一般较梯度型光纤的带宽低。在网络应用上，最受欢迎的多模光纤为 62.5/125，62.5/125 意指光纤芯径为 62.5μm 而包层直径为 125μm，其他较为普通的为 50/125 及 100/140。与双绞线相比，多模光纤能够支持较长的传输距离，在 10mbit/s 及 100mbit/s 的以太网中，多模光纤最长可支持 2000m 的传输距离，而于 1Gbit/s 的千兆网中，多模光纤最高可支持 550m 的传输距离，在 10Gbit/s 万兆网中，多模光纤 OM3 可到 300m，OM4 可达 500m。一般光纤跳线用橙色表示，也有的用灰色表示，接头和保护套用米色或者黑色；传输距离较短。

2）光纤连接。光纤的连接分为永久性连接和活动连接两种。

a. 光纤永久性连接。电力系统中主要采用熔接法，这种连接是用放电的方法将两根光纤的连接点熔化并连接在一起。一般用在长途接续、永久或半永久固定连接。其主要特点是其连接衰减在所有的连接方法中最低，典型值为 0.01～0.03dB/点。但连接时，需要专用设备（熔接机）和专业人员进行操作，而且连接点也需要专用容器保护起来。必须是相同类型的光纤才能熔接在一起，光纤剥皮时特别注意不能损坏内部光纤，并剥出足够长度。剥好光纤后，一般用熔接盒来固定光纤，内部玻璃光纤在熔接时必须干净无杂，因此在熔接工作开始之前必须对玻璃丝进行清洁，比较普遍的方法就是用棉花沾上酒精，然后擦拭每一小根光纤。熔接效果的好坏决定于切得好不好。切前一定要将光纤头及专用切刀擦拭干净，将切好的两个要熔接的光纤头放在机器里面（图 2.21）开始熔接。如果直接用肉眼能看到光纤截面非常不平整，需要拿出来重新切割。

图 2.21 光纤熔接图

b. 光纤活动连接。通常为连接光纤环路的不同路由器，使用光纤活动连接器（图 2.22）完成。光纤活动连接器是一种以单芯插头和适配器为基础组成的插拔式连接器。按接头可分 FC、SC、LC、ST、MU 等；按端面分为 PC、UPC、APC 等。适用于光纤收发器、路由器、交换机、光端机等带光口的设备上。

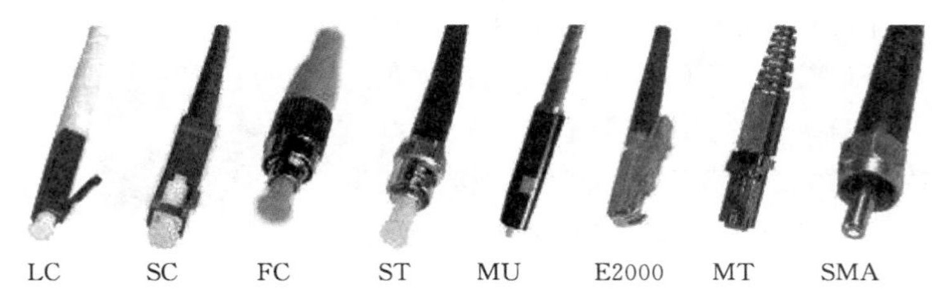

图 2.22 光纤活动连接器

3）光纤接头。光纤连接器也称光纤接头，主要用于实现系统中设备间、设备与仪表间、设备与光纤间以及光纤与光纤间的非永久性固定连接。按外形结构分为 FC、ST、SC、LC、MU、SMA 等。当光纤两端都装上光纤接头，实现光纤通路的跳接式连接，称为跳线。

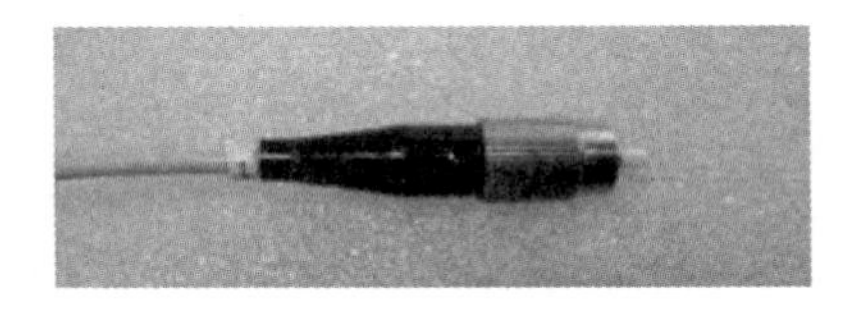

图 2.23 FC 接头

a. FC 接头。FC 接头（图 2.23）是单模网络中最常见的连接设备之一。它同样也使用长度为 2.5mm 的卡套，外部加强方式是采用金属套，紧固方式为螺丝扣。金属接头的可插拔次数比塑料接头要多。一般电信网络采用 FC 接头，有一螺帽拧到适配器上，此外在 ODF 侧采用，配线架上用得最多，还适用于光纤差动保护和主变压器合并单元插件 PWR 口的连接。

b. ST 接头。ST 接头（图 2.24）为卡接式圆形接头。其外壳呈圆形，具有一个卡口固定架，紧固方式为螺丝扣，首先插入，然后拧紧。有一个长度为 2.5mm 的圆柱体陶瓷或者聚合物卡套以容载整条光纤，是多模网络中最常见的连接设备，通常用于布线设备端，如光纤配线架、光纤模块等，适用于数字化站中数字采样插件以及 PPC 插件、GOOSE 插件的光纤连接。

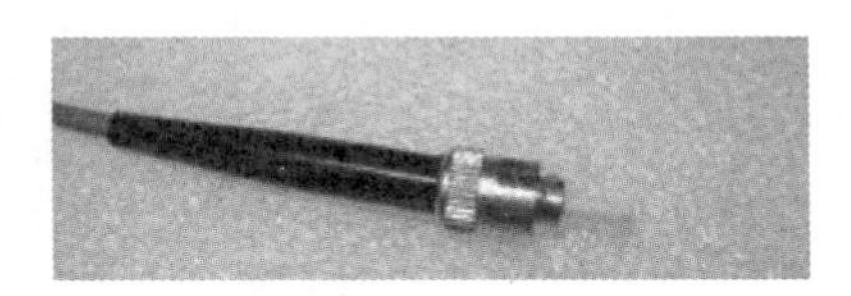

图 2.24 ST 接头

c. SC 接头。SC 接头（图 2.25）是标准方形接头，同样具有长度为 2.5mm 的卡套，

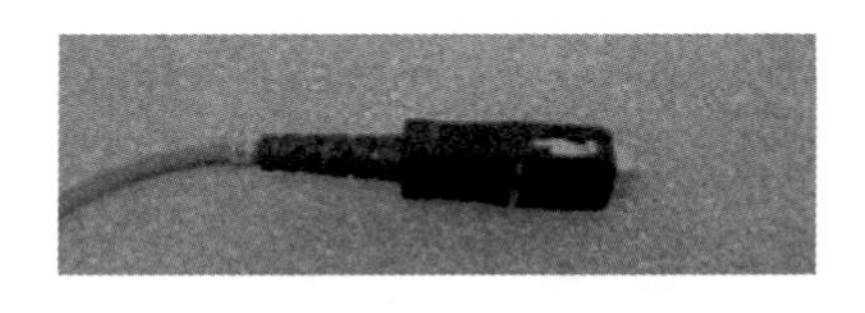

图 2.25　SC 接头

所采用的插针与耦合套筒的结构尺寸与 FC 接头完全相同。其中插针的端面多采用 PC 或 APC 型研磨方式；紧固方式是采用插拔销闩式，不需旋转。此类连接器价格低廉，插拔操作方便，介入损耗波动小，抗压强度较高，安装密度高。

ST 接头和 SC 接头是光纤连接器的两种类型，对于 10Base－F 连接来说，通常使用 ST 接头；对于 100Base－FX 来说，大部分情况采用 SC 接头。ST 接头的芯外露，SC 接头的芯在接头里面。不同于 ST 接头和 FC 接头，它是一种插拔式的设备，因为其性能优异而被广泛使用。它是 TIA－568－A 标准化的连接器，传输设备侧光接口一般用 SC 接头，路由器交换机上用得最多，适用于 PPC 插件和 GOOSE 插件的通信连接。

d. LC 接头。LC 接头（图 2.26）采用操作方便的模块化插孔（RJ）闩锁机理制成。其所采用的插针和套筒的尺寸是普通 SC 接头、FC 接头等所用尺寸的一半，为 1.25mm，这样可以提高光纤配线架中光纤连接器的密度。当前，在单模 SFF 方面，LC 接头实际已经占据了主导地位，在多模方面的应用也增长迅速，多用在路由器、交换机上。

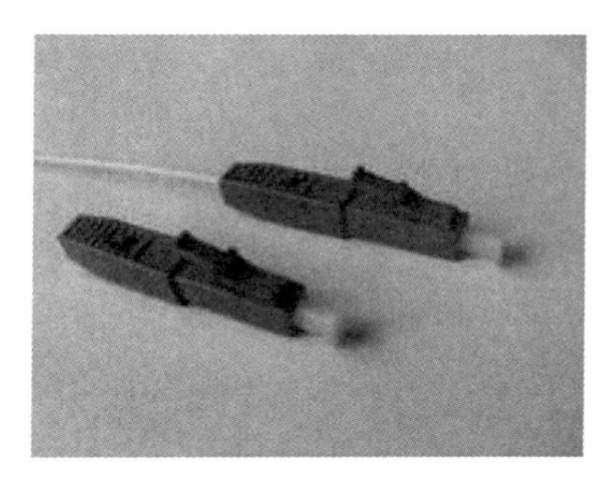

图 2.26　LC 接头

以一台 220kV 间隔（主变压器）的合并单元为例，合并单元装置背板 LC 接头如图 2.27 所示。

1	2	3	4	5	6	7	8	9
NR1102H	NR1122A	NR1122A	备用	NR1126A	备用	备用	NR1125	
以太网口1 以太网口2 （以太网） 光纤以太网1 光纤以太网2 IRIG-B+ 01 IRIG-B− 02 485-3地 03 大地 04 （时钟同步） 打印RX 05 打印TX 06 打印地 07 （打印）	TX1 TX2 TX3 TX4 RX1 RX2 RX3 RX4	TX1 TX2 TX3 TX4 RX1 RX2 RX3 RX4		100MFX 100MFX 以太网口1 以太网口2 （以太网）			PWR A DATA A PWR B DATA B PWR C DATA C	
A	B	C	E	F	G	H	J	K

图 2.27　合并单元装置背板 LC 接头

用于后台通信或者传送 GOOSE 隔离开关的 NR1102 板卡主要接 ST 接头或者 SC 接头的光纤，上面还配有电口。用于接收远端来的数据的 NR1122 板卡多用 ST 接头。NR1126 板卡多用 SC 接头。NR1125 板卡的光纤成对出现，PWR 用作装置供电模块，RX 用来传输数据，接到 PWR 上的光纤称为功率光纤，接到 RX 上的光纤称为数据光纤，其中 PWR

使用 FC 接头，RX 使用 ST 接头。

4）光纤通信设备。

a. 光源器件。它是光通信设备的核心，它将电信号转换为光信号输入光纤，是光传输系统的心脏。将电信号转换成光信号的器件称为光源，主要有半导体发光二极管 LED 和激光二极管 LD。LD 主要用于高速率、大容量、长距离的光通信传输系统。LED 性能较 LD 差，但其制造简单、成本低、可靠性好，在短距离、低速率系统中使用广泛。

b. 光检测器。可将光信号转换成电信号的器件称为光检测器，主要有光电二极管（PIN）和雪崩光电二极管（APD）。光检测器是光通信系统中接受方的第一个器件，由于从光纤中接收的信号强度非常低，因此要求光检测器对光通信系统中工作波长具有足够高的响应度，对达到一定功率的光信号能尽可能地输出大的光电流，并有足够快的相应速度，以满足高速率系统。

c. 光发射机。它是实现电/光转换的光端机。光发射机主要由输入接口、驱动电路、光源器件、光调制器等构成。在数字通信中，输入电路将输入的信号（如 PCM 脉冲）进行整形，变换成适于线路传送的码型后通过驱动电路光源，或者送到光调制器调制光源输出连续光波。为了稳定输出的平均光功率和工作温度，通常要设置一个自动的温度控制及功率控制电路。

d. 光调制器。它是实现从电信号到光信号的转换的器件。调制方式通常分为模拟调制和数字调制两大类。模拟调制又有两类：一类是用模拟基带信号直接对光源进行强度调制（D-IM）；另一类采用连续或脉冲的射频（RF）波作为副载波，模拟基带信号先对它的幅度、频率或相位等进行调制，再用该受调制的副载波去强度调制光源。模拟调制的优点是设备简单、占有带宽较窄，但它的抗干扰性能差，中继时噪声累积。数字调制是光纤通信的主要调制方式，将模拟信号抽样量化后，以二进制数字信号“1”或“0”对光载波进行通断调制，并进行脉冲编码（PCM）。数字调制的优点是抗干扰能力强、中继时噪声及色散的影响不积累，因此可实现长距离传输；它的缺点是需要较宽的频带，设备也复杂。

e. 光接收机。它的任务是以最小的附加噪声及失真恢复出光纤传输后由光载波所携带的信息，因此光接收机的输出特性综合反映了整个光纤通信系统的性能。光纤通信系统有模拟和数字两大类，和光发射机一样，光接收机也有数字接收机和模拟接收机两种形式。光检测器是光接收机的第一个关键部件，它们均由反向偏压下的光电检测器、前置放大器及其他信号处理电路组成，与模拟接收机相比，数字接收机更复杂一些。

2.6.4 智能接口单元

在变电站通信系统中，不同类型的设备通信方式存在差异，它们的接口形式、数据传输方式不尽相同，数据传输交换使测控装置获取不同智能设备的遥信信息并处理，这就需要通过智能接口单元。智能接口单元是通过硬件设备和接口实现数据通信规约转换的设备，通过它可实现运行数据的采集、控制命令的传递，实现对变电站的实时监控。

最常用的智能接口单元设备是规约转换器。规约转换器可用于各种网络通信场合，进行通信规约的转换。通过 RS－232/422/485 等串行接口以及以太网接口与继电保护、故障录波器、电能表、直流屏等装置进行数据通信，经程序处理后通过网络或串口按照用户指定的通信规约标准送往监控后台或其他应用系统。它能适应恶劣的现场运行条件，可广泛应用于各类电力系统的分布式数据采集与协议转换环境中。

进行规约转换器的通信参数设置时应同时设置本机参数和通信参数。本机参数主要包括网络 IP 地址和掩码、地址类参数、工作方式参数等。通信参数主要包括通信串口的波特率、校验方式、数据位、停止位等，各板件的通信介质选择，各板件的通信规约类型、参数和网络路由等内容。调试中应正确连接电缆，检查通信报文，握手、传递数据等过程是否符合通信规约，内容是否无误，然后进行数据正确性实验、变化数据实验、控制类数据实验、突发大数据量传送实验、通信异常恢复实验、通信中断实验等通信实验。

2.7 变电站监控系统

变电站监控系统可采用一体化监控系统，变电站自动化由一体化监控系统和输变电设备状态监测、辅助设备、时钟同步、计量等共同构成。一体化监控系统纵向贯通调度、生产等主站系统，横向联通变电站内各自动化设备。站控层设备的监控主机、操作员工作站、安全Ⅰ区数据通信网关机、图形网关机、数据服务器、安全Ⅱ区数据通信网关机采用双重化配置；安全Ⅲ/Ⅳ区数据通信网关机、综合应用服务器、工程师站等采用单套配置。监控系统专业防火墙安装于站控层安全Ⅰ区通信网关机屏内，正反向隔离装置安装在安全Ⅲ/Ⅳ区数据通信网关机。

一体化监控系统通过标准化接口与输变电设备状态监测、辅助应用、计量等进行信息交互，实现变电站全景数据采集、处理、监视、控制、运行管理等。实时数据采集和处理指采集变电站电力实时运行数据和设备运行状态，包括各种状态量、模拟量、脉冲量、数字量和保护信号，并将这些采集到的数据去伪存真存于数据库供计算机处理。所谓运行监视，主要是指对变电站的运行工况和设备状态进行自动监视，即对变电站各种状态量变位情况的监视和各种模拟量的数值监视。通过状态量变位监视，可监视变电站各断路器、隔离开关、接地开关、变压器分接头的位置和动作情况、继电保护和自动化装置的动作情况以及它们的动作顺序等。模拟量的监视分为正常的测量和超过限定值的告警、事故模拟量变化的追忆等。

1. 监控主机

监控主机用作站控层数据收集、处理、存储及网络管理的中心。监控主机按照双机冗余配置，同时运行，互为热备用。

2. 操作员工作站

操作员工作站是站内计算机监控系统的主要人机界面，用于图形及报表显示、事件记录及告警状态显示和查询，设备状态和参数的查询，操作指导，操作控制命令的解释和下达等。变电运维人员可通过操作员工作站对变电站各一次设备及二次设备进行运行监测和操作控制。操作员工作站按照双机冗余配置。

3. 工程师工作站

工程师工作站用于整个计算机监控系统的维护、管理，可完成数据库的定义、修改，系统参数的定义、修改，报表的制作、修改及网络维护、系统诊断等工作。对计算机监控系统的维护仅允许在工程师工作站上进行，必须有可靠的登录保护。

4. 数据通信网关机、图形网关机

数据通信网关机、图形网关机可实现变电站与调度、生产等主站系统之间的通信，为主站系统实现变电站监视控制、信息查询和远程浏览等功能提供数据、模型和图形的传输服务。

5. 综合应用服务器

综合应用服务器单套配置，是状态监测系统和辅助设备的统一管理后台。状态监测系统从各主 IED（智能电子设备）采集信息，对采集的信息进行处理，并将处理后的结果上送到综合应用服务器，在综合应用服务器做数据和画面的展示，并对数据进行存储；综合应用服务器同时将采集各辅助子设备的状态信息，并完成各子设备的协同联动处理，包括现场设备操作联动、火灾消防、门禁、环境监测、告警等相关设备联动。

6. 数据服务器

数据服务器双套配置，可实现变电站全景数据的集中存储，为各类应用提供统一的数据查询和访问服务。

7. 网络记录分析仪

网络记录分析仪由网络报文记录装置和网络报文分析装置构成。网络报文记录装置将信息上传给网络报文分析装置，网络报文分析装置将分析结果通过 MMS 接口接入站控层主机。

8. 防火墙、隔离设备

监控系统安全分区划分为安全Ⅰ区和安全Ⅱ区，安全Ⅰ区设备与安全Ⅱ区设备之间通信应采用防火墙隔离；监控系统通过正反向隔离装置向安全Ⅲ/Ⅳ区数据通信网关机传送数据，实现与其他主站的信息传输。

9. 公共接口设备

公共接口设备用于将站内不支持 IEC 61850 设备的通信协议转换为 IEC 61850 标准协议的转换终端。

2.8 监 控 防 火 墙

2.8.1 变电站监控系统安全防护体系

电网的安全稳定运行关系着国计民生，是我国能源安全的关键基础，而变电站是电网安全稳定运行的重中之重，变电站一旦发生安全事故将会对整个电网带来不可逆的影响。因此变电站信息安全防护就成为国家网络安全工作的重要组成部分。国家电力调度数据网的组网，标志着我国已经建立电网监控系统安全防护体系，其已经历了四大发展阶段：

(1) 电力调度数据专用网防护策略。我国在20世纪90年代初期，利用X.25分组交换网，在远程传输调度数据业务和少量应用办公电网信息管理等业务上进行应用。进入新世纪后，该分组交换网面临着基于IP的数据网升级，通过对基于ATM虚电路的IP专网、基于综合IP数据网的虚拟专网VPN，以及基于SDH电路的IP专网的组网技术进行分析和对比调度业务的安全风险，最终确定了基于SDH电路来构建电力调度数据IP专网的技术方案。

在基于SDH电路的电力调度数据IP专网基础上，我国形成了电力系统第一个强制执行的信息安全法规《电网和电厂计算机监控系统及调度数据网安全防护规定》(2002年5月8日发布)。该法规规定了电力调度数据网络只允许传输与电力生产直接相关的数据业务，并与公用信息网络在物理层面进行强制安全隔离，避免电网和电厂计算机监控系统及调度数据网络遭受网络侵害，确保电力系统安全稳定运行，同时也标志着我国电力监控信息安全防护体系进入“结构性”安全。

(2) 边界安全的纵深防护。随着电网技术的快速发展，我国电力监控系统自动化水平越来越高，为应对新的网络信息安全风险，我国提出了“安全分区、网络专用、横向隔离、纵向认证”的电力系统安全防护总体策略。其中“安全分区”是指将各类电力系统生成信息安全业务功能及调度相关控制性，划分为生产控制大区和管理信息大区，生产控制大区与管理信息大区之间设置电力专用单向横向安全隔离装置；“网络专用”是指应用电力调度数据网，专网专用，为电力调度业务提供网络服务；“横向隔离”是指应用电力专用单向横向隔离装置对生产控制大区和管理信息大区之间进行安全隔离，确保实时业务与非实时业务不受干扰；“纵向认证”是指对电力上下级调度业务数据进行专用纵向加密和认证保护，确保电力生产数据及远程控制的安全性。根据该总体防护策略，我国进一步形成以边界防护为要点的纵深防护体系。

2004年12月，《电力二次系统安全防护规定》及《电力二次系统安全防护总体方案》等相关配套技术文件的发布，标志着我国电力监控系统第一阶段防护体系全面建立。该体系的应用范围包括各级调度中心、变电站、发电厂及负荷管理等相关监控系统。

(3) 等级保护的业务安全防护。随着2007年国家电力监管委员会印发《关于开展电力行业信息系统安全等级保护定级工作的通知》等系列文件的发布，我国启动了电力行业信息安全等级的定级工作。依据2012年，国家电力监管委员印发的《电力行业信息系统安全等级保护基本要求》等文件，我国全面开始电力监控系统的等级保护建设工作。

当前省级及以上调度中心的调度控制系统安全保护等级为四级，单机容量300MW及以上的火电机组控制系统DCS、220kV及以上的变电站自动化系统、总装机1000MW及以上的水电厂监控系统等系统安全保护等级为三级，其余为二级。等级保护体系由物理安全、网络安全、主机安全、应用安全和数据安全五个层面组成，共含220个安全要求项，共有168项高于或强于对应级别的国家等级保护要求。

(4) 新一代电网调度控制系统主动防御体系。2010年“震网”病毒以及2015年底乌克兰电网遭黑客攻击事件的出现，说明这些网络攻击已能成功突破传统物理隔离，这就使得以“查杀”为核心的被动安全措施在生产控制大区，特别是实时控制系统安全防护方面失去效率，为减少防护机制对电网调度控制系统实时控制性能影响，就很有必要建立一种更为高效的主动防御体系。

可信计算技术的出现改变了传统被动应对的防护模式，其核心就是计算运算与安全防护同时进行，这就使得计算全过程可控，计算结果与期望能保持一致，并且不受干扰。这是一种运算和防护并存、主动进行免疫的新计算模式。通过在硬件上建立可信保护节点和计算资源节点的并行结构，形成一个硬件信任根，从信任根到硬件平台、操作系统及应用程序建立一个完整信任链，一级认证一级，一级信任一级，从源头上确保整个网络均可信。通过不执行未获认证程序，及时识别各自身份，对非己成分进行破坏和排斥，从而实现自身主动免疫。

电力可信计算技术，就是建立调度控制系统主动免疫机制，确保生产控制大区中具有控制功能系统安全，提升对未知恶意代码攻击的防护力，来应对高级或复杂的网络攻击，实现网络环境全程安全可信。

2.8.2 数据分区

变电站通信系统为生产和管理各业务提供传输和数据通道，服务于电力一次系统和二次系统，按照业务属性大致可以分为生产业务和管理业务两大类；按照电力二次系统安全防护管理体系可以分为Ⅰ、Ⅱ、Ⅲ、Ⅳ共四大安全区域业务；按照业务分布可以分为集中型业务、相邻性业务和均匀性业务。

1. 生产实时控制大区——安全Ⅰ区业务

（1）线路保护。在电力系统中，对通信有要求的继电保护主要是线路保护，线路保护应用在输电线路上，包括500kV、220kV和部分110kV线路。线路继电保护方式按原理分类主要有微机高频方向保护、微机高频距离保护、光纤分相电流差动保护等几种方式。其中，光纤分相电流差动保护原理简单、动作可靠性高、速度快，很快得到了大范围的应用。目前新建的线路只要具备光纤通道，则至少有一套主保护会采用光纤分相电流差动保护；如果线路长度较短，且有两路不同物理路由的光纤通道，则还会同时采用两套光纤分相电流差动保护作为主保护。线路保护业务的信息流向是从输电线路的一端送到另一端，属于相邻型业务，通道内一直有保护信号在传送，通信频度高，属于实时通信。线路保护的信息流量比较小，小于64kbit/s，但对通道的可靠性和时延要求高。500kV线路的保护动作时间一般要求小于0.1s，220kV线路的保护动作时间要求一般小于0.2s，除去保护装置的处理时间，信号的传输时间应该在10ms以内。

（2）安稳系统。该系统是指由两个及以上厂站的安全稳定控制装置通过通信设备联络构成的系统，其主要功能是切机、切负荷，实现区域或更大范围的电力系统的稳定控制。安稳系统是确保电力系统安全稳定运行的第二道防线，一般分为控制主站、子站和执行站。安稳系统信息流向为主站→控制子站→执行子站逐层传送。其业务属于树型业务。

（3）调度自动化。主要提供用于电网运行状态实时监视和控制的数据信息，实现电网控制、数据采集与监视测控系统（SCADA）和调度员在线潮流、开断仿真和校正控制等电网高级应用软件（PAS）的一系列功能。一般由自动切换的双前置机及多台服务器和微机工作站组成分布式双总线结构。其信息类型包括两部分：一部分为调度中心 EMS 系统与厂站 RTU 交换的远动信息（包括遥测、遥信、遥控、遥调信息）；另一部分为调度中心 EMS 系统之间交换的数据信息。调度自动化带宽要求为 64kbit/s～2Mbit/s，通道传输时延小于 30ms，基于光纤 SDH 通道误码率不大于 10^{-9}。其信息流向为各地调（EMS）或厂、站（RTU）→调度中心（EMS）。其业务属于集中型业务。

（4）调度电话。其主要功能是为调度员提供调度电话联络，信息流向为各厂站与调度中心之间相互传送。调度电话要求具有极高的可靠性和强插强拆功能，属于集中性业务。

2. 生产非实时控制大区——安全Ⅱ区业务

（1）保护管理信息系统。由主站、分站与子站三层结构构成，其主要功能是通过实时收集变电站的运行和故障信息，为分析事故、故障定位及整定计算工作提供科学依据，以便调度管理部门做出正确的分析和决策，来保证电网的安全稳定运行。其信息流向为主站/分站与子站之间双向传送，其中绝大部分信息流是从子站向主站/分站传送，主站只有少量轮询信息向子站发送。子站向主站/分站系统上传信息的方式分为主动和被动两种。其业务属于集中性业务。

（2）安稳管理信息系统。主要指管理主站对控制主站、控制子站检测和收集到的信息、子站对有关指令的执行情况和执行结果、子站及其执行站的装置及通信通道的正常、异常和故障情况进行分析的系统。其信息流向为执行子站、控制子站、控制主站到管理主站。其业务属集中性业务。

（3）广域相量测量系统（PMU 系统）。其主要功能是利用 GPS 同步时钟技术进行集中相角的监视和稳定控制，即将电压相角信息上送到调度中心，由调度中心对相角信息进行处理后进行相角的监视；以及在已知相角信息的条件下，应用相角信息进行暂态稳定的分析和控制，为电网稳定运行服务。其信息流向为各厂站向调度中心传送。其业务属于集中性业务。

（4）电能计量遥测系统。它是对整个电网众多计量点的数据进行自动采集，自动传输、存储和处理，用于监控整个电网的负荷需求。为用电营销系统、EMS 系统、PAS 系统、MIS 系统等相关系统提供准确、可靠的电量等基础数据。此系统的主站系统设置在省调度中心，计量对象包括各厂站的电量结算关口计量点和网损、线损管理关口计量点以及根据管理需要所需采的用户电量结算关口计量点等。其信息流向为各厂、站（ERTU）→中调（EAS），传送方式采用定时传送（现运行为 15min）和随机召唤传送两种方式。各厂站传输速率为 64kbit/s，传输延时也不宜过大，要求传输误码率必须不大于 10^{-6}，可用性要求为 99.99%。其业务属于集中型业务。

（5）电力市场技术支持系统。是基于计算机、网络通信、信息处理技术，并融入电力系统及电力市场理论的综合信息系统，主要提供电力交易等数据。电力市场数据主要包括电能量计量数据、现货交易数据、期货交易数据、市场其他信息等。其覆盖面广、信息量大，对可靠性性和安全性有很高的要求。其信息流向及信息内容包括网调 EMS 系统与电厂 SCADA 系统之间实时交换的电网发用电情况、机组运行情况等，数据传输周期为 3s/次；以及电厂发电报价系统向电力市场主站传送的机组报价信息，数据传送周期为

30min/次。

3. 生产管理区——安全Ⅲ区业务

（1）调度管理信息系统（DMIS）。覆盖调度中心和各变电站，是各生产相关人员在各调度系统中查找数据、收发件的信息系统。DMIS业务承载在综合数据网上，与企业管理业务VPN隔离，变电站可采用MSTP数据通道实现综合数据网覆盖。

（2）雷电定位监测系统。它是以计算机网络系统为通信媒介，采用先进的网络技术、GIS和数据库技术，能方便广大用户在网上查询和分析雷电以及雷击事故的专家系统。其信息传输速率为64kbit/s～2Mbit/s，传输延时小于250ms，误码率不大于10^{-5}，可用性要求为99.9%。其信息流向为雷电定位监测探测站→雷电定位监测控制中心站。

（3）变电站视频监视系统。主要对变电站设备进行24h视频图像监视，监视变电站设备、环境等参数，实现无人值守。其业务流向是集中型业务系统，各个变电站以2Mbit/s通道汇聚到调度中心。业务流是24h的均流业务。其业务属于集中性业务。

4. 管理业务区——安全Ⅳ区业务

（1）行政电话业务。其基本功能是实现管理中心与企业内部各单位之间（包括内部各单位之间）以及企业内部与公用电话交换网（PSTN）及其他专网连接，主要业务包括话音通信、电传及传真等，是实现电力系统现代化管理的重要技术手段之一。电力行政交换网络覆盖范围包括各级供电局、所及二级单位。系统内各单位的“行政”交换机应具备既是电力专用通信网内的交换机同时又是邮电公用网中的用户小交换机的“双重作用”。因此必须同时具有电力专用网内的联网功能和用户小交换机功能，并且具备公用网和专用网中继线（汇接、限制、隔离）功能。

（2）视频会议。又称电视会议，是指两个或两个以上不同地方的个人或群体，通过传输线路及多媒体设备，将声音、影像及文件资料互传，实现即时且互动的沟通，以实现会议目的的系统设备。

（3）管理信息业务。包括日常办公业务和信息化管理业务。日常办公业务主要包括OA、移动办公、Internet、Wlan等业务。信息化管理业务主要包括各种信息管理系统，如财务等系统等信息化支持体系。该业务主要在电力系统各部门之间流通，包括省公司与各地区供电局、地区二级单位及营业所、变电站之间流通，节点数量多，覆盖范围广。电网公司、供电局、二级单位等用户通信业务主要有行政办公信息系统、财务管理信息系统、营销管理信息系统、工程管理信息系统、生产管理信息系统、人力资源管理信息系统、物资管理信息系统、综合管理信息系统等业务系统。

2.8.3 网络隔离技术原理

网络隔离（network isolation），主要是指把两个或两个以上可路由的网络（如TCP/IP）通过不可路由的协议（如IPX/SPX、NetBEUI等）进行数据交换而达到隔离的目的。可参考GB/T 20279—2015《信息安全技术　网络和终端隔离产品安全技术要求》、MSTL_JGF_04-029 0101—2011《信息安全技术　网络单向导入产品检验规范》等标准进行产品选型及检验。安全域是指具有相同的安全保护需求和相同安全策略的计算机或网络区域。

1. 隔离类产品

GB/T 20279—2015 将隔离类产品按照安全功能要求分为以下三类：

(1) 终端隔离产品。同时连接两个不同安全域，采用物理断开技术在终端上实现安全域物理隔离的安全隔离卡或安全隔离计算机。

终端隔离产品一般以隔离卡的方式接入目标主机，隔离卡通过电子开关以互斥的形式同时连通安全域 A 所连的硬盘 1 和安全域 A，或者安全域 B 所连的硬盘 2 和安全域 B，从而实现内外两个安全域的物理隔离，如图 2.28 所示。该类产品也可将隔离卡整合入主机，以整机的形式作为产品。

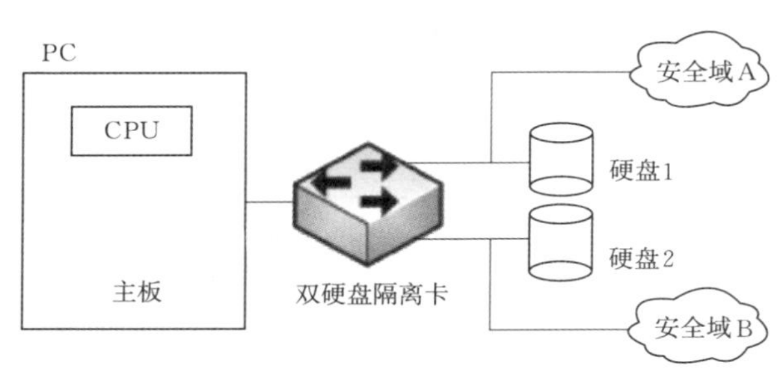

图 2.28 终端隔离产品结构

(2) 网络隔离产品。位于两个不同安全域之间，采用协议隔离技术在网络上实现安全域安全隔离与信息交换的产品。

网络隔离产品一般以两主机加专用隔离部件的方式组成，即由内部处理单元、外部处理单元和专用隔离部件组成。其中，专用隔离部件既可以是采用包含电子开关并固化信息摆渡控制逻辑的专用隔离芯片构成的隔离交换板卡，也可以是经过安全强化的运行专用信息传输逻辑控制程序的主机。网络隔离产品用于连接两个不同的安全域，实现两个安全域之间的应用代理服务、协议转换、信息流访问控制、内容过滤和信息交换等功能。网络隔离产品中的内、外部处理单元通过专用隔离部件相连。专用隔离部件是两个安全域之间唯一的可信物理通道，该内部信道裁剪了 TCP/IP 等公共网络协议栈，采用私有协议实现协议隔离。在一些安全性要求较低而实时性要求较高的场合，专用隔离部件采用私有协议以逻辑方式实现协议隔离和信息传输。在一些安全性要求较高而实时性要求相对较低的场合，专用隔离部件还会采用一组互斥的分时切换电子开关实现内部物理信道的通断控制，以分时切换连接方式完成信息摆渡，从而在两个安全域之间形成一个不存在实时物理连接的隔离器。

网络隔离产品结构如图 2.29 所示。

(3) 网络单向导入产品。位于两个不同安全域之间，通过物理方式构造信息单向传输的唯一通道，实现信息单向导入，并且保证只有安全策略允许传输的信息可以通过，同时反方向无任何信息传输或反馈。

网络单向导入产品一般以二主机方式组成，即由数据发送处理单元和数据接收处理单元组成，双机之间采用单相传输部件相连。网络单向导入产品部署在两个安全域之间，其中，数据发送处理单元网络接口连接信息发送方安全域 A，数据接收处理单元网络接口连接信息接收方安全域 B，信息流由发送数据的安全域 A 单向流入接收数据的安全域 B。单向传输部件利用单相传输的物理特性建立两个安全域之间唯一的单相传输通道，数据在这

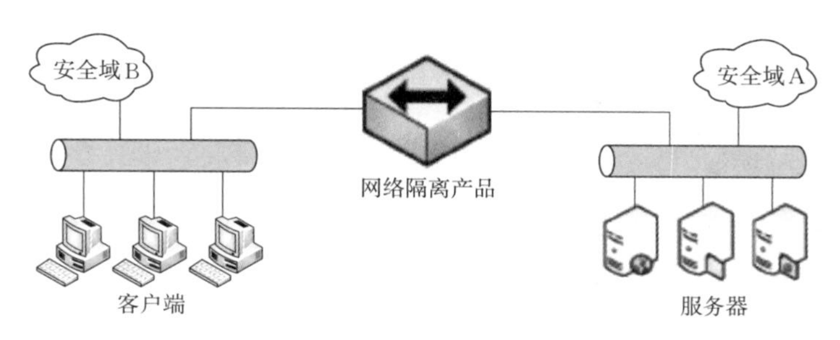

图 2.29　网络隔离产品结构

个通道中只能沿数据发送处理单元向数据接收处理单元方向的可信路径单相传输，无任何反馈信号。单相传输部件由一对单相接收部件和单相发送部件构成，单向发送部件安装在数据发送处理单元中，单相接收部件安装在数据接收处理单元中。单向传输部件的单向物理传输特性固化不可修改，任何软件配置、物理跳线等方式都不能改变其部件的单向传输特性以及传输方向，从而实现数据单向导入的可靠性。例如光通信，数据发送处理单元使用光发送模块，数据接收处理单元使用光接收模块，单向传输通道使用单根光纤，实现数据单向传输。

网络单向导入产品结构如图 2.30 所示。

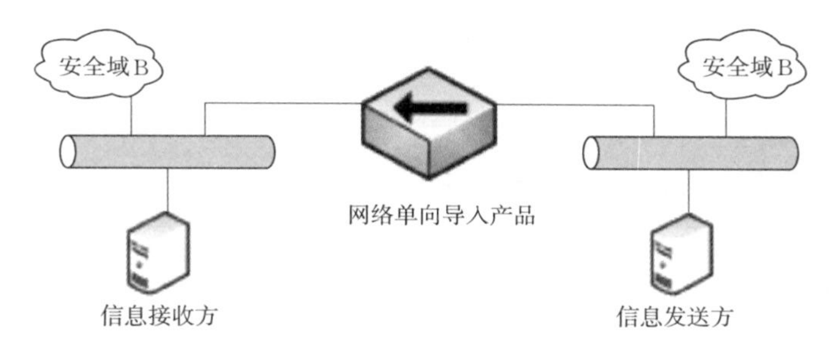

图 2.30　网络单向导入产品结构

2. 隔离装置接入点

电力专用安全隔离装置作为安全Ⅰ/Ⅱ区与安全Ⅲ区的必备边界，具有最高的安全防护强度，是安全Ⅰ/Ⅱ区横向防护的要点。

其中，安全隔离装置（正向）用于安全Ⅰ/Ⅱ区到安全Ⅲ区的单向数据传递；安全隔离装置（反向）用于安全Ⅲ区到安全Ⅰ/Ⅱ区的单向数据传递。

3. 正向隔离装置功能

正向安全隔离装置具有以下功能：

（1）现两个安全区之间的非网络方式的安全的数据交换，并且保证安全隔离装置内、外两个处理系统不同时连通。

（2）表示层与应用层数据完全单向传输，即从安全Ⅲ区到安全Ⅰ/Ⅱ区的 TCP 应答禁止携带应用数据。

（3）透明工作方式，虚拟主机 IP 地址、隐藏 MAC 地址。

（4）基于 MAC、IP、传输协议、传输端口以及通信方向的综合报文过滤与访问控制。

（5）支持 NAT。

（6）防止穿透性 TCP 连接，禁止两个应用网关之间直接建立 TCP 连接，将内、外两个应用网关之间的 TCP 连接分解成内、外两个应用网关分别到隔离装置内、外两个网卡的两个 TCP 虚拟连接。隔离装置内、外两个网卡在装置内部是非网络连接，且只允许数据单向传输。

（7）具有可定制的应用层解析功能，支持应用层特殊标记识别；安全、方便的维护管理方式：基于证书的管理人员认证，使用图形化的管理界面。

4. 反向隔离装置功能

反向安全隔离装置用于从安全Ⅲ区到安全Ⅰ/Ⅱ区传递数据，是安全Ⅲ区到安全Ⅰ/Ⅱ区的唯一一个数据传递途径。反向安全隔离装置集中接收安全Ⅲ区发向安全Ⅰ/Ⅱ区的数据，进行签名验证、内容过滤、有效性检查等处理后，转发给安全Ⅰ/Ⅱ区内部的接收程序，具体过程如下：

（1）安全Ⅲ区内的数据发送端首先对需要发送的数据签名，然后发给反向安全隔离装置。

（2）反向安全隔离装置接收数据后，进行签名验证，并对数据进行内容过滤、有效性检查等处理。

5. 接收程序

安全Ⅰ/Ⅱ区内部的接收程序功能如下：

（1）有应用网关功能，实现应用数据的接收与转发。

（2）具有应用数据内容有效性检查功能。

（3）具有基于数字证书的数据签名/解签名功能。

（4）实现两个安全区之间的非网络方式的安全的数据传递。

（5）支持透明工作方式，虚拟主机 IP 地址、隐藏 MAC 地址。

（6）支持 NAT。

（7）基于 MAC、IP、传输协议、传输端口以及通信方向的综合报文过滤与访问控制。

（8）防止穿透性 TCP 连接。

2.8.4 通道分析

目前，电力通信业务 IP 化是发展趋势，但关键的生产实时控制一区业务仍需采用 TDM 专线通道。各种业务对传输或数据通道的具体要求如下：

（1）线路保护业务。当前优先采用复用 2Mbit/s 光纤通道作为主通道，在光缆距离不超过 60km 的情况下，可采用专用光纤纤芯，500kV 线路每套主保护应采用两路完全独立的通道。220kV 线路两套主保护应采用两路完全独立的通道。远跳装置应采用两路完全独立的通道。在不具备光纤通道的情况下，可采用复用载波通道。线路保护业务传输时延小于 10ms。

（2）安稳系统业务。应采用两路完全独立的复用 2Mbit/s 通道，传输时延不大于 30ms。

(3) 调度自动化业务。当具备调度数据网双平面时，调度自动化业务采用2路调度数据网络通道，两通道完全独立；专线通道在一定时期内将保留作为备用通道。

(4) 调度电话业务。应采用调度交换机联网、调度小号延伸、远端模块、VOIP、公网电话等多种通信方式。

(5) 电能计量业务。应采用1路调度数据网络通道和1路专线通道，两通道应完全独立。

(6) 广域相量测量系统。应采用1路调度数据网络通道和1路专线通道，两通道应完全独立。

(7) 保护信息管理系统、安稳控制管理系统、故障测距系统等电力生产业务。采用调度数据网通道。

(8) 调度生产管理信息系统、雷电定位监测系统、线路监测系统、线路覆冰监测系统、变电站一次设备在线监测和状态检测系统、电能质量监测系统、变电站视频监控系统及财务、营销等管理信息业务。应采用综合数据网络通道，部分管理业务如移动办公等业务可租用公网通道。

(9) Internet统一出口业务。各地区Internet业务将改由省公司统一出口，各地区至调通中心需要100Mbit/s带宽。

第3章　厂站自动化系统原理

3.1　RTU 基 础 知 识

3.1.1　RTU 概述

变电站远动终端（remote terminal unit，RTU）是 SCADA 系统的基本组成单元，是电网监视和控制系统中安装在变电站的一种远动装置。RTU 负责采集变电站电力运行状态的模拟量和状态量，监视并向调度中心传送这些模拟量和状态量，执行调度中心发往所在变电站的控制和调度命令，实现调度中心对电网的遥测、遥信、遥控、遥调“四遥”功能。服务于变电站自动化的 RTU 具有配电故障信息采集与处理、电能质量测量、断路器在线监测等功能，以达到调度自动化对用户可靠优质供电的最终目标。RTU 实际上也是一个微机，主要功能包括采集状态量信息、采集模拟量信息、与调度端进行通信、被测量越死区传送、事件顺序记录（SOE）、执行遥控命令、系统对时、自恢复和自检测。

1. 采集状态量信息

通过一些接口电路，把变电所的断路器、隔离开关的状态转变为二进制数据，存储在计算机的某个内存区。

2. 采集模拟量测量值

采集即把变电所的一些电流量、电压、功率等模拟量通过互感器、变送器、A/D 转换器变成二进制数据，存储在计算机的某个内存区。

3. 与调度端进行通信

把采集到的各种数据组成一帧一帧的报文送往调度端，并接收调度端送来的命令报文。通信规约一般有应答式（polling）、循环式（CDT）、对等式（DNP）等 10 余种，RTU 应具备其中的一种。RTU 应具备通信速率的选择功能，还应有支持光端机、微波、载波、无线电台等信道通信转换功能。通信中有一个重要的工作，即对发送的数据进行抗干扰编码。对接收到的数据要进行抗干扰译码，如果发现有误则不执行命令。

4. 被测量越死区传送

每次采集到的模拟量与上一次采集到的模拟量（旧值）进行比较，若差值超过一定的限度（死区），则送往调度端；否则，认为无变化，不传送。这可以大大地减少数据的传输量。

5. 事件顺序记录（SOE）

当某个开关状态发生变位后，记录下开关号、变位后的状态以及变位的时刻。SOE 有助于调度人员及时掌握被控对象发生事故时各开关和保护的动作状况及动作时间，以区分事件顺序，作出运行对策和事故分析。时间分辨率是 SOE 的重要指标，分为 RTU 内与 RTU 之间两种。

（1）SOE 的 RTU 内分辨率。在同一 RTU 内，顺序发生一串事件后，两事件间能够辨认的最小时间称为 SOE 的站内分辨率。在调度自动化中，SOE 的站内分辨率一般要求小于 5ms，其大小由 RTU 的时钟精度以及获取事件的方法决定。

（2）SOE 的 RTU 之间分辨率。是指各 RTU 之间顺序发生一串事件后，两事件间能够辨认的最小时间，它取决于系统时钟的误差和通道延时的误差、中央处理机的处理延时等。在调度自动化中，SOE 的 RTU 之间分辨率一般要求小于 10ms，这是一项整个远动系统的性能要求指标。

6. 执行遥控命令

调度端发来遥控命令，RTU 收到命令，确认无误后，即进行遥控操作，通过接口电路、执行机构，使某个或多个断路器或隔离开关进行“合”或“分”的操作。

7. 系统对时

SOE 的 RTU 之间分辨率是一项系统指标，因此它要求各 RTU 的时钟与调度中心的时钟严格同步。采用时钟同步的措施有以下两点：

（1）采用全球定位系统 GPS。利用全球定位系统 GPS 提供的时间频率同步对时，可确保 SOE 的 RTU 之间分辨率指标。该方法需要在各站点安装 GPS 接收机、天线、放大器，并通过标准 RS－232 接口和 RTU 相连。

（2）采用软件对时 CDT、DNP、Modbos 等规约提供了软件对时手段，可采用软件对时。但由于受到通信速率的影响，需要采取修正措施。这种方法的优点是不需要增加硬件设备。

8. 自恢复和自检测

RTU 作为远动系统的数据采集单元，必须保证不间断地完成和 SCADA 系统的通信。

除以上功能外，RTU 还应有以下功能：

（1）当地显示与参数整定输入。在 RTU 上安装一个当地键盘和 LED 或 LCD 显示器，使得 RTU 的采集量在当地就可以显示到显示器上，也可通过键盘输入遥测量的转换系数和修改保护整定值等。

（2）一发多收。有时一台 RTU 要向不同上级计算机发布信息，或通信规约不相同，需实现多规约转发。

（3）CRT 显示与打印制表。要求 RTU 具有当地显示功能，并能将异常事故报告打印出来。

3.1.2 RTU 结构

传统的 RTU 是由晶体管或集成电路，通过逻辑设计构成的，称为布线逻辑远动（或硬件远动）。自从微型计算机应用于远动以来，RTU 的功能设计主要由软件的设计来实现，所以又称为软件 RTU。

1. RTU的硬件结构

目前，常用的RTU的硬件结构可分为单CPU结构和多CPU结构。

（1）单CPU的RTU。是指所有数据采集、处理、显示和发送，命令的接收和执行等都由单个CPU完成。经MODEM与调度控制中心通信联络，接收遥控、遥调命令，通过相应的接口输出执行。其基本构成如图3.1所示。

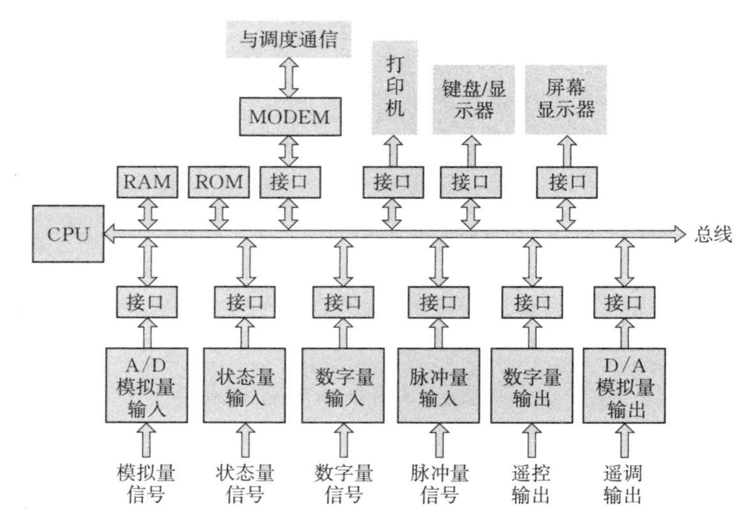

图3.1　单CPU的RTU基本构成

在单CPU的RTU中，硬件包括定时器/计数器、中断控制器等系统部分，遥测、遥信、数字量和电能脉冲等信息输入电路，遥控、遥调等命令的输出电路，本机键盘和显示器、CRT显示器（或液晶显示器）以及打印等人机联系部分。各部分都经可编程接口芯片，通过系统总线与CPU相连接。CPU通过对各接口芯片的操作管理，控制各部分电路的正常工作。

（2）多CPU的RTU。是指所有数据采集、处理、显示和发送，命令的接收和执行等都由两个及以上CPU完成RTU。厂站端需要采集和处理的数据较多，单CPU的RTU难以胜任，为减轻主CPU的运算负担，可以采用多CPU结构。多CPU的RTU基本构成如图3.2所示。

在多CPU的RTU中，除了主控系统外，其他主要子系统如模拟量遥测子系统，遥信子系统等也都配有各自的CPU，这些智能子系统可以用常规电子芯片或采用单片机组成。主控系统统管全局，可以与各子系统相互通信，通信方式可采用串行通信或并行通信。遥测、遥信等子系统能够独立工作，进行数据采集和处理，因而有效降低了主控CPU的负担。此外，采用多CPU的RTU在配置上更加灵活，进行功能扩展也更加方便。

2. RTU的软件结构

为实现厂站端的监控功能，在硬件的基础上必须配置相应的软件。通常把RTU的软件分为系统软件、支持软件和应用软件三类。系统软件包括监控程序或操作系统等。支持软件包括汇编语言、高级语言、编译程序以及调试诊断程序等，也有将支持软件分别归属

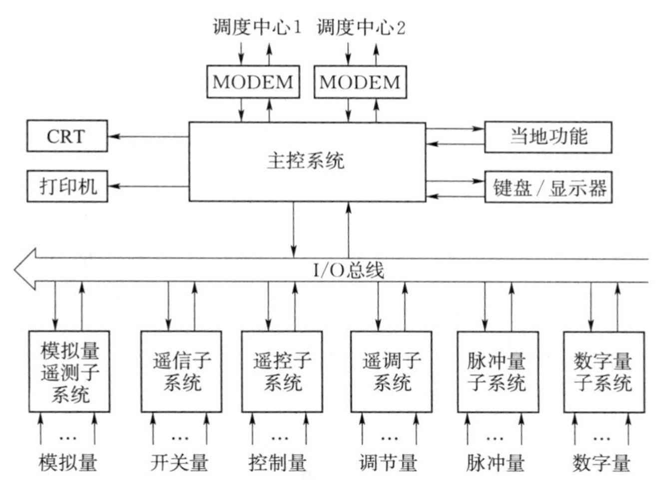

图 3.2　多 CPU 的 RTU 基本构成

于系统软件和应用软件的。应用软件根据实际需要而定，通常有以下几种：

（1）数据采集软件。包括模拟量采集、状态量（开关量）采集、数字量采集和脉冲量采集等。

（2）数据处理软件。对采集到的数据加以适当处理，如数字滤波、越限判别等。

（3）通信软件。按照通信规约给调度端发送数据，并接收调度端发来的命令。

（4）控制软件。将收到的遥控、遥测等命令付诸执行。

（5）人机接口软件。包括键盘、屏幕显示和制表打印等。

此外，还有事件顺序记录、自检及调试等软件。

3.1.3　RTU 规约

RTU 规约是站端 RTU 和调度系统进行信息交互的接口。随着软硬件技术的发展，RTU 规约也在不断地变化和发展。国际和国内使用的 RTU 规约多种多样，即使对于同一种规约，其传输格式也会因不同国家、不同生产厂家而不同；为了统一这种混乱局面，实现 RTU 规约的标准化，国际电工委员会 TC－57 技术委员会制定了一系列 RTU 规约的基本标准，并在此基础上制定了 RTU 传输规约之 IEC 60870－5－101，我国在非等效采用此规约的基础上制定了相应的配套标准 DL/T 634—1997《远动设备及系统　第 5 部分　传输规约　第 101 篇　基本远动任务配套标准》。IEC 60870－5－101 为了提高通信的实时性，采用了只有物理层、数据链路层、应用层的增强性规约结构（EPA），应用层直接映射到数据链路层，加强了信息的实时性。在点对点和多个点对点的全双工配置下，此配套标准可以采用平衡式传输以发挥其内在潜力，此情况下由主站启动的链路传输服务有以下几种：

（1）由主站向子站循环询问越限的测量值的二级用户数据。

（2）由主站定期召唤和询问全数据（包括状态量、测量值、变压器分接头位置、水位、频率）。

(3) 由主站定期召唤电能量。

(4) 由主站向子站定期进行时钟同步。

(5) 由主站向子站发送控制断路器命令、调节步命令、设点命令、装载命令等。

(6) 当事故发生后，由主站向子站召唤事故顺序记录，包括状态量和继电保护信号的事故顺序记录。

(7) 支持文件传输，主站可以召唤故障录波装置记录扰动数据的数据文件。

由子站触发启动的链路传输服务主要是：①子站发生状态变位时主动传送的一级用户数据；②定时向主站传送子站的全数据，传送周期由子站的参数确定，如果子站长时间没有接受到主站的信息，子站将缩短向主站传送全数据的周期，并变为向主站循环传送全数据。

采用子站主动向主站传送状态变位和全数据有两个优点：①子站发生状态变位后向主站传送的时间大大缩短；②在由主站向子站传输的下行通道质量不好或中断情况下，上行信息的全数据和状态变位尚能保证向主站传送。

IEC 60870－5－101 提供了在主站和 RTU 之间发送基本远动报文的通信文件集，它适用的网络拓扑结构为点对点、多个点对点、多点共线、多点环形和多点星形网络配置的远动系统中，但它要求在主站和每个远动子站之间采用固定连接的数据电路，这意味着必须使用固定的专用远动通道。随着欧美一些国家调度主站与变电站 RTU 的通信逐步采用以太数据网，远动报文可能通过一些可以进行报文存储和转发的数据网络进行传输，这些数据网络仅仅在主站和远动子站之间提供虚拟的数据电路，因此这种网络类型将使得报文传输出现延时，其延时可在相当大的时间范围内变化并和网络的通信负荷有关。一般而言，可变的报文延时时间意味着不可能采用在 IEC 60870－5－101 中所定义的主站和远动子站之间的链路层，为此，国际电工委员会（IEC）第 57 技术委员会（TC57）的第 3 工作组（WG03）于 1998 年 8 月制定了电力 RUT 传输规约之 IEC 60870－5－104（CDV）《采用标准传输协议子集的 IEC 60870－5－101 的网络访问》（network access for IEC 60870－5－101 using standard transport profiles），我国也制定了相应的配套标准 DL/T 634.5104—2002《远动设备及系统　第 5－104 部分：传输规约》。IEC 60870－5－104 协议是将 IEC 60870－5－101 标准用于 TCP/IP 网络，当调度主站与变电站连接到以太数据网，变电站 RTU 与调度主站通信时，通信规约则应采用 IEC 60870－5－104 标准。

3.2 测 控 装 置

变电站测控功能的实现经历了集中式和单元式两个阶段。20 世纪 80 年代以前，变电站的远动功能主要依靠集中式 RTU 装置实现，通过变送器及一些数字接口电路对变电站二次系统的一些测量和信号信息进行采集，对采集量进行集中处理。20 世纪 90 年代初期，随着嵌入式处理器及网络通信技术的发展，集中式 RTU 向单元式测控装置转变，测控功能按一次设备对象单独形成装置，完成一个设备间隔内的测量与控制功能。

测控装置是变电站自动化间隔层的核心设备，主要完成变电站一次系统电压、电流、功率、频率等各种电气参数测量（遥测），一（二）次设备状态信号采集（遥信）。接受调度主站或变电站监控系统操作员工作站下发的对断路器、隔离开关、变压器分接头等设备的控制（遥控、遥调），并通过连锁、闭锁逻辑控制手段保障安全性。此外，还要完成数据处理分析，生成事件顺序记录等功能。

3.2.1 概述

在电力系统中，负荷随时都在变化，系统的各类故障随时可能发生，设备的运行状态、参数是多变的。变电运维人员想要时刻掌握设备的运行状态，实时获取设备运行的各种参数及状态，就要依靠电力系统测控装置。测控装置应用于变电站间隔层，一般用在110kV及以上电压等级间隔，35kV及以下电压等级间隔一般采用测保一体装置。这类间隔包括主变压器（高、中、低压）间隔、110kV出线间隔、220kV出线间隔、500kV出线间隔、1000kV出线间隔、母联间隔、旁路间隔、变电站公用间隔等，和保护装置一起完成具体间隔的数据和信号的采集、测量、控制功能。

测控装置可严格隔离强弱电，实现大容量、高精度的快速、实时信息处理，具备完善的间隔层连锁功能，同时具有软件报文对时和硬件脉冲对时功能，对时精度高、误差小。测控装置应有完善的事件报告处理功能，可保存动作报告、变位报告、自检报告、运行报告、操作报告，通过RS-485或以太网通信接口，支持电力行业标准IEC 68150和IEC 60870规约。

3.2.2 硬件组成

测控装置可使用嵌入式双核处理器，硬件模块组成配置如下：

(1) CPU模块。可完成采样、保护的运算记忆装置的管理功能，包括事件记录、录波、打印、定值管理等功能。实现对整个装置的管理、人机界面、通信和录波等功能。CPU模块使用内部总线接收装置内其他模块的数据，有以太网接口、外部通信接口、对时接口和打印机接口。双核处理器完成模拟量数据采集功能、保护逻辑计算和跳闸出口等功能。

(2) 交流输入模块。将TV或TA二次侧电气模拟量转换成小电压或小电流信号。

(3) 直流输入模块。用于输入外部直流模拟信号，如温度信号、压力信号等。

(4) 光耦输入模块。提供开关量输入功能，含多路光电隔离的开关量输入通道，每一路开入信号都采用了硬件滤波和软件防抖处理，保证了信号采集的可靠性。

(5) 开关量输出模块。包含跳闸用开关量出口和接点。

(6) 电源模块。将直流电压变换成装置内部需要的电压，输出直流电压为+5V，为装置其他模块提供电源。

(7) 人机接口模块。由显示器、键盘、信号灯等组成，实现人机交互功能。

通常保护的开入和开出，其实是开关量输入和开关量输出的简称。开关量是指只反映通断状态的量，一般指接收开关状态或送出的接点信号。跳闸与合闸是开入和开出的一部分，对于开入量，通常表示连接开关的状态；对于开出量，通常表示对开关的操作，送出的接点信号。

3.2.3 测控装置“四遥”信息

“四遥”是指遥测、遥信、遥控、遥调。

1. 遥测

遥测就是将变电站内的交流电流、电压、功率、频率，直流电压，主变压器温度、挡位等信号进行采集，上传到监控后台，便于变电运维人员进行工况监视。整站的遥测量采集方式主要有以下两种：

（1）扫描方式。每个扫描周期将站内所有遥测量采集更新一次，并存入数据库。扫描周期为3～8s。

（2）越阈值方式。每个遥测量设定一个阈值，按扫描周期采集。如果一个遥测量与上次测量值的差大于阈值，则将该遥测量上传监控后台显示，并存入数据库。如果差小于阈值则不上传更新。这样扫描周期可缩短，一般不大于3s。

对于一些重要的遥测数据，可以通过设置遥测越限进行重点监视。若运行中监控系统后台遥测数据超过越限设定值，经过整定延时后，计算机报越限告警。通常变电站的母线电压、直流电压、主变压器温度、主变压器功率、重要线路的功率等都应该设置遥测越限监视。

2. 遥信

遥信即状态量，是指将断路器、隔离开关、中央信号等位置信号上传到监控后台。综自系统应采集的遥信包括断路器状态、隔离开关状态、变压器分接头信号、一次设备告警信号、保护跳闸信号、预告信号等。遥信可以分为以下3类：

（1）实遥信、虚遥信。大部分遥信采用光电隔离方式输入系统，通过这种方式采集的遥信称为“实遥信”。保护闭锁告警、保护装置异常、直流屏信号等重要设备的故障异常信号，必须通过实遥信方式输出。另一部分通过通信方式获取的遥信称为“虚遥信”。如一些合成信号、计算遥信。

（2）全遥信和变位遥信。全遥信是指如果遥信状态没有发生变化，测控装置每隔一定周期定时向监控后台发送本站所有遥信状态信息。变位遥信是指当某遥信状态发生改变，测控装置立即向监控后台插入发送变位遥信的信息，后台收到变位遥信报文后，与遥信历史库比较后发现不一致，于是提示该遥信状态发生改变。

（3）单位置遥信、双位置遥信、计算遥信。单位置遥信是指从开关辅助装置上取一对常开接点，值为“1”或“0”的遥信。如隔离开关位置。双位置遥信是指从开关辅助装置上取两对常开/常闭接点，值为“10”“01”“00”“11”的遥信。双位置遥信分为主遥信、副遥信，如断路器状态。计算遥信是指通过遥测、遥信量的混合计算发出的遥信。如TV断线，判别条件为母线TV任一线电压低于额定电压的80%，则报TV断线遥信。

3. 遥控

遥控由监控后台发布命令，要求测控装置合上或断开某个开关或隔离开关。遥控操作是一项非常重要的操作，为了保证可靠，通常需要反复核对操作性质和操作对象，这就是遥控返校。遥控操作主要分为以下几个步骤：

（1）首先监控后台向测控装置发送遥控命令。遥控命令包括遥控操作性质（分/合）和遥控对象号。

（2）测控装置收到遥控命令后不急于执行，而是先驱动遥控性质继电器，并根据继电器动作判断遥控性质和对象是否正确。

（3）测控将判断结果回复给后台校核。

（4）在规定时间内，监控后台如果判断收到的遥控返校报文与原来发的遥控命令完全一致，就发送遥控执行命令。

（5）在规定时间内，测控装置收到遥控执行命令后，驱动遥控执行继电器动作。

（6）如果二次回路与开关操作机构正确连接，则完成遥控操作。

在遥控操作中，如果报遥信超时，应重点检查监控后台到相应测控装置间的通信是否正常；如果遥控返校正确而无法出口，应重点检查外部回路（如遥控压板、切换开关）是否正确；如果遥控返校报错，应重点检查相应测控装置出口板或电源板是否故障。

4. 遥调

遥调是通过监控后台经测控装置发布变压器分接头调节命令。一般认为遥调对可靠性的要求不如遥控高，所以遥调大多不进行返送校核。因此变电站改造时需要确保监控后台上的主变压器挡位遥控对象号正确。遥调原理同遥控类似，这里不再赘述。

3.3 数据采集及处理原理

3.3.1 直流采样原理

遥测量包括电压、电流和功率等物理量。厂站中的电压、电流等交流模拟量通常是经过变流器整流变换为额定值为5V的直流电压信号，再由A/D转换器转换成相应的数字量，这就是直流采样。对于A/D来说，是对直流模拟信号进行采样和变换。直流采样有以下优点：

（1）直流采样对A/D转换器的转换速率要求不高，因为变流器输出值是与交流电量的有效值或平均值相对应，变化已很缓慢。

（2）直流采样后只要乘以相应的标度系数便可方便地得到电压、电流的有效值或功率值，使得采样程序简单。

（3）直流采样经过了变流器的整流、滤波等环节，抗干扰能力较强。

1. A/D转换器

A/D转换是将时间连续和幅值连续的模拟量转换为时间离散、幅值也离散的数字量。A/D转换器的种类很多，但目前广泛应用的主要有逐次逼近式A/D转换器、双积分式A/D转换器、V/F变换式A/D转换器三种类型。另外，近些年有一种新型的$\Sigma-\Delta$型A/D转换器异军突起，在仪器中得到了广泛的应用。

（1）逐次逼近式A/D转换器。其基本原理是：将待转换的模拟输入信号与一个推测信号进行比较，根据二者大小决定增大还是减小输入信号，以便向模拟输入信号逼进。推测信号由 D/A 转换器的输出获得，当二者相等时，向 D/A 转换器输入的数字信号就对应当时模拟输入量的数字量。这种 A/D 转换器一般速度很快，但精度一般不高。常用的有 ADC0801、ADC0802、AD570 等。

（2）双积分式 A/D 转换器。其基本原理是：先对输入模拟电压进行固定时间的积分，然后转为对标准电压的反相积分，直至积分输入返回初始值，这两个积分时间的长短正比于二者的大小，进而可以得出对应模拟电压的数字量。这种 A/D 转换器的转换速度较慢，但精度较高。由双积分式发展为四重积分、五重积分等多种方式，在保证转换精度的前提下提高了转换速度。常用的有 ICL7135、ICL7109 等。

2. 采样保持

采样是将时间连续的模拟量转换为时间上离散的模拟量，即获得某此时间点（离散时间）的模拟量值。因为进行 A/D 转换需要一定的时间，在这段时间内输入值需要保持稳定，因此，必须有保持电路维持采样所得的模拟值。采样和保持通常是通过采样-保持电路同时完成的。

为使采样后的信号能够还原模拟信号，根据取样定理，采样频率 f_S必须不小于 2 倍输入模拟信号的最高频率 f_{Ima}，即两次采样时间间隔不能大于 $1/f_S$，否则将失去模拟输入的某些特征。

图 3.3 给出了采样-保持电路及输入输出波形。图中采样电子开关 S 受采样信号 $S(t)$ 控制，定时地合上 S，对保持电容 C_H充放电。因 A_1、A_2接成电压跟随器，此时 $u_O=u_I$。S 打开时，保持电容 C_H因无放电回路保持采样所获得的输入电压，输出电压亦保持不变。

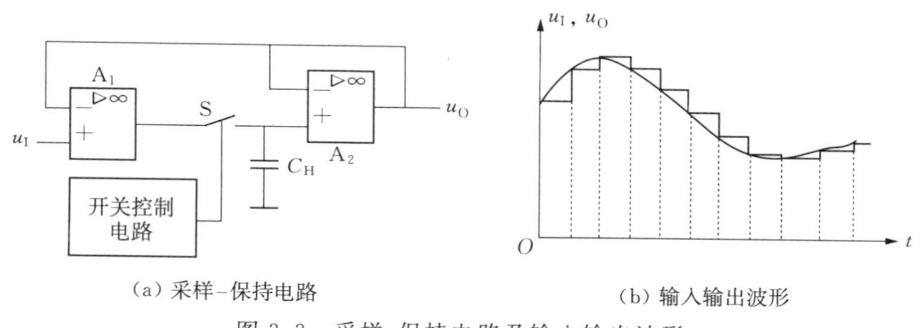

（a）采样-保持电路　　（b）输入输出波形

图 3.3　采样-保持电路及输入输出波形

3. 模拟量多路开关

厂站端远动装置要采集的模拟量远不止一个。为了共用一套模数转换器件，通常都采用模拟量多路开关。模拟量多路开关用来轮流接入一路模拟量，以进行 A/D 转换。由电量变流器送来的各个模拟量在模拟量多路开关的控制下分时地逐一经 A/D 转换器转换成数字量再进入 CPU。逐次逼近式的 A/D 转换器转换速度比较快，如低速的 ADC1210 完成一次转换约需要 100μs，中速的 AD574A 仅需 2μs。由电量变流器送来的模拟量其变化速度一般比较缓慢，在进行一次 A/D 转换期间，模拟量几乎没有什么变化。

各种型号的模拟量多路开关集成芯片的功能基本相同，即按要求接通某一路开关，不同之处是：在切换的开关数、开关接通时的电阻和断开时的漏电流以及输入的模拟量电压值等方面有所差别。

4. 标度变换

RTU中的遥测量有电压、电流、功率等，情况各不相同，但对调度工作人员而言，需要知道的是实际物理量的大小。在遥测值达到额定值时，测量值在经过TV、TA，电量变流器和进行A/D转换后最终得到的满量程值都是全1码，就像用指针式表计测量电压时，110kV或220kV电压经TV引到电压表，满量程的电压在电压表上的反映都是满量程的偏转角，对110kV、220kV来说都一样。为了使指针式电压表能指示相应的电压，需要在测量110kV或220kV的电压表满量程处，分别标上与110kV或220kV相对应的标尺。同样是电压表满量程的偏转角，可以用不同的标尺，指示出不同的电压值，这即称为标度变换。标度变换的过程就是乘系数的过程。

以12位模数转换为例，转换结果是12位，其中一位是符号位，其余11位是数值。在电力系统中，符号位“0”“1”表示电网的潮流方向，分别表示“正”和“负”。关于遥测的“正”和“负”，一般人为定义以母线为参考点，入母线的遥测潮流符号位为“1”，即表示为“负”；出母线的遥测潮流符号位为“0”，即表示为“正”。

一般情况下，数值部分是整数，则满量程时转换结果全1码为11111111111B$=2^{11}=$2048。若遥测量的实际值为S，模数转换后的值为D，标度变换系数为K，则$S=DK$，由此可得$K=S/D$。为了使有效位数不至于减少过多，可以将被测模拟量的满量程值放大。

在采用常规变流器时，由于变流器输出电压最大值为直流5V，变流器输出整定的意义更大。当有功功率、无功功率输入最大额定值时，变流器输出应该为直流5V，在负荷较轻时，变流器输出则很小。为保证变流器输出处于精度较高的线性范围，可以把被测值的满刻度量程值缩小。而对于电压这样的被测值，一般将满刻度量程值放大。

5. 越限处理

遥测功能是将变电站的某些运行参数采集并传送到调度所，如变电站进出线路的有功功率和无功功率，主变压器中通过的电流、母线的电压等这些连续变化的电气参数称为模拟量。一般都采用将模拟信号转换为数字信号后再传送的方式。虽然大量的被测量在不断变化，但电网处于稳定运行状态时，大部分被测值基本不变或变化缓慢。

电力系统中有的被测量运行参数受约束条件的限制，不能超过一定的限值。例如，规定某线路的传输功率不能大于某一限值，母线电压不允许太高或太低，这就需要规定上限值和下限值。系统应将设置的上、下限值存放在内存中的遥测量常数区，并及时检查遥测数据是否越限，如超越限值，就应告警。根据比较的结果，可设置是否越限的标志。

在发现遥测越限时，系统就发告警并记录越限的时间和数值。当遥测量恢复正常时也需记录恢复的时间和数值。在实际运行过程中，运行参数常常会在限值附近波动，这时候就会出现越限和复限不断交替，频繁告警，这会干扰值班员。为了缓解这种情况，可设置越限“死区”，即对各个遥测参数规定一个“门槛值”，只有变化量超过了这个“门槛值”时才传送，没有变化或变化量小于“门槛值”时则不予传送，这个“门槛值”被称为“死区”。RTU一般采用循环传送所有遥测的方法。为防止扫描周期太长，漏掉重要参数的变化信息，有的RTU采用多重扫描周期的方式，即将遥测值按其重要程度分为2s、5s、10s

等几种周期传送，重要的遥测量具有短的扫描周期。设置越限“死区”可缓解某些运行参数在限值附近波动时频繁告警的干扰，但越限判别的工作量稍有增加，“死区”限值的大小要根据实际情况确定。

在遥测设置越限“死区”告警的同时，有的系统还对遥测越限时间应加以处理。如母线电压越限告警，即当电压偏差超出允许范围且越限连续累计时间达 30s（或该时间按电压监视点要求）后告警；线路负荷电流越限告警，即按设备容量及相应允许越限时间来告警；主变压器过负荷告警，按规程要求分正常过负荷、事故过负荷及相应过负荷时间告警；系统频率偏差告警，即在系统解列有可能形成小系统时，当其频率监视点超出允许值的告警；消弧线圈接地系统中性点位移电压越限及累计时间超出允许值时告警；母线上的进出功率及电能量不平衡越限告警；直流电压越限告警。越限告警的各个参数量均有一个允许运行时间限额，为此除越限告警外还应向上级调度（控制）人员提供当前极限运行时间，即允许运行时间减去越限运行的累计时间。

3.3.2 交流采样原理

1. 交流采样概述

交流采样是相对直流采样而言的，它是指对交流电流和交流电压采集时，输入至 A/D 转换器的是与电力系统的一次电流和一次电压同频率、大小成比例的交流电压信号。由于电力系统、发电厂或变电站的一次电流和电压都是大电流或高电压的信号，不能直接送至 A/D 转换器，所以必须将变电站 TV 或 TA 输出的强电信号经过一个小 TV 或小 TA，变换成 A/D 转换器所能接受的电压信号。在交流采样方式中，对于有功功率、无功功率和功率因数，是通过采样所得到的电压、电流计算出来的。

交流采样技术是按一定规律对被测信号的瞬时值进行采样，再按一定算法进行数值处理，从而获得被测量的测量方法。该方法的理论基础是采样定理，即要求采样频率为被测信号频谱中最高频率的两倍以上，这就要求硬件处理电路能提供高的采样速度和数据处理速度。目前，高速单片机、DSP 及高速 A/D 转换器的大量涌现，为交流采样技术提供了强有力的硬件支持。

根据采样定理，采样频率为输入信号最高频率的至少两倍时，才能复原输入信号，否则将产生失真，而在对数据进行类似于 FFT 变换时要求数据长度为 2 的整数倍。因此，对于高精度数字化测量系统，实现信号的整周期采样，尤其是 2 的整数倍周期采样对于以后数据的分析乃至整个系统的精度都至关重要。要求实现采样信号与输入被测信号同步，也就是要求采样脉冲必须与输入信号实现同步。同步实质上是指采样间隔 T_s与信号周期 T 满足 $T_s=NT_s$（其中 N 为正整数，为计算方便，通常取 2 的整数倍）。

实现同步采样的方法有多种，可以用软件编程实现同步采样，也可以直接用硬件电路实现。实现软件同步采样最简单的方法是采用软件定时，即将基波信号 N 倍频后产生定时输出以控制 A/D 转换，由于我国电网频率变化范围为 50Hz±（0.2～0.5）Hz，实际上属于准同步采样，这样电路简单且控制方便，但在对采样要求严格同步时或输入信号基波频率波动较大的情况下，由于采样脉冲不能及时跟踪输入信号的变化，对采样精度影响较大。硬件同步采样法是由专门的硬件电路产生同步于被测信号的采样脉冲，它能克服软件同步采样法存在截断误差等缺点，测量精度高。

2. 交流采样算法

利用交流采样算法对采样数据进行计算，从而求出被测量，供系统使用。目前国内外已经提出了许多交流采样的算法，下面介绍一种全周波 FFT 算法。

对于电力系统来讲，输入量为周期函数的电流 $i(t)$、电压 $u(t)$，可以分解为含有直流分量 I_0、U_0 及各谐波的傅里叶级数。

$$i(t)=I_0+\sum_{k=1}^{\infty}I_{\mathrm{kr}}\cos(k\omega t)+\sum_{k=1}^{\infty}I_{\mathrm{kl}}\cos(k\omega t)$$

$$u(t)=U_0+\sum_{k=1}^{\infty}U_{\mathrm{kr}}\cos(k\omega t)+\sum_{k=1}^{\infty}U_{\mathrm{kl}}\cos(k\omega t)$$

式中：k 为 k 次谐波（$k=1$，2，3，…）；I_{kr}、I_{kl}、U_{kr}、U_{kl} 分别为 k 次谐波的余弦分量、正弦分量的电流、电压值。

根据傅里叶级数，从任一时刻积分一周期 T，利用正交函数的特性，可得

$$\begin{cases}U_{\mathrm{kr}}=\dfrac{2}{T}\displaystyle\int_0^T u(t)\cos(k\omega t)\mathrm{d}t\\ U_{\mathrm{kl}}=\dfrac{2}{T}\displaystyle\int_0^T u(t)\sin(k\omega t)\mathrm{d}t\\ I_{\mathrm{kr}}=\dfrac{2}{T}\displaystyle\int_0^T i(t)\cos(k\omega t)\mathrm{d}t\\ I_{\mathrm{kl}}=\dfrac{2}{T}\displaystyle\int_0^T i(t)\sin(k\omega t)\mathrm{d}t\end{cases}$$

假设每个周期采样 N 次，上式分别由离散值表示为

$$\begin{cases}U_{\mathrm{kr}}=\dfrac{2}{N}\displaystyle\sum_{n=1}^{N}u_n\cos k\omega\ \dfrac{2n\pi}{N}\\ U_{\mathrm{kl}}=\dfrac{2}{N}\displaystyle\sum_{n=1}^{N}u_n\sin k\omega\ \dfrac{2n\pi}{N}\\ I_{\mathrm{kl}}=\dfrac{2}{N}\displaystyle\sum_{n=1}^{N}i_n\sin k\omega\ \dfrac{2n\pi}{N}\\ I_{\mathrm{kr}}=\dfrac{2}{N}\displaystyle\sum_{n=1}^{N}i_n\cos k\omega\ \dfrac{2n\pi}{N}\end{cases}$$

式中：i_n、u_n 是采样的离散量，也就是电流、电压的瞬时值。

于是，电流、电压值以及各自的初始相位角为

$$I_{\mathrm{k}}=\sqrt{I_{\mathrm{kr}}^2+I_{\mathrm{kl}}^2}$$

$$\tan\phi_{\mathrm{k1}}=\frac{I_{\mathrm{kl}}}{I_{\mathrm{kr}}}$$

$$U_{\mathrm{k}}=\sqrt{U_{\mathrm{kr}}^2+U_{\mathrm{kl}}^2}$$

$$\tan\phi_{\mathrm{k2}}=\frac{U_{\mathrm{kl}}}{U_{\mathrm{kr}}}$$

3.4 常见远动规约介绍

3.4.1 循环式远动规约简介

1991 年，我国电力工业部颁布的《循环式远动规约》（CDT 规约）是典型的循环式规约。它是总结我国电网数据采集和监控系统在规约方面的多年经验，为满足我国电网调度安全监控系统对远动信息实时性、可靠性的要求而制定的在国产电网调度自动化系统中应用最广泛的一种规约。本规约适用于点对点的远动通道结构及以循环字节同步方式传送远动信息的远动设备和系统，采用可变帧长度、多种帧类别循环传送，变位遥信优先传送，重要遥测量更新循环时间较短，区分循环量、随机量和插入量采用不同形式传送信息，以满足电网调度安全监控系统对远动信息的实时性和可靠性的要求。信息按其重要性有不同的优先级和循环时间。向通道发送二进制码规则低字节先送，高字节后送；字节内低位先送，高位后送。本规约采用 CRC 校验，控制字和信息字的末字节分别是对其前 5 个字节的校验码。本规约定义了遥信、遥测、遥控、遥调、对时、复归、广播、传送电能脉冲计数值和事件顺序记录、子站工作状态等基本的远动传输功能。

1. CDT 规约的帧结构

CDT 的帧结构如图 3.4 所示。每帧都以同步字开头，并有控制字。除了少数帧外，每帧都有信息字。信息字的数量根据实际需要进行设定，帧的长度可变。

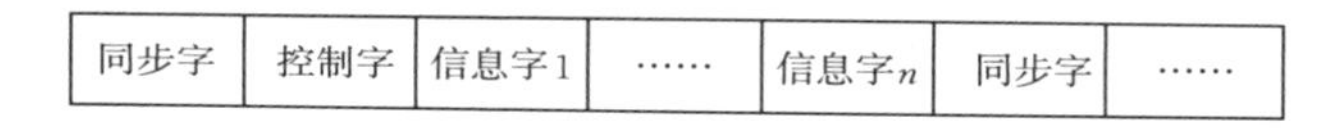

图 3.4 CDT 的帧结构

同步字按通道传送顺序为 3 组 EB90H，6 个字节。控制字是对本帧信息的说明，共 6 个字节，如图 3.5 所示。

控制字节中 E 为扩展位，L 为帧长度定义位，S 为源站址定义位，D 为目的站址定义位。

2. CDT 规约的帧类别

帧类别代码及定义如图 3.6 所示。

3. CDT 规约的校验码

控制字和信息字都是个 6 字节的（48，40）码，采用循环冗余校验（CRC），生成多项式 $G(X)=X^8+X^2+X+1$，陪集码为 FFH。以 $G(X)$ 模除 2 前 5 个字节，生成余式 $R(X)$，以 $R(X)$ 的反码作为校验码。

4. CDT 规约的信息字结构

每个信息字由 6 个字节组成，如图 3.7 所示。为了区分信息的不同用途，设有一个字节的功能码。

控制字节
帧类别
信息字数n
源地址
目的地址
校验码

E	L	S	D	0	0	0	1

图 3.5　控制字和控制字节

帧类别代号	定义	
	上行E=0	下行E=1
61H	重要遥测	遥控选择
C2H	次要遥测	遥控执行
B3H	一般遥测	遥控撤销
F4H	遥信状态	升降选择
85H	电能脉冲计数值	升降执行
26H	事件顺序记录	升降选择
57H		设定命令
7AH		设置时钟
0BH		设置时钟校正值
4CH		召唤子站时钟
3DH		复归命令
9EH		广播命令

图 3.6　帧类别代码及定义

5. CDT 规约的帧系列和信息字的传送顺序

帧系列和信息字的传送顺序只要满足规定的循环时间和优先级的要求，可以任意组织。帧系列采用下列三种方式传送：

（1）固定循环传送。用于传送 A、B、C、D1、D2 帧。

（2）帧插入传送。用于传送 E 帧。SOE 可能连续出现，当轮到送 E 帧时，用软件指针定好发送接线，后续出现的 SOE 归算到下一次 E 帧时再送。

（3）信息字随机插入传送。用于传送三种信息，即对时子站的时钟返回信息、变位遥信、遥控、升降命令的返校信息。

功能码
信息数据
信息数据
信息数据
信息数据
信息数据
校验码

图 3.7　信息字通用格式

3.4.2　IEC 60870－5－101 规约简介

IEC 60870－5－101 规约规定了电网数据采集和 SCADA 系统中主站和子站（远动终端）间以问答方式进行数据传输的帧格式、链路层的传输规则、服务原语、应用数据结构、应用数据编码、应用功能和报文格式。适用于 SCADA 系统以及调度所间以问答式规约转发实时远动信息的系统；适用于网络拓扑结构为点对点、多个点对点、多点共线、多点环形和多点星形网络配置的远动系统。通道可以是双工或半双工。

本规约采用 FT1.2 帧格式，其中又分为可变帧长和固定帧长。在点对点和多个点对点的全双工通道结构中采用了子站事件启动触发传输，此种传输方式属于平衡式传输，即当发生遥信变位时，子站能主动触发传输服务，将事件报告给主站。对于多点共线、多点环形和多点星形网络配置的非平衡式的远动系统，可以采用“快速校验过程”的事件收集以加快非平衡通信系统的事件收集。对超过了应用服务数据单元最大长度的信息体，就需要文件传输功能，在这种情况下，信息体按段的形式传送到目的地。文件结构在两个方向上完全相同，文件可以分成许多节，也可以分成许多数据段，数据段按顺序传送。

1. IEC 60870－5－101 规约的帧格式

固定帧长帧格式如图 3.8 所示。

可变帧长帧格式如图 3.9 所示。

启动字符（10H）
控制域（C）
链路地址域（A）
帧校验和（CS）
结束字符（16H）

图 3.8　固定帧长帧格式

启动字符（68H）
长度　（L）
长度重复（L）
启动字符（68H）
控制域　（C）
链路地址域（A）
链路用户数据
帧校验和　（CS）
结束字符（16H）

图 3.9　可变帧长帧格式

2. IEC 60870－5－101 规约的链路传输规则

本规约的第 3 章至第 7 章规定了窗口尺寸为“1”的非平衡方式传输的链路传输规则，适用于各种网络配置（包括点对点、多个点对点）。对于点对点和多个点对点，增加了第 8 章的子站事件启动触发传输的内容。所谓窗口尺寸为“1”，即主站向子站触发一次传输服务，或者成功地完成或者报告产生差错之后才能开始下一轮的传输服务。对于发送/确认（SEND/CONFIRM）和请求/响应（REQUEST/RESPOND）传输服务在传输过程中受到干扰，用“等待—超时—重发”或“等待—超时”方式发送下一帧。发送/确认和请求/响应这两种服务由一系列在请求站和响应站间不可分割的对话要素组成，本规约内采用的链路服务级别为 3 级，如图 3.10 所示。

链路服务级别	功能	用途
S1	发送/无回答	主站向子站发送广播报文
S2	发送/确认	主站向子站设置参数和发送各种命令
S3	请求/响应	主站向子站召唤数据，子站以数据或事件数据回答

图 3.10　链路服务级别

3. IEC 60870－5－101 规约的控制域和地址域

控制域的定义如图 3.11 所示。

DIR D7	PRM D6	FCB/ACD D5	FCV/DFC D4	功能码 D3、…、D0

图 3.11　控制域的定义

控制域各位的说明如下：

DIR：传输方向位。DIR＝0 表示报文是主站向子站传输。DIR＝1 表示报文是子站向主站传输。

PRM：启动报文位。PRM＝0 表示从动站，报文位确认报文或相应报文。PRM＝1 表示启动站，报文为发送或请求报文。

FCB：帧计数位。FCB＝0 启动站向从动站传输。启动站向从动站传输新一轮的发送/确认/请求响应服务时，将前一轮 FCB 取相反值。

FCV：帧计数有效位。启动站向从动站传输 FCV＝0 表示 FCB 变化无效。FCV＝1 表示 FCB 变化有效。

ACD：子站做从动站时 ACD＝0 表示子站无 1 级用户数据。ACD＝1 表示子站有 1 级用户数据，希望向主站传输。

DFC：数据流控制位。从动站向启动站传输 DFC＝0 表示子站可以继续接收数据。

DFC＝1 表示子站数据区满，无法接收新数据。

功能码（D3～D0）：功能码范围为 0～15（00H～0FH），功能码代表的意义较为复杂，请参阅《关于基本远动任务配套标准的说明》。

4. IEC 60870－5－101 规约的应用服务数据单元

在本规约中使用的参考模型源于开放式系统互联的 ISO－OSI 参考模型。由于远动系统在有限传输带宽下要求特别短的反应时间，故本规约采用增强性能结构（EPA），这种模型仅有 3 层，即物理层、链路层、应用层。应用服务数据单元即报文的数据区的一般结构如图 3.12 所示。

ASDU	ASDU的域	
数据单元标识	数据单元类型	类型标识
		ASDU长度（*）
		可变结构限定词
	传送原因	
	公共地址	
信息体	信息体类型（*）	
	信息体地址	
	信息体元素	
	信息体时标	
	公共时标（*）	
带*的为任选项，本标准未采用		

图 3.12　报文数据区的一般结构

3.4.3　IEC 60870－5－104 规约简介

IEC 60870－5－104 规约是国际电工委员会为了满足 IEC 60870－5－101 远动通信规约用于实现以太网传输而制定的。它的传输层级网络层采用 TCP/IP 协议，应用层采用 IEC 60870－5－104 的传输规约。本规约规定了主站（调度系统、SCADA 系统、SIS 数据采集系统）和子站（RTU）之间以问答方式进行数据传输的帧格式、链路层的传输规则、服务原语、应用数据结构、应用数据编码、应用功能和报文格式。

本规约依据的网络模型源于开放式系统互联的 ISO 的 OSI 七层标准模型，使用的参考模型只有 3 层，即物理层、链路层、应用层，其他层为空，这样可使信息响应速度更快，以满足电力系统实时性、可靠性的要求。

IEC 60870－5－104 规约的标准规约结构如图 3.13 所示。

IEC 60870－5－5　和 IEC 60870－5－101 的应用功能选集	初始化	用户进程
从 IEC 60870－5－101　和 IEC 60870－5－104 选取的ASDU		应用层（第7层）
APCI（应用规约控制信息） 传输接口（用户到TCP的接口）		
TCP/IP 协议组（RFC2200）的选集		传输层（第4层）
		网络层（第3层）
		链路层（第2层）
		物理层（第1层）
注：第5、第6层未用		

图 3.13　IEC 60870－5－104 规约的标准规约结构

本规约的报文格式如图 3.14 所示。

IEC 60870－5－104 规约的报文是由应用规约数据单元（APDU）构成，分别包括应用规约控制信息（APCI）和应用服务数据单元（ASDU）两部分，其中应用服务数据单元

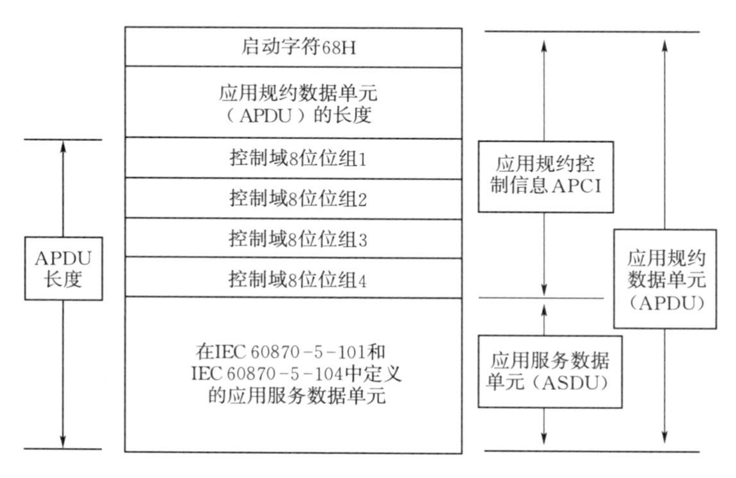

图 3.14　IEC 60870-5-104 规约的报文格式

应与 IEC 60870-5-101 规约规定的应用服务数据单元一致。与 IEC 60870-5-101 规约的 APDU 不同，IEC 60870-5-104 规约使用的是应用规约控制信息（APCI）而 IEC 60870-5-101 规约使用的是链路规约控制信息（LPCI）。

在 APCI 中，第一个字节是启动字符 68H，标志着本报文是 IEC 60870-5-104 规约的报文，同时启动字符也标记了 IEC 60870-5-104 规约的报文起始位置。第二个字节是应用规约数据单元（APDU）的长度，这个长度表示的是 4 个控制域 8 位位组的长度加上应用服务数据单元（ASDU）的长度，也即 ASDU 的长度加 4。值得说明的一点是，IEC 60870-5-104 规约规定一个应用规约数据单元（APDU）的长度不能超过 255，因此，这里的 APDU 的长度值不能超过 255 减去启动字符和 APDU 长度所占用的长度，也即 APDU 长度不能超过 253。按照这样计算，去掉 4 个八位位组的长度，应用服务数据单元（ASDU）的最大长度不超过 249。若数据报文所需传输的字节大于这个长度，应在其组包过程中将报文区别为多个报文分组。之后紧接 4 个控制域八位位组，根据其编码规则不同，分别标识出数据单元（APDU）是编号的信息传输（I 格式），编号的监视功能（S 格式）和未编号的控制功能（U 格式），其中 U 格式和 S 格式的报文由于主要用于控制，不传送信息，所以也就不包含 ASDU，仅仅 I 格式报文包含 ASDU 模块。

3.4.4　IEC 61850 规约简介

IEC 61850 规约是国际电工委员会第 57 技术委员会制定的《变电站通信网络和系统》系列标准，它为变电站设备建模与通信提供了统一的要求，使得各种采集监控系统的数据能够得到充分的共享与交换。该规约是基于通信网络平台的变电站自动化系统的国际标准，我国也正在将该规约等同引用为我国国家标准。该规约规范了变电站自动化系统的通信网络和系统，以此来实现变电站自动化系统中来自不同厂家设备的互操作。

IEC 61850 规约是关于变电站自动化系统的第一个完整的通信标准体系，明确提出了信息分层、可实现系统的配置管理、面向对象、采用映射的方法和具体网络独立、数据对象统一建模，符合采用网络传输建立无缝通信系统的要求，已成为无缝通信系统传输协议的基础，避免了繁琐的协议转换，实现了各 IED 间的互操作。

IEC 61850 规约是一个开放的标准，它具有开放系统的特点，体现在以下方面：

（1）对不同厂家设备间信息的自由交换开放。即实现 IED 的互操作，IEC61850 采用 XML 实现 IED 设备的自描述，采用统一的信息描述方法实现不同设备间的可识别的信息交换或共享。

（2）对在通信中采用最新技术开放。在 IE C61850 的应用中，将特定领域的应用（对象、服务）等从通信栈分离出来，这样就允许标准采用最新的通信技术。将来只需采用特定的映射，而对象模型和相关的服务无需改变。

（3）对不同的、变化的系统原理开放。IEC 61850 规约支持功能的自由分配，即功能与设备无关。

（4）对最新的系统技术开放。随着时间的推移，应用领域往往会出现新的功能，IEC 61850 提供了扩展规则，以支持出现的新技术。

（5）对工程和维护开放。

第4章　信号回路识图基础

4.1　信　号　回　路

4.1.1　概述

电能的生产、输送、分配和使用，需大量的、各种类型的电气设备，以构成电力发、输、配的主系统。为了使主系统安全、稳定、连续、可靠地向用户提供充足的、合格的电能，系统的运行方式需经常进行改变，并应随时监察其工况。当某一设备发生故障时，应尽快地、有选择性地切除故障，以保证电气设备和电力系统的安全运行。这些功能是由电力主系统以外的其他电气设备来完成的。因此，电气设备可根据它们在电力生产中的作用分成一次设备和二次设备。

一次设备也称主设备，是构成电力系统的主体。它是直接生产、输送与分配电能的设备。包括发电机、电力变压器、断路器、隔离开关、母线、电力电缆与输电线路等。由一次设备相互连接，构成发电、输电、配电或进行其他生产的电气回路称为一次回路或一次接线系统。

二次设备是指对一次设备的工作进行监测、控制、调节、保护以及为运行、维护人员提供运行工况或生产指挥信号所需的低压电气设备。如熔断器、控制开关、继电器、控制电缆、综自保护等。由二次设备相互连接，构成对一次设备进行监测、控制、调节和保护的电气回路称为二次回路或二次接线系统。

电气图是示意性的工程图，它主要由图形符号、线框和简化外形组成，表示电气系统或电气设备中各组成部分之间的相互关系和连接关系。

二次回路是变电站电气接线的重要组成部分，是电力系统安全生产、经济运行的可靠保障。电力系统由一次接线和二次接线共同组成，它们是不可分割的一个整体。如果将电力系统比喻成一个人，其一次接线是人的骨骼和肌肉，而二次接线则是人的神经系统，只有二者都处在良好的状态，才能保证电力系统的正常运行，尤其是在高度自动化的现代电网中，二次回路的重要作用更显突出。

二次回路一般包括控制回路、继电保护回路、测量回路、信号回路、自动装置回路。其中信号回路是各种电气设备能否实现自动控制的关键。信号回路可分为控制信号回路和反馈信号回路两类：控制信号回路就是接受各种外部控制指令，对电动机实现控制；反馈信号回路则是通过接通各种声光信号，反映用电器的各种状态。

4.1.2 信号回路图识图

1. 各类型二次回路图的特点和作用

(1) 原理图。二次回路的原理图是体现二次回路工作原理的图纸，并且是绘制展开图和安装图的基础。在原理接线图中，与二次回路有关的一次设备和一次回路，是同二次设备和二次回路画在一起的。所有的一次设备和二次设备都以整体的形式在图纸中表现出来。因此，这种接线图的特点是能够使看图者对整个二次回路的构成以及动作过程，都有一个明确的整体概念。

(2) 展开图。展开图是以二次回路的每一个独立电源为划分单元而进行绘制的。如交流电流回路、交流电压回路、直流控制回路、继电保护回路、信号回路等。根据这个原则，必须将属于同一个仪表或继电器的电流线圈、电压线圈以及触点，分别画在不同的回路中。为了避免混淆，属于同一个仪表或继电器的线圈、触点等，都采用相同的文字符号。电气展开图如图 4.1 所示。

展开图的特点是接线清晰、易于阅读，便于掌握整个继电保护装置的动作过程和工作原理，特别是在复杂的继电保护装置的二次回路中，用展开图绘制，其优点更为突出。

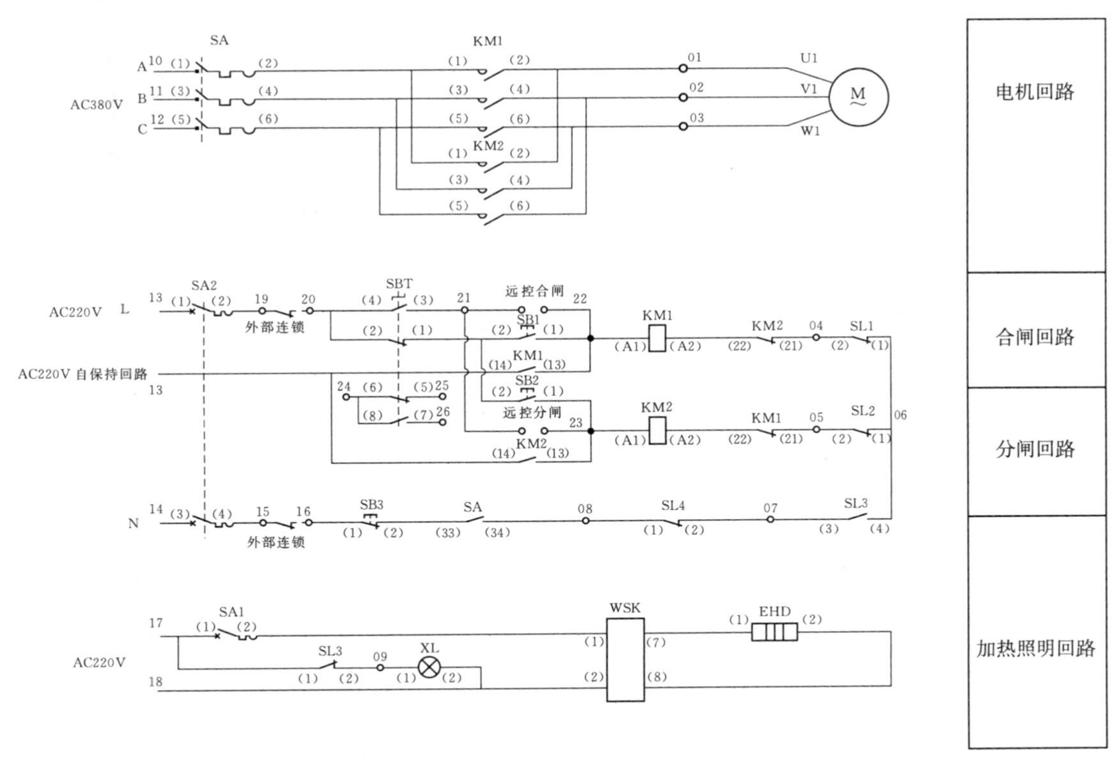

图 4.1 电气展开图

(3) 安装接线图。又称屏背面接线图，它是厂家制造屏过程中配线的依据，也是安装、施工、运行、检修时的参考图纸。它是以展开图、屏面布置图和端子排图为原始依据，由设计人员绘出。

在安装接线图中，二次接线通常都采用“相对标号法”。相对标号法就是甲、乙两个设备需要互相连接时，在接至甲设备的导线端编写乙设备的标号，而在接至乙设备的导线端编写甲设备的标号，因为标号是相对应的，所以称为相对标号法。

相对标号法如图 4.2 所示。

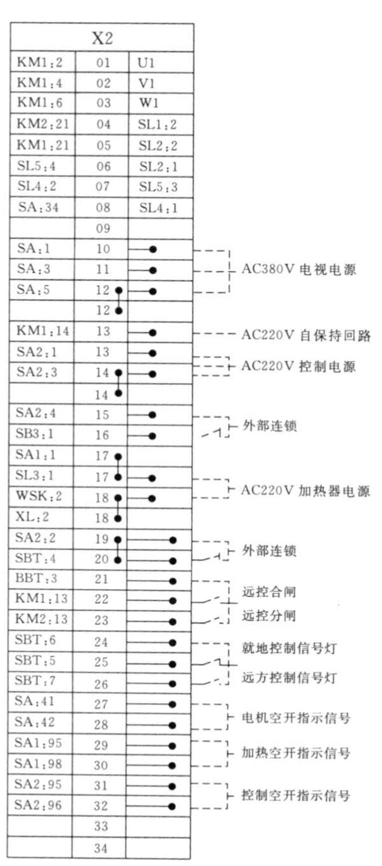

SAUX

	SAUX		
X1:1	(1)	(3)	X1:2
X1:3	(2)	(4)	X1:4
X1:5	(5)	(7)	X1:6
X1:7	(6)	(8)	X1:8
X1:9	(9)	(11)	X1:10
X1:11	(10)	(12)	X1:12
X1:13	(13)	(15)	X1:14
X1:15	(14)	(16)	X1:16
X1:17	(17)	(19)	X1:18
X1:19	(18)	(20)	X1:20
X1:21	(21)	(23)	X1:22
X1:23	(22)	(24)	X1:24
X1:25	(25)	(27)	X1:26
X1:27	(26)	(28)	X1:28
X1:29	(29)	(31)	X1:30
X1:31	(30)	(32)	X1:32
X1:33	(33)	(35)	X1:34
X1:35	(34)	(36)	X1:36
X1:37	(37)	(39)	X1:38
X1:39	(38)	(40)	X1:40

X1		
SAUX:1	1	
SAUX:3	2	
SAUX:2	3	
SAUX:4	4	
SAUX:5	5	
SAUX:7	6	
SAUX:6	7	
SAUX:8	8	
SAUX:9	9	
SAUX:11	10	
SAUX:10	11	
SAUX:12	12	
SAUX:13	13	
SAUX:39	38	
SAUX:38	39	
SAUX:40	40	
	41	
	42	
	43	

SBT(X 表示合闸状态)

序号	状态	
	就地操作	远方操作
1－2	×	
3－4		×
5－6	×	
7－8		×

技术要求

1. 辅助开关图示位置为机构处于分闸状态。
2. X2:19 与 X2:20 出厂时已连接，用户现场连接外部闭锁时自行拆接。

SA

27 (41) (42) 28

电机空开指示信号

图 4.2　相对标号法

（4）屏面布置图。屏面布置图是根据二次回路绘制的展开图，选好所用二次设备的型号之后绘制的屏面布置图是为了屏面开孔及安装设备时用的。因此屏面布置图中对设备尺寸及设备间距都按实际大小和比例精确地画出。

二次设备的布置、排列应按一定的顺序（如国家标准）排列在继电器屏上。一般把电流、电压继电器放在屏面的最上部；中部放置中间继电器、时间继电器，下部放置调试工作量较大的继电器、压板及试验部件。在控制屏上，一般把表计放置在屏的上部，光字牌、指示器、信号灯和控制开关等放置在屏的中部。

屏面布置图如图 4.3 所示。

2. 信号回路图识图方法

信号回路识图方法与二次回路识图方法一致，均按照如下原则进行：

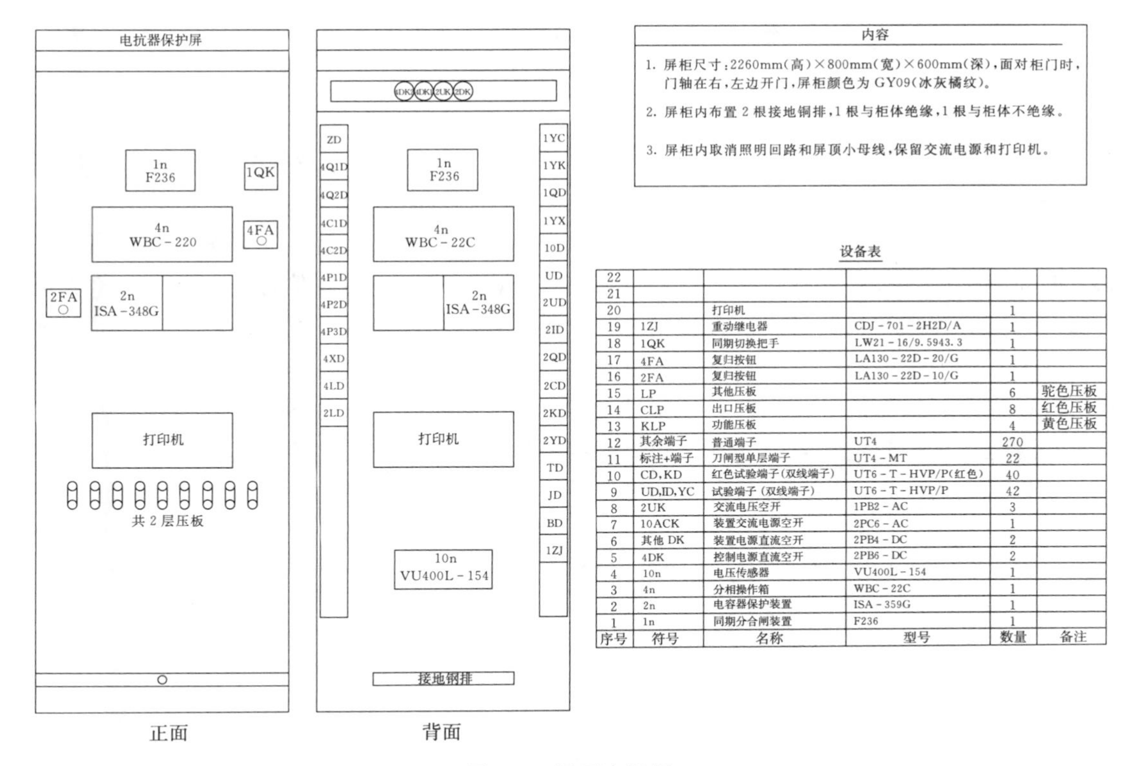

内容

1. 屏柜尺寸：2260mm(高)×800mm(宽)×600mm(深)，面对柜门时，门轴在右，左边开门，屏柜颜色为GY09(冰灰橘纹)。
2. 屏柜内布置2根接地铜排，1根与柜体绝缘，1根与柜体不绝缘。
3. 屏柜内取消照明回路和屏顶小母线，保留交流电源和打印机。

设备表

序号	符号	名称	型号	数量	备注
22					
21					
20		打印机		1	
19	1ZJ	重动继电器	CDJ－701－2H2D/A	1	
18	1QK	同期切换把手	LW21－16/9.5943.3	1	
17	4FA	复归按钮	LA130－22D－20/G	1	
16	2FA	复归按钮	LA130－22D－10/G	1	
15	LP	其他压板		6	驼色压板
14	CLP	出口压板		8	红色压板
13	KLP	功能压板		4	黄色压板
12	其余端子	普通端子	UT4	270	
11	标注+端子	刀闸型单层端子	UT4－MT	22	
10	CD,KD	红色试验端子(双线端子)	UT6－T－HVP/P(红色)	40	
9	UD,ID,YC	试验端子(双线端子)	UT6－T－HVP/P	42	
8	2UK	交流电压空开	1PB2－AC	3	
7	10ACK	装置交流电源空开	2PC6－AC	1	
6	其他DK	装置电源直流空开	2PB4－DC	2	
5	4DK	控制电源直流空开	2PB6－DC	2	
4	10n	电压传感器	VU400L－154	1	
3	4n	分相操作箱	WBC－22C	1	
2	2n	电容器保护装置	ISA－359G	1	
1	1n	同期分合闸装置	F236	1	

图4.3　屏面布置图

(1) 先整体，后局部。先要全面了解图的整体内容，如图的名称、设备、元件表、设计说明等，掌握全图想要表达的含义，明白各个局部分图在全图中的地位及功能，了解各局部分图直接的联系，准确抓住主体，分析信号图时，做到心中有数，有的放矢。

(2) 先电源，后接线。不论在交流回路还直流回路中，二次设备的动作都是由电源驱动的，所以在看图时，应先找到电源（交流回路的TA和TV的二次绕组），再由此顺回路接线往后看；在交流回路中沿闭合回路依次分析设备的动作；在直流回路中从正电源沿接线找到负电源，并分析各设备的动作。

(3) 先线圈，后触点。先找到继电器或装置的线圈，再找到其相应的触点。因为只有线圈通电（并达到其启动值），其相应触点才会动作；由触点的通断引起回路的变化，进一步分析整个回路的动作过程。

(4) 先上后下、先左后右。一次接线的母线在上而负荷在下；在二次接线展开图中，交流回路的互感器二次侧（即电源）在上，其负载线圈在下；直流回路电源在上，负电源在下，驱动触点在上，被启动的线圈在下；端子排图、屏背面接线图一般也是由上到下；单元设备编号，则一般是由左至右的顺序排列的。

4.2　电气符号

电气符号包括图形符号、文字符号、项目代号和回路标号等，它们相互关联，互为补充，以图形和文字的形式从不同角度为电气图提供了各种信息。

4.2.1 图形符号

图形符号通常用于电气图，用以表示一个设备（如变压器）或概念（如接地）的图形、标记、字符。图形符号是构成电气图的基本单元，是电气工程语言的“词汇”。

图形符号通常由符号要素、一般符号和限定符号共同组成。符号要素是一种具有确定意义的简单图形，必须同其他图形组合以构成一个设备或概念的完整符号。符号要素不能单独使用，必须和其他符号要素进行组合。一般符号是用以表示一类产品和此类产品特征的一种通常很简单的符号。一般符号可以直接使用，也可与限定符号一起使用。限定符号是用以提供附加信息的一种加在其他符号上的符号。限定符号通常不能单独使用，但一般符号有时也可用作限定符号，如开关的一般符号作为限定符号加到熔断器符号上即构成具有独立告警电路的熔断器。常见元件图形符号见表 4.1。

表 4.1　　常见元件图形符号

类别	名　称	图形符号	类别	名　称	图形符号
开关	单极控制开关	或	接触器	线圈操作器件	
	手动开关一般符号			常开主触头	
	三极控制开关			常开辅助触头	
	三极隔离开关			常闭辅助触头	
	三极负荷开关		时间继电器	通电延时（缓吸）线圈	
	组合旋钮开关			断电延时（缓放）线圈	
	低压断路器			瞬时闭合的常开触头	
	控制器或操作开关	后 前 2 1 0 1 2 1 2 3 4		瞬时断开的常闭触头	

续表

类别	名　称	图形符号	类别	名　称	图形符号
时间继电器	延时闭合的常开触头	或	发电机	发电机	G
	延时断开的常闭触头	或		直流测速发电机	TG
	延时闭合的常闭触头	或	灯	信号灯（指示灯）	
	延时断开的常开触头	或		照明灯	
电磁操作器	电磁铁的一般符号	或	接插器	插头和插座	或
	电磁吸盘		位置开关	常开触头	
	电磁离合器			常闭触头	
	电磁制动器			复合触头	
	电磁阀		按钮	常开按钮	
非电量控制的继电器	速度继电器常开触头	n		常闭按钮	
	压力继电器常开触头	p		复合按钮	

续表

类别	名称	图形符号	类别	名称	图形符号
按钮	急停按钮		电压继电器	过电压线圈	U>
	钥匙操作式按钮			欠电压线圈	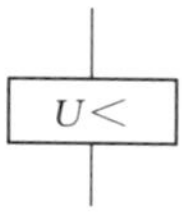 U<
热继电器	热元件			常开触头	
	常闭触头			常闭触头	
中间继电器	线圈		电动机	三相笼型异步电动机	 M 3～
	常开触头			三相绕线转子异步电动机	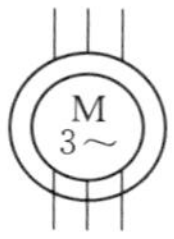 M 3～
	常闭触头			他励直流电动机	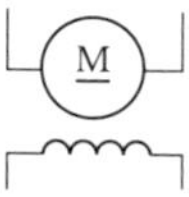 M
电流继电器	过电流线圈	I>		并励直流电动机	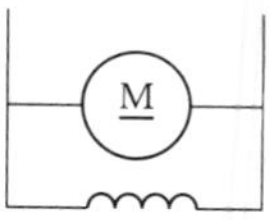 M
	欠电流线圈	I<		串励直流电动机	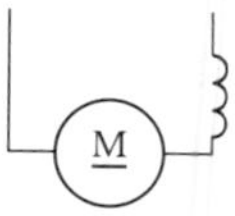 M
	常开触头		熔断器	熔断器	
	常闭触头		变压器	单相变压器	

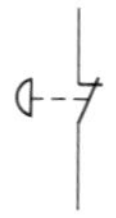

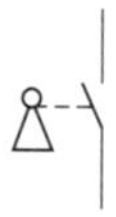

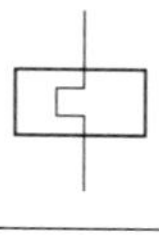

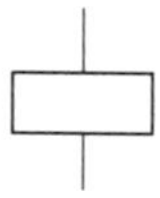

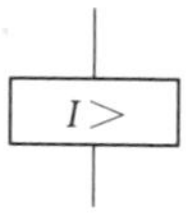

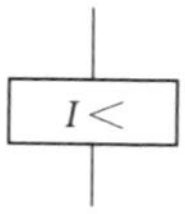

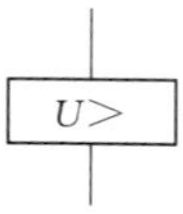

续表

类别	名　称	图形符号	类别	名　称	图形符号
变压器	三相变压器	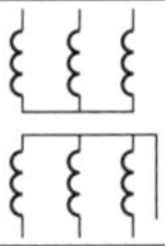	互感器	电流互感器	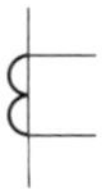
互感器	电压互感器	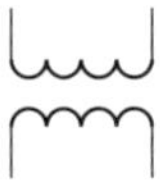		电抗器	

4.2.2　文字符号

文字符号是表示电气设备、装置、元件的名称、状态和特征的字符代码。文字符号分为基本文字符号和辅助文字符号两类。基本文字符号表示电气设备、装置、元件的种类名称，分为单字母符号和双字母符号。如 K 表示继电器，C 代表电容。辅助文字符号是将电气设备、装置和电气元件的种类名称用基本文字符号表示，而它们的功能、状态和特征用辅助文字符号表示，如 AC 表示交流，SB 表示按钮开关。当电气图有几个相同电气元件时，可采用文字符号加数字的方式表示，比如 SB1、SB2。

电气常用新旧文字符号对照见表 4.2。

表 4.2　　电气常用新旧文字符号对照

名　称	新符号		旧符号
	单字母	多字母	
功能单元、组件、装置、控制（保护）屏	A		
保护装置		AP	
重合闸装置		APR	ZCH
电源自动投入装置		AAT	BZT
（线路）纵联保护装置		APP	
远方跳闸装置		ATQ	
故障录波装置		AFO	
中央信号装置		ACS	
电容器（组）	C		C
发热器件、发光器件、照明灯	E		
避雷器	F		BL
发电机	G		F
熔断器		FU	RD
蓄电池		GB	E、XDC
警铃		HAB	JL
蜂鸣器、电喇叭		HAU	FM

续表

名　　称	新符号		旧符号
	单字母	多字母	
信号灯、光指示器		HL	HD、VD
继电器	K		J
电流继电器		KA	LJ
零序电流继电器		KAZ	LLJ
电压继电器		KV	YJ
频率继电器		KF	ZHJ
差动继电器		KD	CJ
功率方向继电器		KW	GJ
时间继电器		KT	SJ
信号继电器		KS	XJ
控制（中间）继电器		KC	ZJ
防跳继电器		KCF	TBJ
跳闸位置继电器		KCT	TWJ
合闸位置继电器		KCC	HWJ
电源监察继电器		KVS	JJ
压力监视继电器		KVP	YLJ
保持继电器		KL	
接触器		KM	C
闭锁继电器		KCB	BSJ、BZJ
气体继电器		KG	WSJ
热继电器		FR	RJ
温度继电器		Kt	WJ
电抗器、电感器、线圈、永磁铁	L		L、Q
电动机	M		D
电流表		PA	A
电压表		PV	V
计数器		PC	
断路器		QF	DL
隔离开关		QS	G
接地刀闸		QSE	JDK
电阻器、变阻器	R		R
控制回路开关		S	K、KZ
控制开关（手动）、选择开关		SA	KK、KS
按钮开关		SB	AN

续表

名　　称	新符号		旧符号
	单字母	多字母	
变压器	T		B
电力变压器		TM	B
电流互感器		TA	LH
电压互感器		TV	YH
二极管		VD	D
发光二极管		VL	
三极管		VT	BG
导线、电缆、母线、信息总线、天线、光纤	W		
连接片、切换片		XB	LP、QP
端子排		XT	
合闸线圈		YC	HQ
跳闸线圈		YR	TQ
交流系统电源相序第一相		L1	A
交流系统电源相序第二相		L2	B
交流系统电源相序第三相		L3	C
交流系统设备端相序第一相	U		A
交流系统设备端相序第二相	V		B
交流系统设备端相序第三相	W		C
中性线	N		N
保护线		PE	
接地线	E		
保护和中性共用线		PEN	
直流电源系统电源正	+		+
直流电源系统电源负	−		−

4.2.3　项目代号

项目代号是用来识别图、表格和设备上的项目种类，提供项目之间层次关系、种类等信息的特定代码。项目代号由高层代号（＝）、位置代号（＋）、种类代号（－）、端子代号（:）根据不同场合的需要组合而成。高层代号（＝）的字符代码由字母加数字组合而成，多个高层代号可以进行复合，其中较高层次的高层代号标注在前面，如“＝P2＝T1”或写作：“＝P2T1”。位置代号（＋）是项目在组件、设备、系统中实际位置的代号，通常自行规定，由字母或数字组成，如“＋S＋1”或写作“＋S1”。种类代号（－）表示所指项目属于的种类，比如－QF1 代表 1 号隔离开关。端子代号（:）是指电路进行电气连接的接线端子的代号。常见装置端子排按回路分段编号见表4.3。

表4.3 常见装置端子排按回路分段编号

回路名称	端子排编号	回路名称	端子排编号
交流电压	UD	母差联跳	SD
交流电流	ID	与保护配合	PD
直流电源	ZD	中央信号	XD
开关量强电开入	QD	遥信	YD
非电量开入	FD	录波	LD
强电对时开入	OD	通讯	TD
开关量弱电开入	RD	交流电源	JD
出口回路正端	CD	备用	BD
出口回路负端	KD		

端子编号以XYZDN（如2I1D1、4Q2D2、1C2D3）表示。X：表示装置编号，如装置1n，其端子排编号为1D。Y表示回路功能代码，如交流回路为ID，开关量强电开入为QD，出口回路为CD。Z表示装置内部同类回路再分段。如母线保护各支路电流输入为I1D、I2D、I3D等；主变高中低压侧交流电压输入为U1D、U2D、U3D；一个半接线的线路保护出口分为C1D、C2D，分半接至2个断路器保护屏。D固定用于端子排代码。N为端子号，如4Q2D1表示含义为断路器保护屏的第二段开关量强电开入（引自断路器控制电源2）Q2D的第一个端子。

双跳闸线圈和单跳闸线圈分相操作箱中端子释义分别见表4.4和表4.5。

表4.4 双跳闸线圈分相操作箱中端子释义

端子排号	功能作用
4Q1D	接收第一套保护跳、合闸，重合闸压力闭锁等开入
4Q2D	接收第二套保护跳闸等开入
4C1D	至断路器第一组跳、合闸线圈
4C2D	至断路器第二组跳闸线圈
4XD	含控制回路断线、保护跳闸、压力低闭锁重合闸等中央信号
4LD	分相跳闸、三相跳闸、重合闸接点

表4.5 单跳闸线圈分相操作箱中端子释义

端子排号	功能作用
4QD	接收保护跳、合闸，重合闸压力闭锁等开入
4CD	至断路器跳、合闸线圈
4XD	含控制回路断线、保护跳闸、压力低闭锁重合闸等中央信号
4LD	分相跳闸、三相跳闸、重合闸接点

4.2.4 回路标号

为便于接线和查线，电路图中用来表示设备回路种类、特征的文字和数字标号统称为回路标号，也称为回路线号。回路标号按等电位原则进行标注，由线圈、绕组、电阻、电容、开关、触点等电气元件分隔开的线段应标注不同的回路标号。一般回路标号应由三位或三位以下数字组成。直流回路标号组见表 4.6。

表 4.6　　直流回路标号组

<table>
<tr><td rowspan="2">回路名称</td><td colspan="4">数字标号组</td><td colspan="2">小母线名称</td><td>文字符号</td></tr>
<tr><td>一</td><td>二</td><td>三</td><td>四</td><td colspan="2">控制电源小母线</td><td>+KM　−KM</td></tr>
<tr><td>正电源回路</td><td>1</td><td>101</td><td>201</td><td>301</td><td colspan="2">信号电源小母线</td><td>+XM　−XM</td></tr>
<tr><td rowspan="2">负电源回路</td><td rowspan="2">2</td><td rowspan="2">102</td><td rowspan="2">202</td><td rowspan="2">302</td><td rowspan="4">事故音响信号小母线</td><td>用于配电装置内</td><td>SYM</td></tr>
<tr><td>用于不发遥远信号</td><td>1SYM</td></tr>
<tr><td>合闸回路</td><td>3～31</td><td>103～131</td><td>203～231</td><td>303～331</td><td>用于发遥远信号</td><td>2SYM</td></tr>
<tr><td>绿灯或合闸回路监视继电器回路①</td><td>5</td><td>105</td><td>205</td><td>305</td><td>用于直流屏</td><td>3SYM</td></tr>
<tr><td>跳闸回路</td><td>33～49</td><td>133～149</td><td>233～249</td><td>333～349</td><td rowspan="2">预报信号小母线</td><td>瞬时动作信号</td><td>1YBM　YBM</td></tr>
<tr><td>红灯或跳闸回路监视继电器回路①</td><td>35</td><td>135</td><td>235</td><td>335</td><td>延时动作信号</td><td>3YBM　4YBM</td></tr>
<tr><td rowspan="2">备用电源自动合闸回路②</td><td rowspan="2">50～69</td><td rowspan="2">150～169</td><td rowspan="2">250～269</td><td rowspan="2">350～369</td><td colspan="2">直流屏上预报信号小母线（延时动作）</td><td>5YBM　YBM</td></tr>
<tr><td colspan="2">配电装置内瞬时动作预报小母线</td><td>YBM</td></tr>
<tr><td rowspan="2">开关设备的位置信号回路</td><td rowspan="2">70～89</td><td rowspan="2">170～189</td><td rowspan="2">270～289</td><td rowspan="2">370～389</td><td colspan="2">控制回路断线预报信号小母线</td><td>1KDM　KDM</td></tr>
<tr><td colspan="2">灯光信号小母线</td><td>−DM</td></tr>
<tr><td>事故跳闸音响信号回路</td><td>90～99</td><td>190～199</td><td>290～299</td><td>390～399</td><td colspan="2">配电装置信号小母线</td><td>XPM</td></tr>
<tr><td>保护回路</td><td colspan="4" rowspan="6">01—099（或 J1－J99）
601—699
701—999</td><td colspan="2">配电装置信号小母线</td><td>XPM</td></tr>
<tr><td rowspan="3">发电机励磁回路</td><td colspan="2">闪光信号小母线</td><td>（+）SM</td></tr>
<tr><td colspan="2">“掉牌未复归”光字牌小母线</td><td>FM　PM</td></tr>
<tr><td colspan="2">合闸小母线</td><td>+HM　−HM</td></tr>
<tr><td rowspan="2">信号及其他回路</td><td colspan="2">隔离开关操作闭锁小母线</td><td>GBM</td></tr>
<tr><td colspan="2">旁路闭锁小母线</td><td>1PBM　2PBM</td></tr>
</table>

① 对接于断路器控制回路内的红绿灯回路，如直接自控制回路电源引接时。该回路可标注与控制回路电源相同的标号。

② 在没有备用电源投入的安装单位接线图中，标号 50～69 可作为其他回路的标号，但当回路标号不够用时，可以向后递增。

交流回路标号组见表4.7。

表4.7　　交流回路标号组

回路名称	互感器的文字符号及电压等级	回路标号组				
		A相	B相	C相	中性线	零序
保护装置及测量表计的电流回路	LH	A401～A409	B401～B409	C401～C409	N401～N409	L401～L409
	1LH	A411～A419	B411～B419	C411～C419	N411～N419	L411～L419
	2LH	A421～A429	B421～B429	C421～C429	N421～N429	L421～L429
	9LH	A491～A499	B491～B499	C491～C499	N491～N499	L491～L499
	10LH	A501～A509	B501～B509	C501～C509	N501～N509	L501～L509
	19LH	A591～A599	B591～B599	C591～C599	N591～N599	L591～L599
保护装置及测量表计的电压回路	YH	A601～A609	B601～B609	C601～C609	N601～N609	L601～L609
	1YH	A611～A619	B611～B619	C611～C619	N611～N619	L611～L619
	2YH	A621～A629	B621～B629	C621～C629	N621～N629	L621～L629
在隔离开关辅助接点和隔离开关位置继电器接点后的电压回路	110kV	A（B、C、N、L、X）710～719				
	220kV	A（B、C、N、L、X）720～729				
	35kV	A（B、C、N、L）730～739				
	6～10kV	A（B、C）760～769				
绝缘监察电压表的公用回路		A700	B700	C700	N700	
母线差动保护公用电流回路	110kV	A310	B310	C310	N310	
	220kV	A320	B320	C320	N320	
	35kV	A330		C330	N330	
	6～10kV	A360		C360	N360	
控制、保护、信号回路		A1～A399	B1～B399	C1～C399	N1～N399	

4.3　信号回路常用元器件

4.3.1　浪涌保护器

浪涌保护器也称为防雷器，是一种为各种电子设备、仪器仪表、通信线路提供安全防护的电子装置。浪涌也称为突波，就是超出正常工作电压的瞬间过电压。本质上讲，浪涌是发生在仅仅几百万分之一秒时间内的一种剧烈脉冲，可能引起浪涌的原因有重型设备、短路、电源切换或大型发动机。当电气回路或者通信线路中因为外界的干扰突然产生尖峰电流或者电压时，浪涌保护器能在极短的时间内导通分流，从而避免浪涌对回路中其他设备造成损害。浪涌保护器适用于交流50/60HZ，额定电压220～380V的供电系统中，对间接雷电和直接雷电影响或其他瞬时过压的电涌进行保护。

浪涌保护器放电基本元件包括放电间隙、气体放电管、压敏电阻、抑制二极管和扼流线圈等。

1. 放电间隙（保护间隙）

放电间隙由暴露在空气中的两根相隔的金属棒组成，其中一根金属棒与所需保护设备的电源相线（L）或者零线（N）相连，另一根金属棒与接地线（PE）相连，当瞬时过电压袭来时，间隙被击穿，把一部分过电压的电荷引入大地，避免了被保护设备上的电压升高。

2. 气体放电管

气体放电管是由相互离开的一对冷阴板封装在充有一定的惰性气体（Ar）的玻璃管或陶瓷管组成。为了提高放电管的触发概率，在放电管内还有助触发剂。

3. 压敏电阻

压敏电阻是以 ZnO 为主要成分的金属氧化物半导体非线性电阻，当作用在其两端的电压达到一定数值后，电阻对电压十分敏感。压敏电阻常态时为高阻抗，泄漏电流小，瞬时过电压时，电阻迅速降低，以此达到限压目的。

4. 抑制二极管

抑制二极管具有箝位限压功能。当二极管的两极受到反向瞬态高能量冲击时，它能以 10^{-12}s 量级的速度，将其两极间的高阻抗变为低阻抗，吸收高达数千瓦的浪涌功率，使两极间的电压箝位于一个预定值，有效地保护线路中的其余元器件免受各种浪涌脉冲的损坏。

5. 扼流线圈

扼流线圈是一个以铁氧体为磁芯的共模干扰抑制器件，它由两个尺寸相同、匝数相同的线圈对称地绕制在同一个铁氧体环形磁芯上，形成一个四端器件。扼流线圈对于共模信号呈现出的大电感具有抑制作用，而对于差模信号呈现出的很小的漏电感几乎不起作用。扼流线圈使用在平衡线路中能有效地抑制共模干扰信号（如雷电干扰），而对线路正常传输的差模信号无影响。

4.3.2 双电源自动切换开关

双电源转换开关电器（ATS）是可将一个或几个负载电路从一个电源转换至另一个电源的电器，由一个（或几个）转换开关电器和其他必需的电器组成，用于监测电源电路，电气行业中简称为双电源自动转换开关或双电源开关。

4.3.3 低压熔断器

低压熔断器是指当电流超过规定值一段时间后，以其自身产生的热量使熔体熔断，从而断开电路的一种低压电器。熔断器广泛应用于高低压配电系统和控制系统以及用电设备中，作为短路和过电流的保护器，是应用最普遍的保护器件之一。

4.3.4 继电器

继电器是一种电控制器件，是当输入量（激励量）的变化达到规定要求时，在电气输出电路中使被控量发生预定的阶跃变化的一种电器。它具有控制系统（又称输入回路）和被控制系统（又称输出回路）之间的互动关系。通常应用于自动化的控制电路中，它实际上是用小电流去控制大电流运作的一种自动开关。故在电路中起着自动调节、安全保护、转换电路等作用。

继电器的种类很多，按它反映信号的种类可分为电流继电器、电压继电器、速度继电器、压力继电器、温度继电器等；按动作原理分为电磁式继电器、感应式继电器、电动式继电器和电子式继电器；按动作时间分为瞬时动作继电器和延时动作继电器。电磁式继电器有直流和交流之分，它们的重要结构和工作原理与接触器基本相同，它们各自又可分为电流继电器、电压继电器、中间继电器、时间继电器等。

电磁继电器一般由铁芯、线圈、衔铁、触点簧片等组成。只要在线圈两端加上一定的电压，线圈中就会流过一定的电流，从而产生电磁效应，衔铁就会在电磁力吸引的作用下克服返回弹簧的拉力吸向铁芯，从而带动衔铁的动触点与静触点（常开触点）吸合。当线圈断电后，电磁的吸力也随之消失，衔铁就会在弹簧的反作用力下返回原来的位置，使动触点与原来的静触点（常闭触点）释放。这样吸合和释放，从而达到电路的导通和切断的目的。对于继电器的常开触点和常闭触点，可以这样来区分：继电器线圈未通电时处于断开状态的静触点，称为常开触点；处于接通状态的静触点称为常闭触点。继电器一般有两个电路，为低压控制电路和高压工作电路。

1. 电压继电器

电压继电器是根据电压信号工作的，根据线圈电压的大小来决定触点是否动作。电压继电器的线圈匝数多而线径细，使用时其线圈与负载并联。按线圈电压的种类可分为交流电压继电器和直流电压继电器；按动作电压的大小又可分为过电压继电器和欠电压继电器。

对于过电压继电器，当线圈电压为额定值时，衔铁不进行吸合动作。只有当线圈电压高出额定电压某一值时衔铁才有吸合动作，所以称为过电压继电器。交流过电压继电器在电路中起过压保护作用。

对于欠电压继电器，当线圈电压达到或大于线圈额定值时，衔铁吸合动作。当线圈电压低于线圈额定电压时衔铁立即释放，所以称为欠电压继电器。欠电压继电器有交流欠电压继电器和直流欠电压继电器之分，在电路中起欠压保护作用。

2. 中间继电器

中间继电器是用来转换和传递控制信号的元件。它的输入信号是线圈的通电、断电信号，输出信号为触点的动作。它本质上是电压继电器，具有触头多（多至六对或更多），触头能承受的电流较大（额定电流 5～10A）、动作灵敏（动作时间小于 0.05s）等特点。

3. 电流继电器

电流继电器是根据电流信号工作的，根据线圈电流的大小来决定触点是否动作。电流继电器的线圈匝数少而线径粗，使用时其线圈与负载串联。按线圈电流的种类可分为交流电流继电器和直流电流继电器；按动作电流的大小又可分为过电流继电器和欠电流继电器。

对于过电流继电器，工作时负载电流流过线圈，一般选取线圈额定电流（整定电流）等于最大负载电流。当负载电流不超过整定值时，衔铁不进行吸合动作。当负载电流高出整定电流时衔铁有吸合动作，所以称为过电流继电器。过电流继电器在电路中起过流保护作用，特别是对于冲击性过流具有很好的保护效果。

对于欠电流继电器，当线圈电流达到或大于动作电流值时，衔铁吸合动作。当线圈电流低于动作电流值时衔铁立即释放，所以称为欠电流继电器。正常工作时，由于负载电流大于线圈动作电流，衔铁处于吸合状态。当电路的负载电流降至线圈释放电流值以下时，衔铁释放。欠电流继电器在电路中起欠电流保护作用。

4. 时间继电器

时间继电器是一种从得到输入信号（线圈的通电或断电）开始，经过一个预先设定的延时后才输出信号（触点的闭合或断开）的继电器。根据延时方式的不同，可分为通电延时继电器和断电延时继电器。

通电延时继电器接受输入信号后，延迟一定的时间输出信号才发生变化。而当输入信号消失后，输出信号瞬时复位。断电延时继电器接收输入信号后，瞬时产生输出信号，而当输入信号消失后，延迟一定的时间输出信号才复位。

5. 相序保护器

相序保护器是控制继电器的一种，能自动进行相序判别的保护继电器，能避免一些特殊机电设备因为电源相序接反后倒转而导致事故或设备损坏。强迫油循环风冷变压器潜油泵及风扇、有载调压变压器调压开关等设备的电机，电源维修后如果相序出错会导致事故的发生，必须在控制回路接入相序保护器，保证相序无误，防止维修后发生反转的情况。相序保护器的原理是：取样三相电源并进行处理，在电源相序和保护器端子输入的相序相符的情况下，其输出继电器接通，设备主控制回路接通。现有两类相序保护器产品：①当电源相序发生变化时，相序不符，输出继电器无法接通，从而保护了设备，避免事故的发生；②采用数字微芯技术产品，可实现自动相序识别，并实现自动相序转换，保证电机恒定相序转动。

4.3.5 控制开关（转换开关）

转换开关的图形文字符号为 SA。在图形符号中，触点下方虚线上的“•”表示当操作手柄处于该位置时，该对触点闭合；如果虚线上没有“•”，则表示当操作手柄处于该位置时该对触点处于断开状态。为了表示转换开关的触点分合状态与操作手柄的位置关系，经常把转换开关的图形符号和触点分合表配合使用。在触点分合表中，用“×”来表示手柄处于该位置时触点处于闭合状态。

转换开关的手柄操作位置是以角度表示的。由于其触点的分合状态与操作手柄的位置有关，所以，除在电路图中画出触点图形符号外，还应画出操作手柄与触点分合状态的关系。图 4.4 中当转换开关打向左 45°时，触点 1－2、3－4、5－6 闭合，触点 7－8 打开；打向 0°时，只有触点 5－6 闭合，打向右 45°时，触点 7－8 闭合，其余打开。

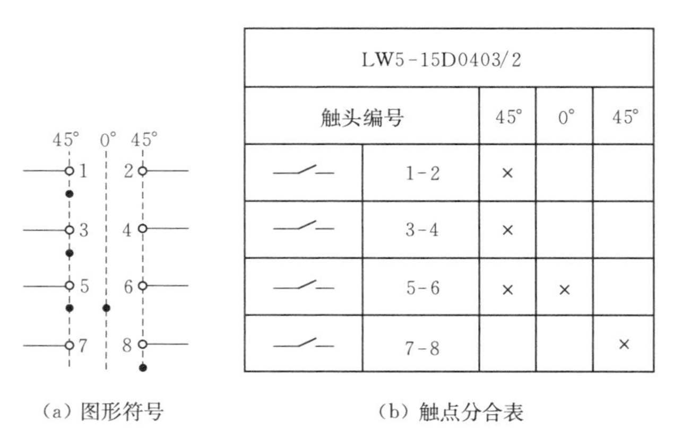

LW5-15D0403/2				
触头编号		45°	0°	45°
—⁄—	1-2	×		
—⁄—	3-4	×		
—⁄—	5-6	×	×	
—⁄—	7-8			×

（a）图形符号　　（b）触点分合表

图 4.4　辅助开关

4.3.6　按钮开关

按钮开关是指利用按钮推动传动机构，使动触点与静触点接通或断开从而实现电路换接的开关。按钮开关是一种结构简单、应用十分广泛的主令电器，通常用于电路中发出启动或停止指令，以控制电磁启动器、接触器、继电器等电器线圈电流的接通和断开。在实际的使用中，为了防止误操作，通常在按钮上做出不同的标记或涂以不同的颜色加以区分，一般红色表示“停止”或“危险”情况下的操作；绿色表示“启动”或“接通”。急停按钮必须用红色蘑菇头按钮。按钮必须有金属的防护挡圈，且挡圈要高于按钮帽防止意外触动按钮而产生误动作。

4.3.7　微动开关

微动开关是具有微小接点间隔和快动机构，用规定的行程和规定的力进行开关动作的接点机构，用外壳覆盖，其外部有驱动杆的一种开关，因为其开关的触点间距比较小，故名微动开关，又称为灵敏开关。外部机械力通过传动元件将力作用于动作簧片上，当动作簧片位移到临界点时产生瞬时动作，使动作簧片末端的动触点与定触点快速接通或断开。当传动元件上的作用力移去后，动作簧片产生反向动作力，当传动元件反向行程达到簧片的动作临界点后，瞬时完成反向动作。微动开关的触点间距小、动作行程短、按动力小、通断迅速。其动触点的动作速度与传动元件的动作速度无关。

4.3.8　辅助开关

辅助开关是主开关的一部分，配置于高压断路器、隔离开关等电力设备中作为二次控制回路的分闸、合闸、信号控制以及连锁保护作用，同时也可以作为组合开关和转换开关使用。辅助开关之所以名称里面有“辅助”两个字，是因为它不是独立的一个开关，它在操控系统中是一个辅助性的分断、接通、连锁功能实现的载体。高压断路器、隔离开关等电力设备一般都会带有辅助开关，辅助开关辅助接点的通断和高压断路器、隔离开关主触点相同（或相反），二次回路（控制、保护、信号等）中可以通过辅助接点反应高压断路器、隔离开关的分合位置，自动实现连跳、备自投、相互闭锁、启停保护、发信号等功能。

辅助开关外观如图4.5所示。

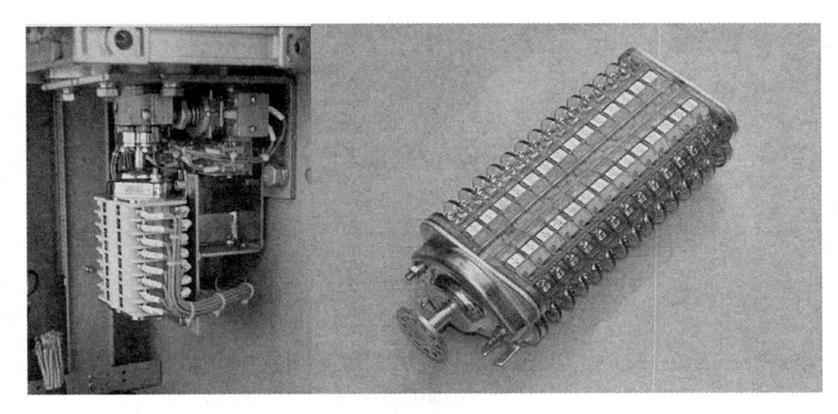

图4.5 辅助开关外观

4.3.9 接触器

接触器分为交流接触器和直流接触器，广义上是指电气系统中利用线圈流过电流产生磁场，使触头闭合，以达到控制负载的电器。接触器的工作原理是：当接触器线圈通电后，线圈电流会产生磁场，产生的磁场使静铁芯产生电磁吸力吸引动铁芯，并带动交流接触器点动作，常闭触点断开，常开触点闭合，两者是联动的。当线圈断电时，电磁吸力消失，衔铁在释放弹簧的作用下释放，使触点复原，常开触点断开，常闭触点闭合。直流接触器的工作原理跟温度开关的原理相似。继电器和接触器都是电磁式开关电器，但前者属于工作在控制回路中的开关电器，而后者属于工作在主回路中的开关电器。接触器可以用来控制电动机的启停、照明回路的通断，还可用于其他一些特殊的大电流通断控制。

4.3.10 SF_6密度继电器

SF_6密度继电器是电力系统中重要的保护和控制元件。如果断路器发生故障，将会造成很大的经济损失，要保证断路器运行的可靠性，就必须经常监视断路器的各项指标，特别是SF_6气体，必须到达有关标准的规定，使SF_6断路器长期保持良好的工作状态。

密度是指某一特定物质在特定条件下单位体积的质量。SF_6断路器中的SF_6气体是密封在一个固定不变的容器内的，在20℃时的额定压力下，它具有一定的密度值，在断路器运行的各种允许条件范围内，尽管SF_6气体的压力随着温度的变化而变化，但是，SF_6气体的密度值始终不变。因为SF_6断路器的绝缘和灭弧性能在很大程度上取决于SF_6气体的纯度和密度，所以，对SF_6气体纯度的检测和密度的监视显得特别重要。如果采用普通压力表来监视SF_6气体的泄漏，就会分不清是由于真正存在泄漏还是由于环境温度变化而造

成 SF_6 气体的压力变化。为了能达到经常监视 SF_6 气体密度的目的，国家标准规定，SF_6 断路器应装设压力表或 SF_6 气体密度表和密度继电器。压力表或 SF_6 气体密度表是起监视作用的，密度继电器是起控制和保护作用的。

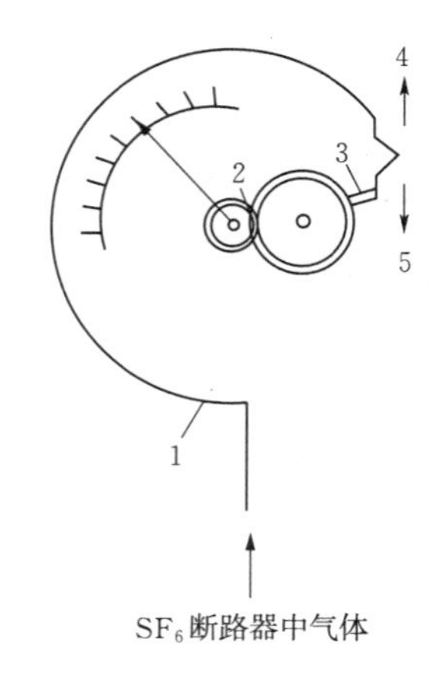

图 4.6　SF_6 气体密度表的结构

1—弹性金属曲管；2—齿轮机构和指针；3—双层金属带；4—压力增大时的运动方向；5—压力减小时的运动方向

对于在 SF_6 断路器上装设的 SF_6 气体密度表，带指针及有刻度的称为密度表；不带指针及刻度的称为密度继电器或密度压力开关；有的 SF_6 气体密度表也带有电触点，即兼作密度继电器使用。它们都是用来测量 SF_6 气体的专用表计。

图 4.6 所示的 SF_6 气体密度表主要由弹性金属曲管 1、齿轮机构和指针 2、双层金属带 3 等零部件组成，实际上是在弹簧管式压力表机构中加装了双层金属带而构成的。空心的弹性金属曲管 1 与断路器相连，其内部空间与断路器中的 SF_6 气体相通，弹性金属曲管 1 的端部与起温度补偿作用的双层金属带 3 铰链连接，双层金属带 3 与齿轮机构和指针机构 2 铰链连接。

SF_6 气体密度表的原理图如图 4.7 所示。它是以密封在波纹管 1 外侧的与断路器中 SF_6 气体连通的 SF_6 标准气体包，通过以轴 5 为支撑点的杠杆 6，与密封在波纹管 2 外侧的标准气体包 3 进行比较，带动微动开关电触点 4 动作，实现其发信号和闭锁功能。

当断路器退出运行时，而且断路器中 SF_6 气体在额定密度或额定压力时的温度与外界环境温度相等时，波纹管 1 外侧 SF_6 气体的状态与波纹管 2 外侧标准 SF_6 标准气体包 3 的状态相同，以轴 5 为支撑点的杠杆 6 保持在某一平衡位置，使微动开关电触点 4 在打开位置，随着环境温度的变化，两侧的 SF_6 气体的压力同时发生变化，因此，作用在以轴 5 为支撑点的杠杆仍然保持在某一平衡位置，微动开关电触点 4 仍然保持在打开位置不变。

当断路器退出运行时，而且断路器中 SF_6 气体的温度与外界环境温度相等时，如果断路器泄漏 SF_6 气体，波纹管 1 外侧 SF_6 气体的压力将会减小，波纹管 2 外侧的 SF_6 标准气体包 3 的压力保持不变，杠杆 6 失去平衡，将会发生逆时针转动，达到新的平衡位置，漏气到一定程度时，就会使微动开关电触点 4 不同功能的电触点分别闭合，发出不同的指令或信号，实现其不同的功能。

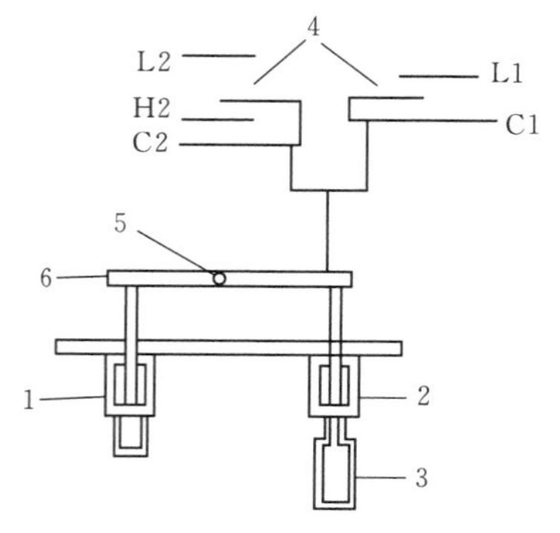

图 4.7　原理图

1、2—波纹管；3—标准气体包；4—微动开关电触点；5—轴；6—杠杆

当断路器投入运行时，SF_6 标准气体包 3 还是在环境温度下，由于负荷电流通过回路电阻时消耗的电功率转化为热能，使断路器内的 SF_6 气体升温，

产生压力增量，即波纹管 1 外侧 SF_6气体的压力将会增大，就会推动杠杆 6 绕轴 5 顺时针转动，使微动开关电触点 4 不会闭合。在这种情况下，如果断路器泄漏 SF_6气体，波纹管 1 外侧 SF_6气体的压力将会减小。但是，由于温升的作用，要比断路器退出运行时泄漏更多的 SF_6气体，才能使微动开关电触点 4 闭合。

第 5 章　变电站典型常见信号原理

5.1　变压器及高压并联电抗器

5.1.1　主变冷却器Ⅰ段工作电源故障

主变冷却器Ⅰ段工作电源故障信号回路图如图 5.1 所示。

信号作用：监视主变冷却器Ⅰ段工作电源运行情况。当Ⅰ段工作电源失电后，发主变冷却器Ⅰ段工作电源故障信号。

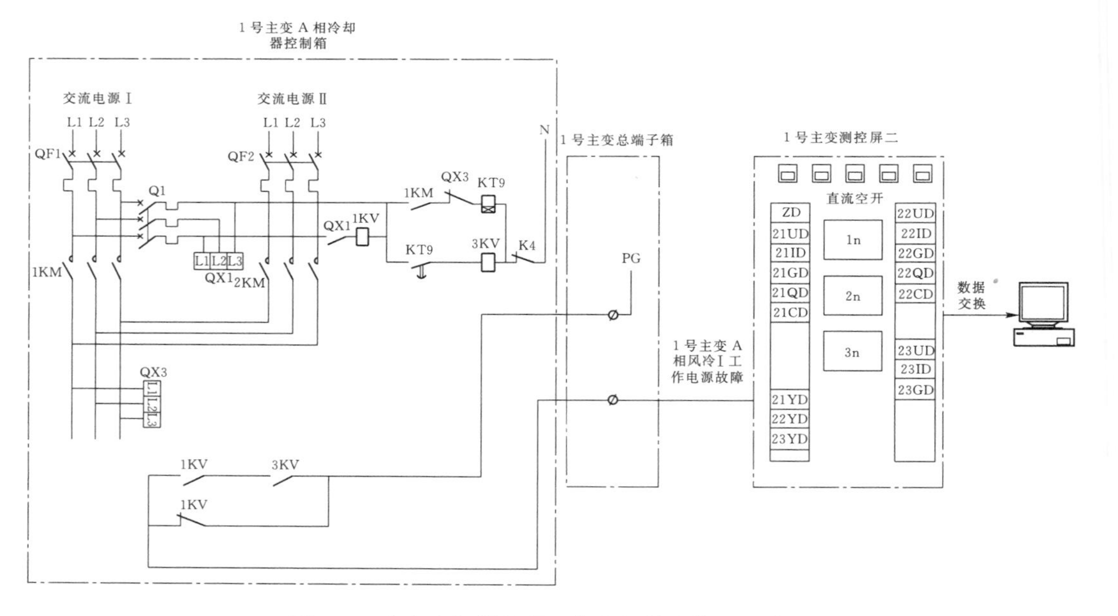

图 5.1　主变冷却器Ⅰ段工作电源故障信号回路图

典型原因：冷却器装置电源故障、二次回路问题误动、继电器损坏、400V 低压电源消失等。

动作原理：①交流电源进线开关 QF1 故障，主变冷却器相序监视继电器 QX1 失电，辅助触点 QX1 断开，中间继电器 1KV 失电对应常闭辅助触点 1KV 闭合，直流正电 PG（后文无特殊说明，均指直流正电）经 1KV 常闭触点接入测控屏，发出主变冷却器Ⅰ段工作电源故障信号；②Ⅰ段电源投入执行接触器本身故障，主变冷却器相序监视继电器 QX3 失电，辅助触点 QX3 闭合，时间继电器 KT9 得电，辅助触点 KT9 经整定延时闭合，中间继电器 3KV 得电，对应常闭辅助触点 3KV 闭合，此时，1KV 常开触点已经闭合，直流正电 PG 经 1KV、3KV 接入测控屏，发出主变冷却器Ⅰ段工作电源故障信号。

运行风险：如主变备用的Ⅱ段电源也发生故障，可能导致冷却器全停，将造成主变油温过高，危及主变安全运行。强油循环风冷式变压器运行中，冷却装置全部停止工作时，允许在额定负荷下运行 20min，20min 后，如上层油温未达到 75℃，可以达到 75℃，但切除全部冷却装置后的最长运行时间在任何情况下不得超过 1h。强迫油循环风冷式变压器在冷却装置停止工作后，其线圈内部温度会迅速上升，短时间内热量还能够依靠自循环向外部散热，但超过 1h 变压器内部线圈的焊点会发生局部过热从而损坏绝缘。

5.1.2 主变冷却器备用电源投入

主变冷却器备用电源投入信号回路图如图 5.2 所示。

信号作用：监视主变冷却器备用电源是否投入。当主工作电源失电后，备用电源应自动投入。

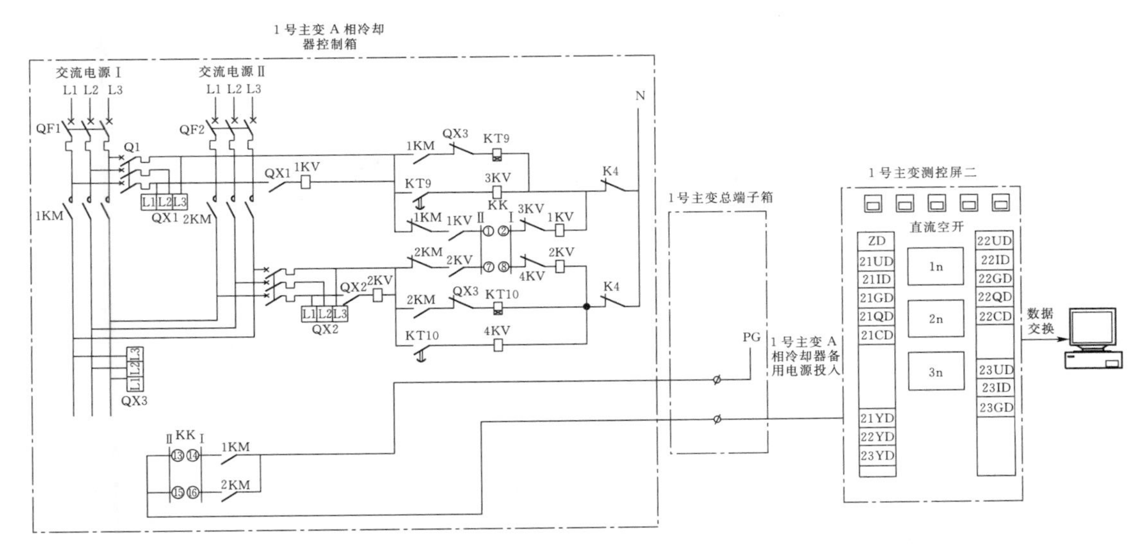

图 5.2　主变冷却器备用电源投入信号回路图

典型原因：冷却器装置主工作电源故障、二次回路问题误动导致主工作电源失电、继电器损坏导致主工作电源故障、400V 低压电源故障导致主工作电源失电等。

动作原理：电源Ⅰ（电源Ⅱ）为工作电源时，冷却器电源控制转换开关 KK 切至触点 15－16（13－14），电源Ⅰ（电源Ⅱ）故障，备用Ⅱ电源电源（电源Ⅰ）投入工作后，辅助触点 2KM（1KM）闭合，接入测控屏，从而发出主变冷却器备用电源投入信号。

运行风险：发出主变冷却器备用电源投入信号后，应立即检查主工作电源，判明是哪一级自动开关或交流接触器跳闸。若未跳闸，应检查其接点接头松动、接触器犯卡、导线断线情况等，尽快排除故障，恢复主工作电源工作。若主工作电源难以及时恢复，且主变负荷又很大，应加强监视主变温度和负荷的变化，同时做好备用工作电源保电工作，防止冷却器全停，导致主变超温跳闸。

5.1.3 主变工作冷却器故障

主变工作冷却器故障信号回路图如图 5.3 所示。

信号作用：监视主变工作冷却器运行情况。当工作冷却器或潜油泵故障时，发出主变工作冷却器故障信号。

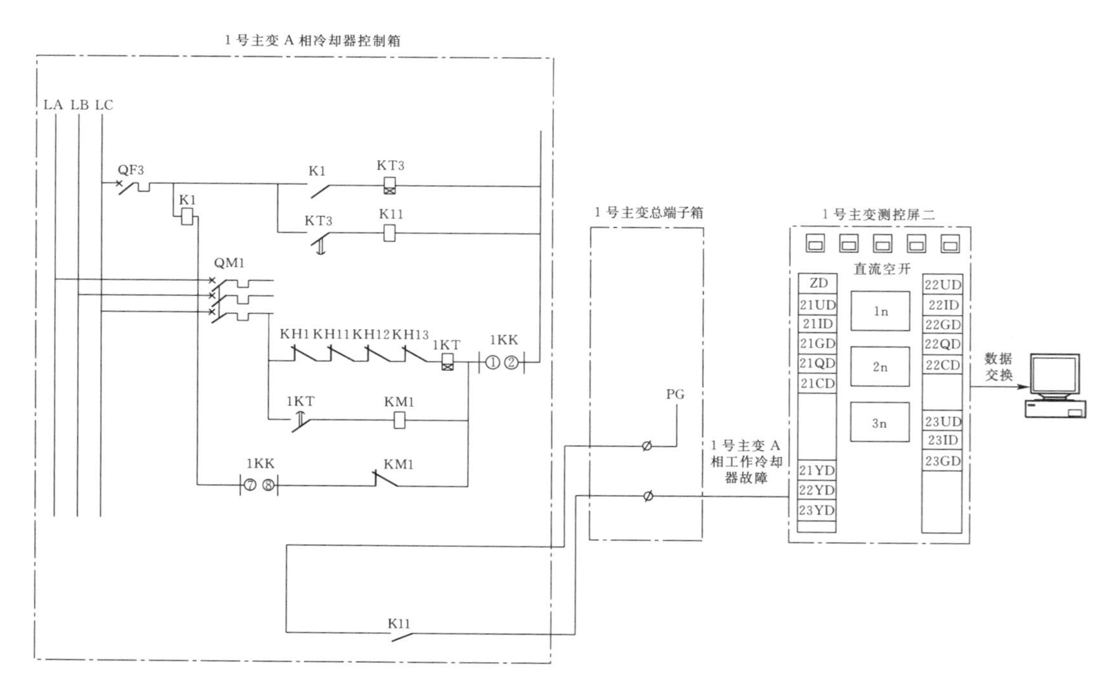

图 5.3 主变工作冷却器故障信号回路图

典型原因：冷却器装置二次回路问题误动、继电器损坏、风扇损坏、潜油泵或油流继电器故障等。

动作原理：①工作冷却器故障时，潜油泵辅助触点 KH1 或该冷却器的三组风扇辅助触点 KH11、KH12、KH13 断开，时间继电器 1KT 失电，辅助触点 1KT 延时断开，继电器 KM1 失电，常闭触点 KM1 闭合，由于工作状态转换开关 1KK 在工作位置，其触点 7－8、1－2 已导通，所以继电器 K1 得电，辅助触点 K1 闭合，时间继电器 KT3 得电，辅助触点 KT3 闭合，继电器 K11 得电，辅助触点 K11 闭合，接入测控屏，从而发出主变工作冷却器故障信号；②油流继电器故障时，辅助触点 K01 闭合，由于工作状态转换开关 1KK 在工作位置，触点 7－8、1－2 已经导通，所以继电器 K1 得电，辅助触点 K1 闭合，时间继电器 KT3 得电，辅助触点 KT3 闭合，继电器 K11 得电，辅助触点 K11 闭合，接入测控屏，从而发出主变工作冷却器故障信号。

运行风险：主变工作冷却器故障将降低主变散热量，如备用工作冷却器无法正确投入，可能导致主变油温升高甚至过热。

5.1.4 主变冷却器全停报警

主变冷却器全停报警信号回路图如图 5.4 所示。

信号作用：监视主变工作冷却器运行情况。当工作冷却器或潜油泵故障全停或电源故障导致风扇全停时，发出主变全停报警信号。

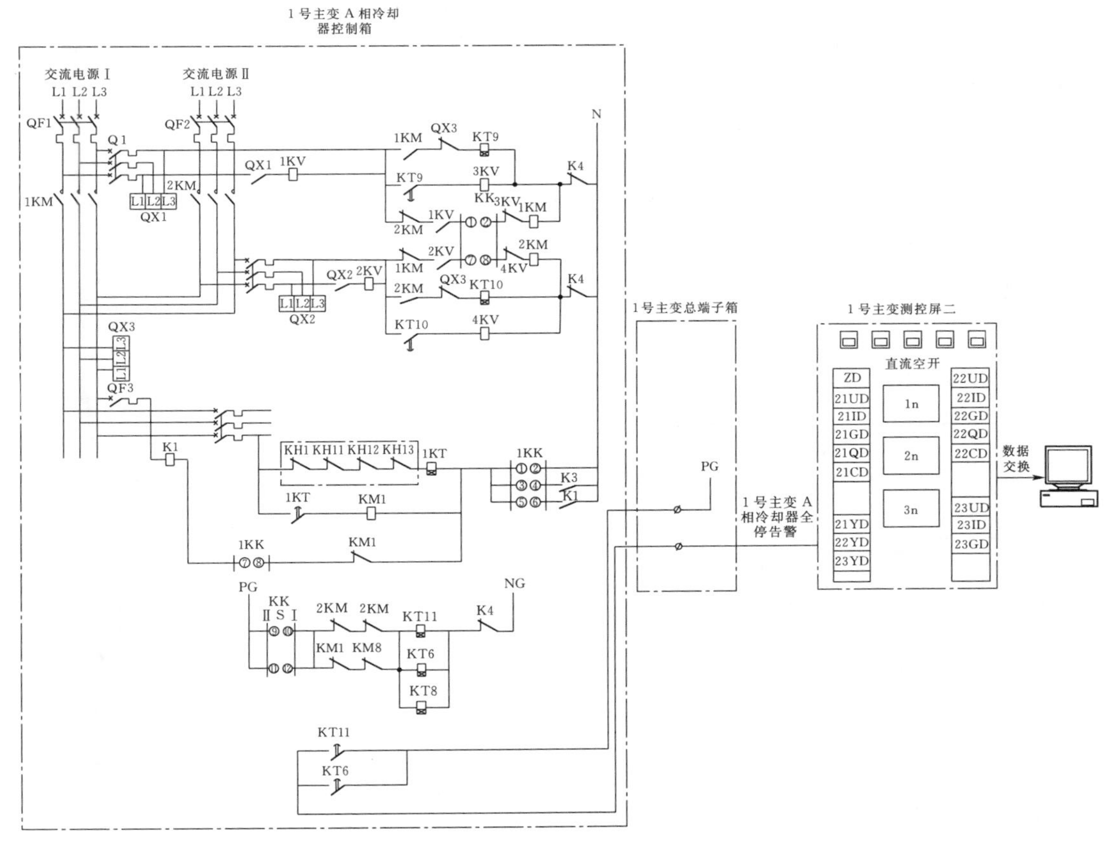

图 5.4 主变冷却器全停报警信号回路图

典型原因：全站低压失电、冷却器控制柜损坏、倒低压后，交流自动投切装置故障等。

动作原理：①冷却器电源控制转换开关打到工作位置，冷却器“工作/试验”开关也打到工作位置，继电器 K4 得电，辅助触点 K4 闭合，电源Ⅰ、电源Ⅱ投入执行接触器全部失电时，辅助触点 1S、2S 闭合，时间继电器 KT11 得电，辅助触点 KT11 闭合，接入测控屏，从而发出主变冷却器全停报警信号；②冷却器电源控制转换开关打到工作位置，转换开关 HKK 也打到工作位置，继电器 K4 得电，辅助触点 K4 闭合，1～8 号冷却器全停时，辅助触点 KM1～KM8 闭合，时间继电器 KT6 得电，辅助触点 KT6 闭合，接入测控屏，从而发出主变冷却器全停报警信号。

运行风险：强油循环风冷式变压器运行中，冷却装置全部停止工作时，允许在额定负荷下运行 20min，20min 后，如上层油温未达到 75℃，可以达到 75℃，但切除全部冷却装置后的最长运行时间在任何情况下不得超过 1h。强迫油循环风冷式变压器在冷却装置停止工作后，其线圈内部温度会迅速上升，短时间内热量还能够依靠自循环向外部散热，但超过 1h 变压器内部线圈的焊点会发生局部过热从而损坏绝缘。

5.1.5 主变冷却器控制电源故障

主变冷却器控制电源故障信号回路图如图 5.5 所示。

信号作用：监视主变工作冷却器直流控制电源运行情况。当直流控制电源故障时，发出主变冷却器控制电源故障信号。

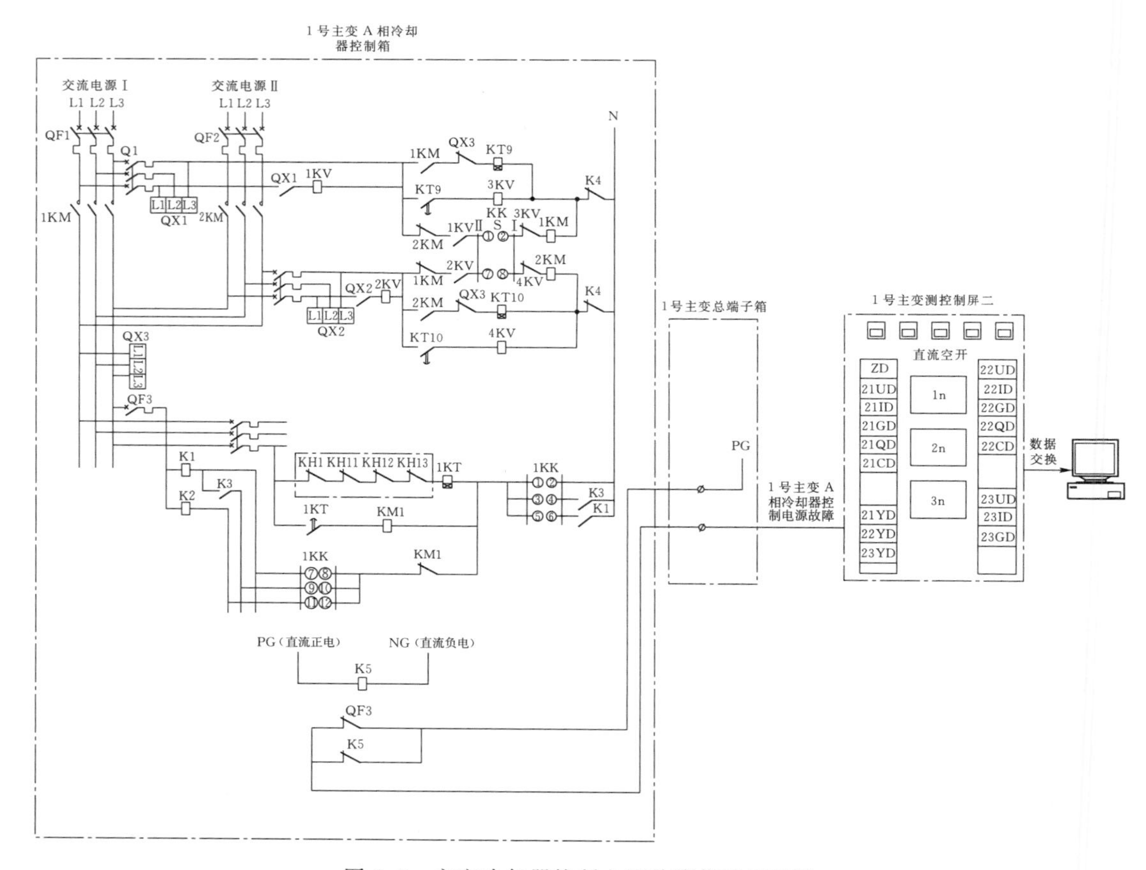

图 5.5 主变冷却器控制电源故障信号回路图

典型原因：冷却器控制电源故障、控制回路短路、信号回路故障等。

动作原理：主变冷却器交流控制电源故障，断路器 QF3 失电（继电器 K5 失电），辅助触点 QF3（K5）闭合，接入测控屏，从而发出主变冷却器控制电源故障信号。

运行风险：主变风冷无法实现控制功能。

5.1.6 主变交流电源故障

主变交流电源故障信号回路图如图 5.6 所示。

信号作用：监视主变交流电源运行情况。

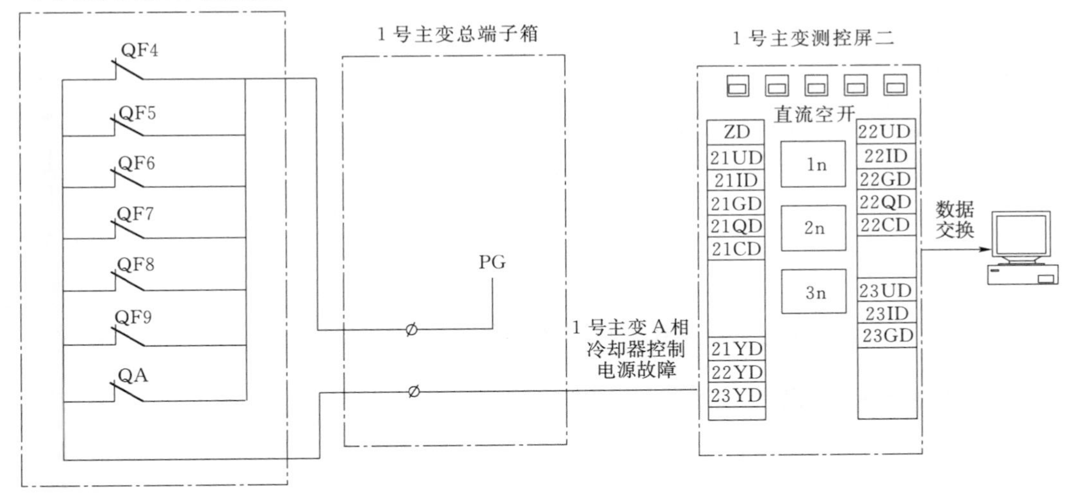

图 5.6　主变交流电源故障信号回路图

典型原因：冷却器控制柜、主变端子箱等箱柜体内照明、加热、在线监测交流断路器短路跳闸；加热器、照明灯故障等。

动作原理：主变冷却器加热除潮通风照明及主变端子箱电源回路、调压开关机构箱电源回路、在线监测电源回路、主变本体端子箱电源回路故障，对应断路器 QF4（或 QF5、QF6、QF7、QF8、QF9、QA）失电，辅助触点 QF4 或（QF5、QF6、QF7、QF8、QF9、QA）闭合，接入测控屏，从而发出主变交流电源故障信号。

运行风险：冷却器控制柜、主变端子箱等箱柜体内温度过高或受潮，影响二次元件的正常使用，导致箱柜体内短路或接地，甚至造成一次设备误动。

5.1.7　主变保护第一套高压侧断路器失灵（简称为“高压侧失灵”）联跳

主变保护第一套高压侧失灵联跳信号回路图如图 5.7 所示。

信号作用：当主变保护第一套高压侧失灵联跳动作时发出信号。

典型原因：3/2 接线变电站，主变高压侧任一台断路器失灵，如断路器操动机构故障、断路器跳闸线圈故障、直流电源消失等，为切除故障，联跳主变三侧断路器。

动作原理：在主变 SGT756 保护装置中，将高压侧失灵联跳开入压板投入，一旦主变高压侧断路器保护屏发失灵联跳主变三侧信号，通过高压侧失灵联跳开入压板，继电器 2KC1（2KC2）得电，辅助触点 2KC1（2KC2）闭合，接入测控屏，从而发出主变保护第一套高压侧失灵联跳信号。

运行风险：高压侧失灵联跳后，主变停运，可能造成另一台主变过负荷，也可能导致故障变电站无功支撑能力减弱，进而引发连锁事故。

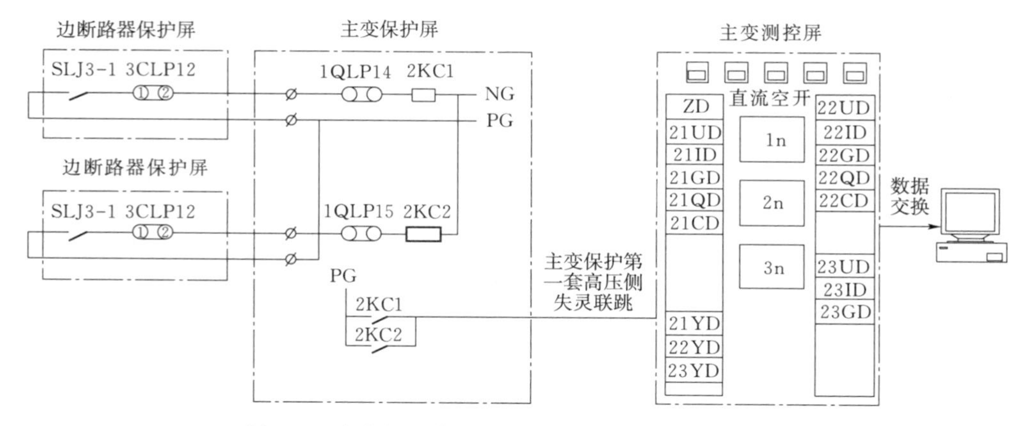

图 5.7　主变保护第一套高压侧失灵联跳信号回路图

5.1.8　主变保护装置闭锁

主变保护装置闭锁信号回路图如图 5.8 所示。

信号作用：监视主变保护运行情况，一旦装置发生闭锁，发出主变保护装置闭锁信号。

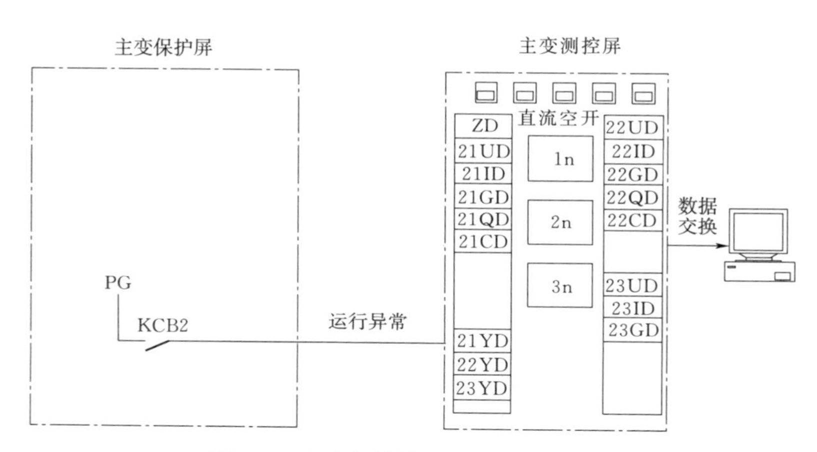

图 5.8　主变保护装置闭锁信号回路图

典型原因：保护装置存储器出错、程序区出错、光耦失电、DSP 故障、采样异常等情况。

动作原理：主变保护装置异常闭锁继电器得电，装置异常闭锁辅助触点（KCB2）闭合，接入测控屏，从而发出主变保护装置闭锁信号。

运行风险：主变保护装置发出闭锁告警信号后，告警同时将装置闭锁，保护退出，一旦另一套保护有故障时，将造成主变无保护运行，致使故障时保护拒动。

5.1.9　主变保护运行异常

主变保护运行异常信号回路图如图 5.9 所示。

信号作用：监视主变保护运行情况，一旦装置发生异常，发出此信号。

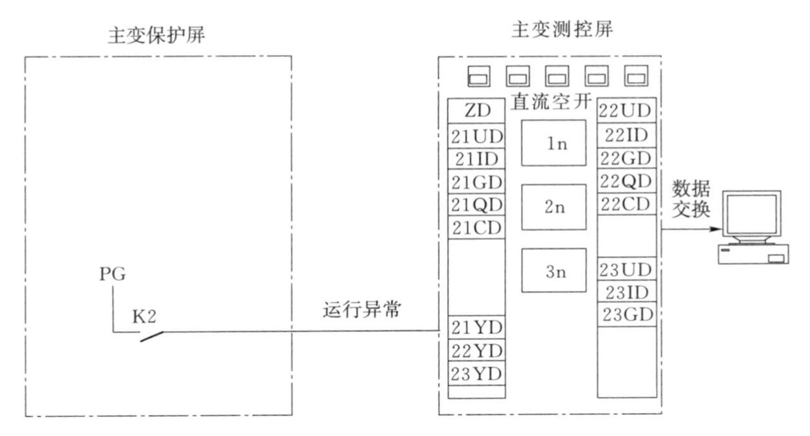

图 5.9　主变保护运行异常信号回路图

典型原因：版本校验出错、差流异常、TV 异常、TA 异常、三相不一致接点异常等。

动作原理：主变保护装置运行异常，继电器 K2 得电，辅助触点 K2 闭合，接入测控屏，从而发出主变保护运行异常信号。

运行风险：保护装置异常不闭锁装置，需要变电运维人员进行相应处理，以防异常进一步发展，闭锁保护装置，主变保护装置部分功能不可用。

5.1.10　主变保护动作

主变保护动作信号回路图如图 5.10 所示。

信号作用：监视主变保护运行情况，一旦保护出口动作，发出主变保护动作信号。

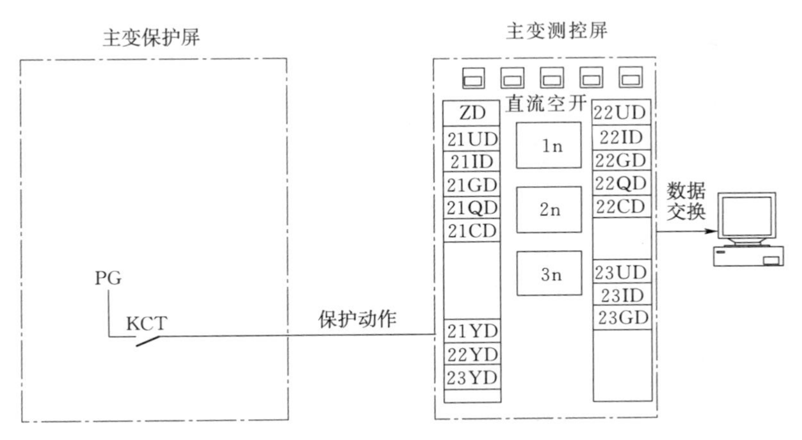

图 5.10　主变保护动作信号回路图

典型原因：复合电压闭锁方向过流保护动作、零序过流保护动作、相间阻抗保护动作、接地阻抗保护动作等。

动作原理：主变保护装置保护动作，继电器 KCT 得电，辅助触点 KCT 闭合，接入测控屏，从而发出主变保护动作信号。

运行风险：主变三侧断路器跳闸，可能造成其他运行变压器过负荷；如果自投不成功，可能造成负荷损失。

5.1.11 主变保护过负荷告警

主变保护过负荷告警信号回路图如图 5.11 所示。

信号作用：主变××侧电流高于过负荷告警定值时发出主变保护过负荷告警信号。

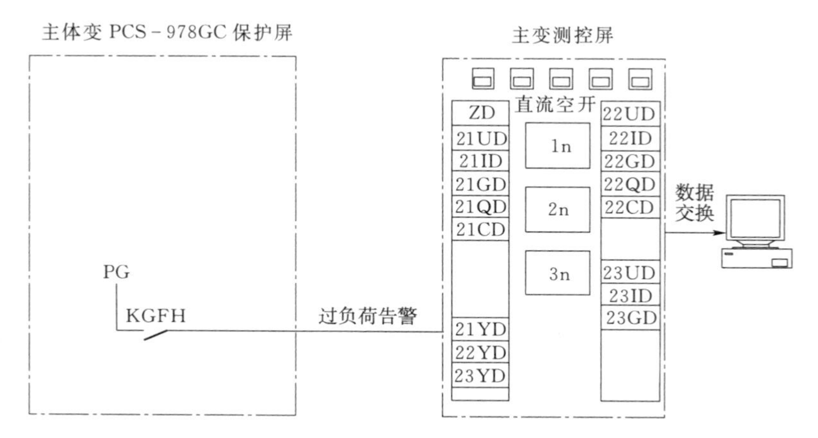

图 5.11 主变保护过负荷告警信号回路图

典型原因：变压器过载运行或事故过负荷。

动作原理：主变保护装置过负荷告警，继电器 KGFH 得电，辅助触点 KGFH 闭合，接入测控屏，从而发出主变保护过负荷告警信号。

运行风险：主变发热甚至烧毁，加速绝缘老化，影响主变寿命。

5.1.12 主变调压开关电机电源故障

主变调压开关电机电源故障信号回路图如图 5.12 所示。

信号作用：反映主变有载调压装置电机电源故障。

典型原因：过载；热偶整定电流与被保护设备额定电流值不符；热偶通过了巨大短路电流后，双金属片已经产生永久变形；热偶灰尘聚积或生锈或动作机构卡住、磨损；热偶外接线螺钉未拧紧或连接线不符合规定；热偶安装方式不符合规定或安装环境温度与保护电气设备的环境温度相差太大。

动作原理：主变调压开关热耦继电器 K1 故障跳开，常闭触点 K1 闭合，接入测控屏，从而发出主变调压开关电机电源故障信号。

运行风险：有载调压开关无法进行调压。

5.1.13 主变调压开关操作中

主变调压开关操作中信号回路图如图 5.13 所示。

信号作用：主变调压开关在调压过程中发出信号，防止造成人身及设备损坏。

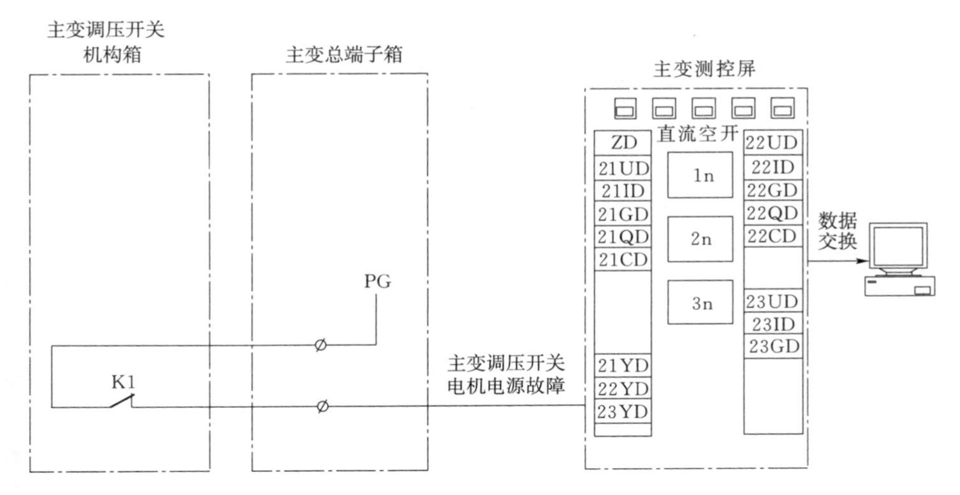

图 5.12　主变调压开关电机电源故障信号回路图

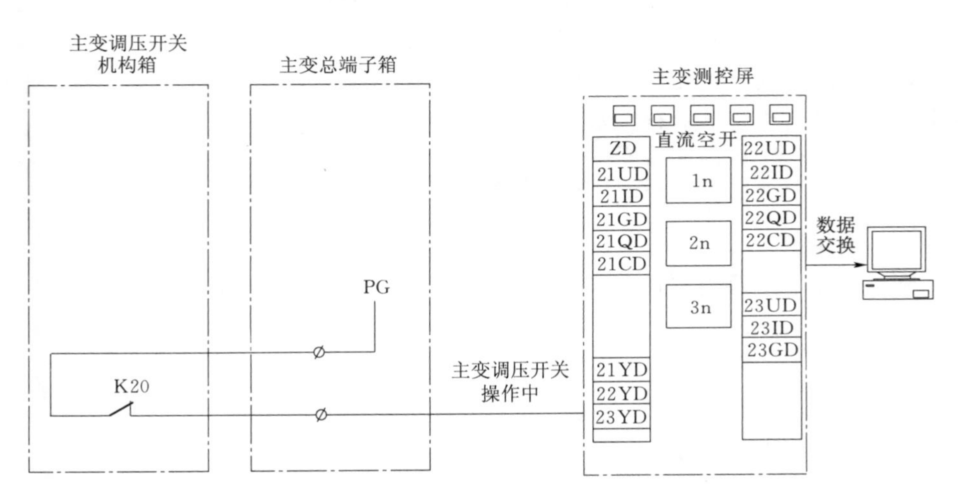

图 5.13　主变调压开关操作中信号回路图

典型原因：主变调压开关在进行调压。

动作原理：主变调压开关在调压过程中，控制回路中间继电器 K20 得电，触点 K20 闭合，接入测控屏，从而发出主变调压开关操作中信号。

运行风险：当调压时无此信号，则发生调压异常或调压开关信号回路存在异常，需变电运维人员尽快检查。

5.1.14　主变挡位 1（或 2－9）显示

主变挡位 1（或 2－9）显示信号回路图如图 5.14 所示。

信号作用：显示主变有载调压装置所在挡位。

典型原因：有载调压装置调压完成后显示当前挡位。

动作原理：主变挡位调整至 1，调压开关机构箱内位置传送器 S40P 的挡位“1”触点

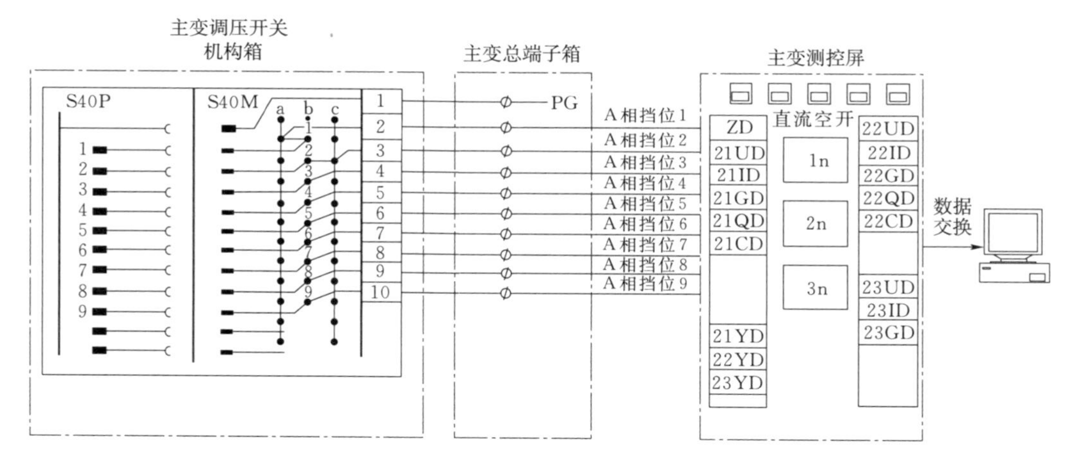

图 5.14　主变挡位 1（或 2－9）显示信号回路图

闭合，通过端子排 S40M 2 号端子接入 1 号主变总端子箱，再接入测控屏，从而发出主变挡位 1 信号（非光字牌信号，属于监控系统显示的挡位信息）。

运行风险：应定期检查变压器机械挡位与监控挡位显示是否一致。当挡位无法显示或显示异常，可能导致变压器运行异常，甚至影响电网安全可靠运行。

5.1.15　主变非电量保护 PST1210UA 装置闭锁

主变非电量保护 PST1210UA 装置闭锁信号回路图如图 5.15 所示。

信号作用：非电量保护装置自检、巡检发生严重错误，装置闭锁所有保护功能。

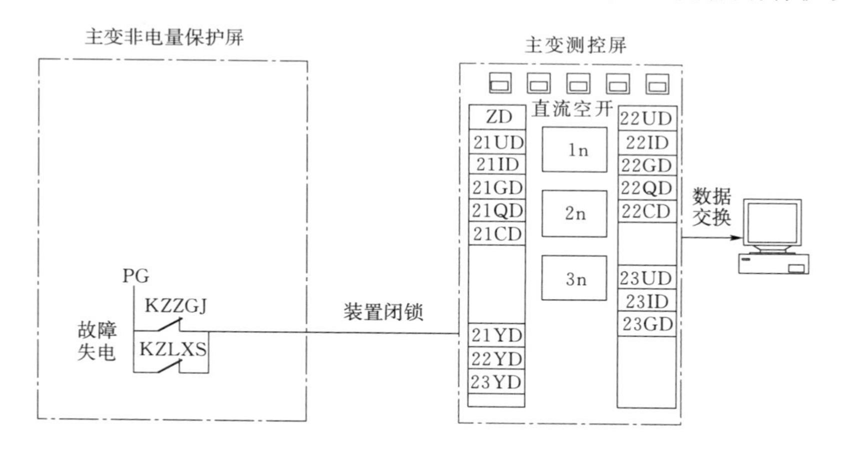

图 5.15　主变非电量保护 PST1210UA 装置闭锁信号回路图

典型原因：非电量保护装置内存出错、定值区出错等硬件本身故障；装置失电。

动作原理：当 PST1210UA 装置闭锁时，闭锁继电器辅助触点 KZZGJ 闭合，或装置直流电源消失时，直流消失继电器辅助触点 KZLXS 闭合，并联后接入主变测控屏，从而发出非电量保护 PST1210UA 装置闭锁信号。

运行风险：主变非电量保护装置处于不可用状态。

5.1.16　主变非电量保护 PST1210UA 保护动作

主变非电量保护 PST1210UA 保护动作信号回路图如图 5.16 所示。

信号作用：主变非电量保护动作，跳开主变三侧开关。

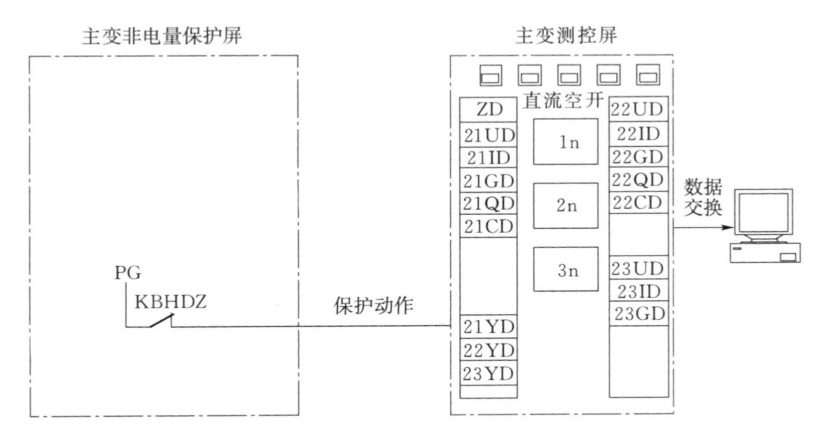

图 5.16　主变非电量保护 PST1210UA 保护动作信号回路图

典型原因：主变重瓦斯动作；主变油温高跳闸、绕组温度高跳闸、压力释放阀动作跳闸、压力突发继电器动作跳闸、冷却器全停跳闸；保护误动。

动作原理：当 PST1210UA 保护动作时，保护动作继电器辅助触点 KBHDZ 闭合，接入主变测控屏，从而发出非电量保护 PST1210UA 保护动作信号。

运行风险：主变三侧开关跳闸，可能造成其他运行变压器过负荷；保护误动造成负荷损失。

5.1.17　主变非电量保护 PST1210UA 非电量告警

主变非电量保护 PST1210UA 非电量告警信号回路图如图 5.17 所示。

信号作用：主变非电量保护动作，跳开主变三侧开关。

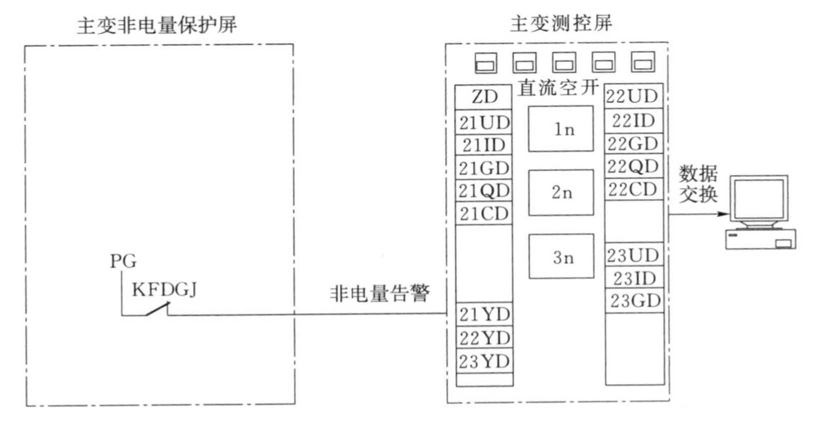

图 5.17　主变非电量保护 PST1210UA 非电量告警信号回路图

典型原因：主变压器油温高告警、绕组温度高告警、油位异常告警、轻瓦斯动作告警等。

动作原理：当 PST1210UA 有非电量告警时，非电量告警继电器辅助触点 KFDGJ 闭合，接入主变测控屏，从而发出非电量保护 PST1210UA 非电量告警信号。

运行风险：主变发热，加速绝缘老化；进一步发展会造成主变三侧开关跳闸，使得其他运行变压器过负荷。

5.1.18 主变非电量保护 PST1210UA 运行异常

主变非电量保护 PST1210UA 运行异常信号回路图如图 5.18 所示。

信号作用：主变非电量保护装置处于异常运行状态。

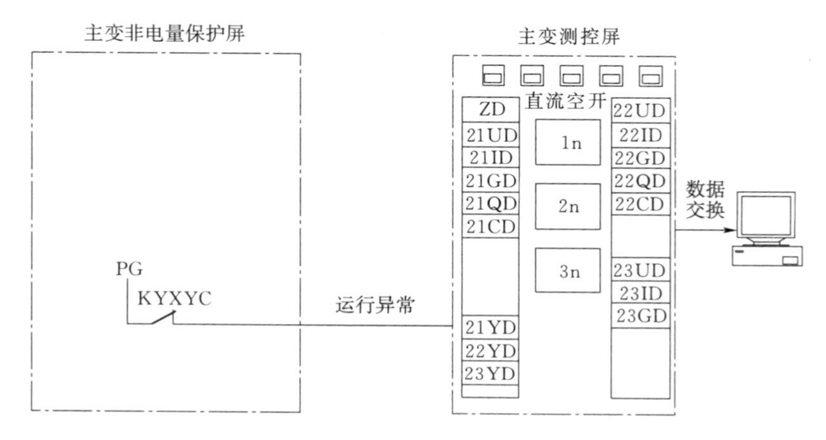

图 5.18 主变非电量保护 PST1210UA 运行异常信号回路图

典型原因：内部通信出错、CPU 检测到非电量采样异常、装置长期启动。

动作原理：当 PST1210UA 有异常时，异常继电器辅助触点 KYXYC 闭合，接入主变测控屏，从而发出非电量保护 PST1210UA 运行异常信号。

运行风险：主变非电量保护装置部分功能不可用。

5.1.19 主变本体压力释放告警

主变本体压力释放告警信号回路图如图 5.19 所示。

信号作用：监视主变内部压力。当主变内部压力超过限值，压力释放阀门动作时报警。

典型原因：变压器内部故障；呼吸系统堵塞；变压器运行温度过高，内部压力升高；变压器补充油时操作不当等。

动作原理：压力释放阀门动作，释放阀动作继电器触点闭合使非电量保护装置中 KBT1 线圈得电，KBT1 触点闭合，接入主变测控屏，从而发出主变本体压力释放告警信号。

运行风险：本体压力释放阀喷油。

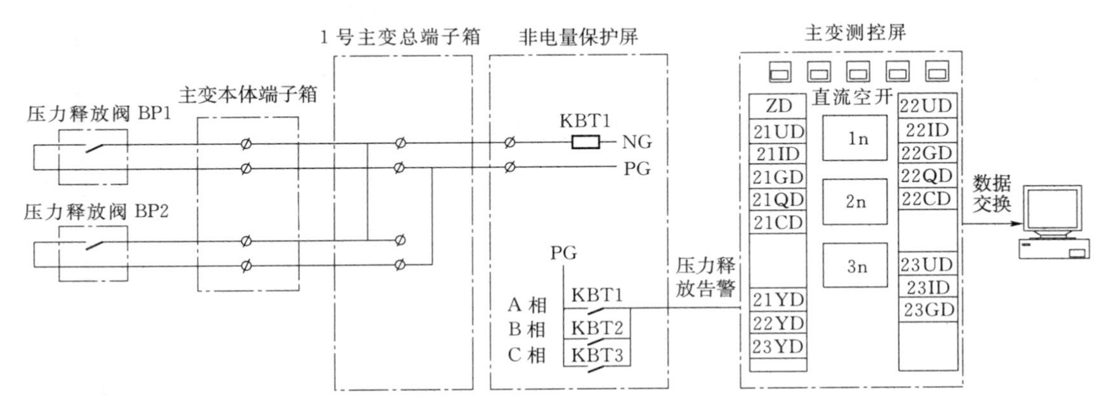

图 5.19　主变本体压力释放告警信号回路图

5.1.20　主变本体压力突变告警

主变本体压力突变告警信号回路图如图 5.20 所示。

信号作用：监视主变本体油流、油压变化，压力变化率超过告警值时报警。

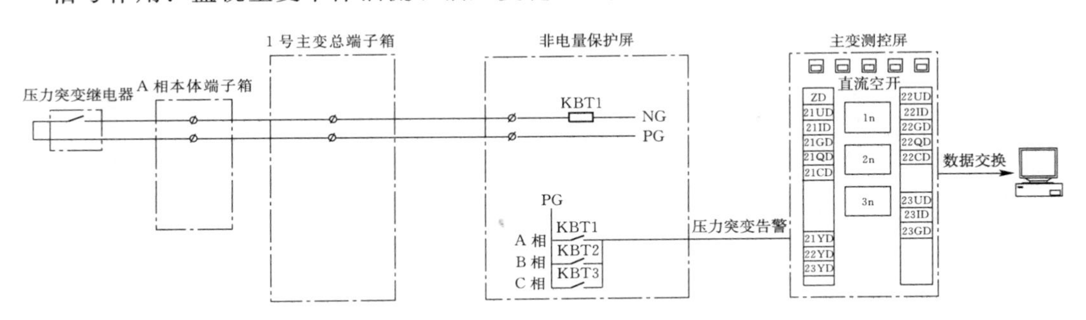

图 5.20　主变本体压力突变告警信号回路图

典型原因：变压器内部故障、呼吸系统堵塞、油压速动继电器误发。

动作原理：本体压力释放阀突发继电器辅助触点闭合，经端子箱接入主体变非电量保护装置，主变非电量保护装置内线圈得电，辅助触点闭合，接入主变测控装置，从而发出1号主变本体压力突变告警信号。

运行风险：有进一步造成瓦斯继电器或压力释放阀动作的危险。

5.1.21　主变油位异常告警

主变油位异常告警信号回路图如图 5.21 所示。

信号作用：监视主变本体油位，当主变本体油位升高或降低至限值时发出告警。

典型原因：变压器内部故障、主变过负荷、主变冷却器故障或异常、变压器漏油造成的油位低、环境温度变化造成油位异常。

动作原理：本体油位计油位继电器低油位辅助触点或高油位辅助触点闭合，接入主体变本体端子箱，通过总端子箱再接主体变非电量保护装置，非电量保护装置 KBT1 线圈得电，辅助触点闭合，接入主变测控屏，从而发出 1 号主变油位异常信号。

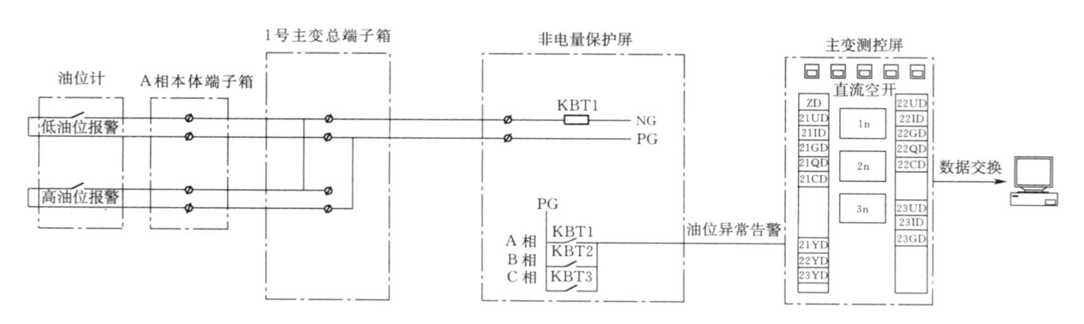

图 5.21　主变油位异常告警信号回路图

运行风险：油位偏高可能造成油压过高，导致主变本体压力释放阀动作；主变本体油位偏低可能影响主变绝缘。

5.1.22　主变绕组温度高告警

主变绕组温度高告警信号回路图如图 5.22 所示。

信号作用：监视主变绕组温度，当绕组温度上升至限值时发出告警。

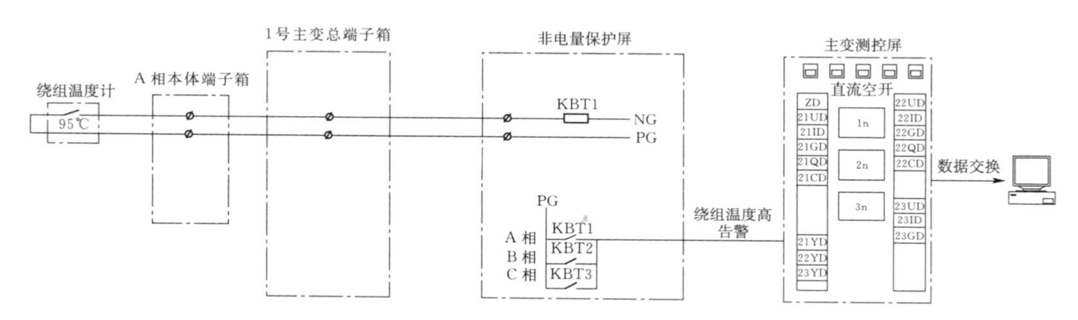

图 5.22　主变绕组温度高告警信号回路图

典型原因：变压器内部故障、主变过负荷、主变冷却器故障或异常。

动作原理：当绕组温度超过 95℃时，绕组温度指示控制器继电器辅助触点闭合，经现场端子箱再接入主体变非电量保护装置。主体变非电量保护装置 KBT1 线圈得电，辅助触点闭合，接入主变测控屏，从而发出主变绕组温度高告警信号。

运行风险：绕组绝缘老化，并加速绝缘油的劣化。

5.1.23　主变绕组温度高跳闸

主变绕组温度高跳闸信号回路图如图 5.23 所示。

信号作用：监视绕组温度，当绕组温度超过限值时跳开主变各侧断路器（一般只投信号）。

典型原因：变压器内部故障、主变过负荷、主变冷却器故障或异常。

动作原理：当绕组温度超过 105℃时，绕组温度指示控制器继电器辅助触点闭合，经端子箱再接入主变非电量保护装置。主变非电量保护装置内辅助触点 KBT1 闭合，接入 1 号主变测控装置，从而发出主变绕组温度高跳闸命令（一般只投信号）。

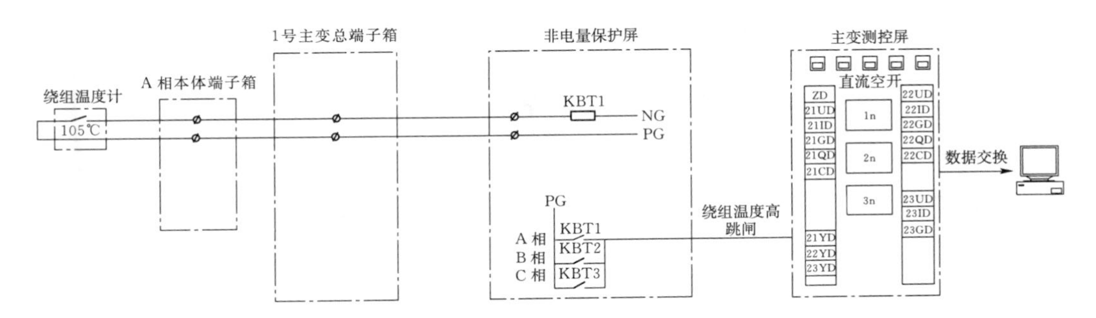

图 5.23　主变绕组温度高跳闸信号回路图

运行风险：绕组绝缘老化，并加速绝缘油的劣化；跳闸后造成主变停电。

5.1.24　主变油温高告警

主变油温高告警信号回路图如图 5.24 所示。

信号作用：监视主变绝缘油温度，当油温升高至限值时发出报警信号。

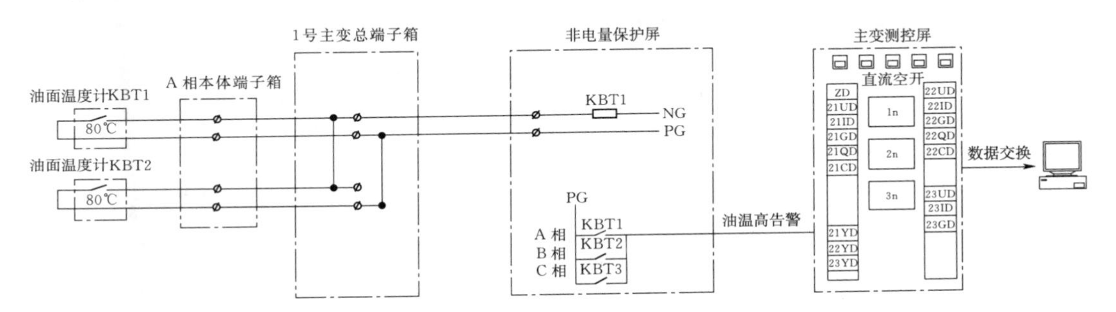

图 5.24　主变油温高告警信号回路图

典型原因：变压器内部故障、主变过负荷、主变冷却器故障或异常。

动作原理：当位于变压器内部不同位置的两个油面温度计测量的油温 1 或油温 2 超过 80℃时，油面温度控制器内辅助触点闭合，经端子箱接入主变非电量保护装置，使对应线圈得电，辅助触点闭合，进而接入主变测控装置，发出油温高告警信号。

运行风险：主变本体油温高于告警值，影响主变绝缘。

5.1.25　主变油温高跳闸

主变油温高跳闸信号回路图如图 5.25 所示。

信号作用：监视主变绝缘油温度，当油温上升至限值时跳开主变各侧断路器（一般只投信号）。

典型原因：变压器内部故障、主变过负荷、主变冷却器故障或异常。

动作原理：当位于变压器内部的不同位置的两个油面温度计测量的油温 1 或油温 2 超过 90℃时，油面温度控制器内辅助触点闭合，经端子箱接入主变非电量保护装置，使对应线圈得电，辅助触点闭合，进而接入主变测控装置，发出油温高告跳闸信号。

运行风险：主变本体油温高于告警值，影响主变绝缘；跳闸后主变停电。

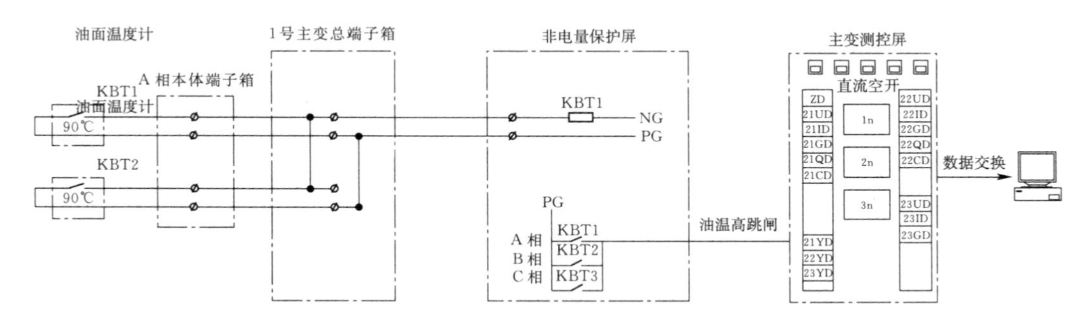

图 5.25　主变油温高跳闸信号回路图

5.1.26　主变轻瓦斯告警

主变轻瓦斯告警信号回路图如图 5.26 所示。

信号作用：反映主变油温、油位升高或降低，气体继电器内有瓦斯气体，监视主变本体内部是否有异常。

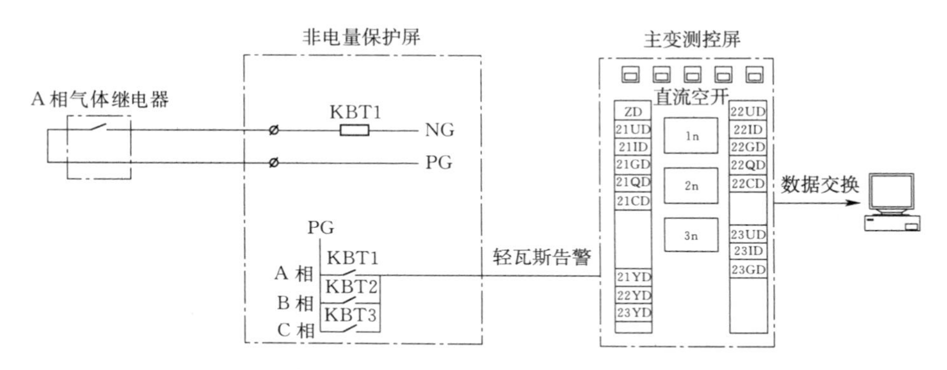

图 5.26　主变轻瓦斯告警信号回路图

典型原因：主变有载内部发生轻微故障、因温度下降或漏油使油位下降、因穿越性短路故障或地震引起、油枕空气不畅通、直流回路绝缘破坏、气体继电器本身有缺陷等、二次回路误动作。

动作原理：当轻瓦斯动作时，气体继电器内辅助触点闭合，接入主变非电量保护装置，非电量保护装置内线圈得电，触点闭合，接入主变测控屏发出告警信号。

运行风险：主变内部出现异常，连续两次发出轻瓦斯告警信号必须将主变停运。

5.1.27　主变重瓦斯跳闸

主变重瓦斯跳闸信号回路图如图 5.27 所示。

信号作用：反映主变内部严重故障。

典型原因：主变内部发生严重故障；二次回路问题误动作；油枕内胶囊安装不良，造成呼吸器堵塞，油温发生变化后，呼吸器突然冲开，油流冲动造成继电器误动跳闸；主变附近有较强烈的震动；气体继电器误动。

动作原理：重瓦斯动作时，气体继电器内辅助触点闭合，接入主变非电量保护装置，

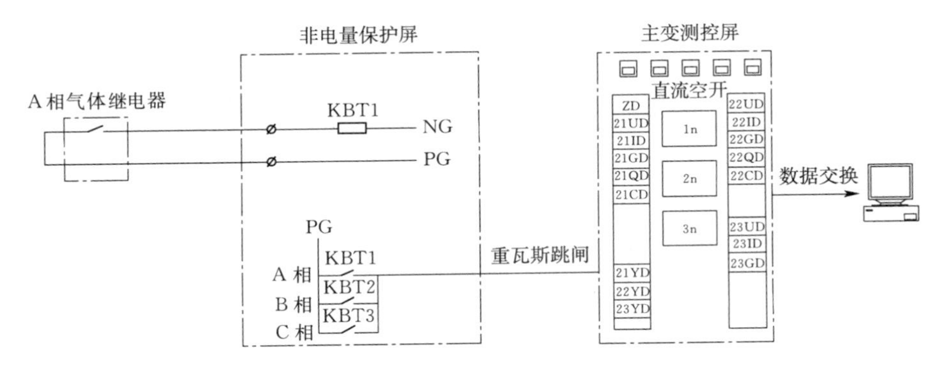

图 5.27　主变重瓦斯跳闸信号回路图

非电量保护装置内线圈得电，触点闭合，接入主变测控屏发出跳闸信号。

运行风险：重瓦斯动作后主变跳闸。

5.1.28　高抗关闭阀关闭告警

高抗关闭阀关闭告警信号回路图如图 5.28 所示。

信号作用：反映高抗关闭阀的运行状态，在事故时应能正确关闭。

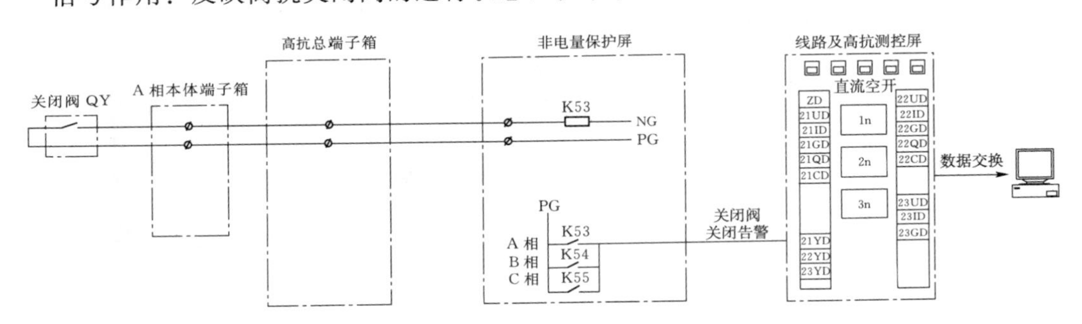

图 5.28　高抗关闭阀关闭告警信号回路图

典型原因：关闭阀关闭、二次回路问题误动、继电器损坏等。

动作原理：当高抗关闭阀关闭时，关闭阀 QY 辅助触点 1－2 闭合，接入高抗本体端子箱，然后接入高抗总端子箱，通过总端子箱再接入高抗第一套保护屏非电量保护 PRS－761A 装置，高抗非电量保护 PRS－761A 装置中继电器 K53 得电，高抗非电量保护 PRS－761A 装置继电器 K53 辅助触点 K53 闭合，接入线路及高抗测控屏，从而发出高抗关闭阀关闭告警信号。

运行风险：如关闭阀不能正常关闭，会造成高抗事故时油枕里的油继续下流，扩大高抗事故时的危害。

5.1.29　高抗套管压力异常告警

高抗套管压力异常告警信号回路图如图 5.29 所示。

信号作用：反映高抗套管压力异常。

典型原因：高抗套管压力超出正常范围、二次回路问题误动、继电器损坏等。

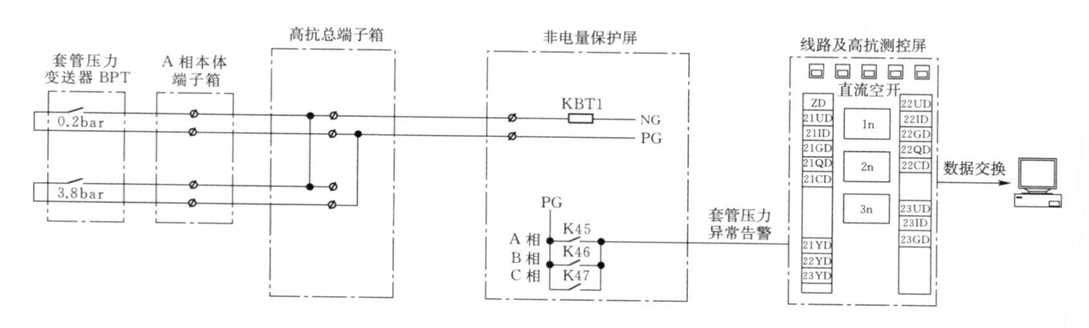

图 5.29 高抗套管压力异常告警信号回路图

（注：1bar＝0.1MPa）

动作原理：当高抗套管压力小于 0.2bar 或大于 3.8bar 时，套管压力变送器 BPT 辅助触点 1－2 或 3－4 闭合，接入高抗 A 相本体端子箱，然后接入高抗总端子箱，通过总端子箱再接入高抗第一套保护屏非电量保护装置，高抗非电量保装置中继电器 K45 得电，对应的辅助触点 K45 闭合，接入线路及高抗测控屏，从而发出高抗套管压力异常告警信号。

运行风险：套管压力过低会降低绝缘，套管压力过高则有爆破风险。

5.1.30 高抗风冷风扇电动机故障

高抗风冷风扇电动机故障信号回路图如图 5.30 所示。

信号作用：反映高抗冷却器故障。

典型原因：冷却控制的各分支系统（指风扇控制回路）故障，由风控箱内热继电器或电机开关辅助接点启动告警信号。

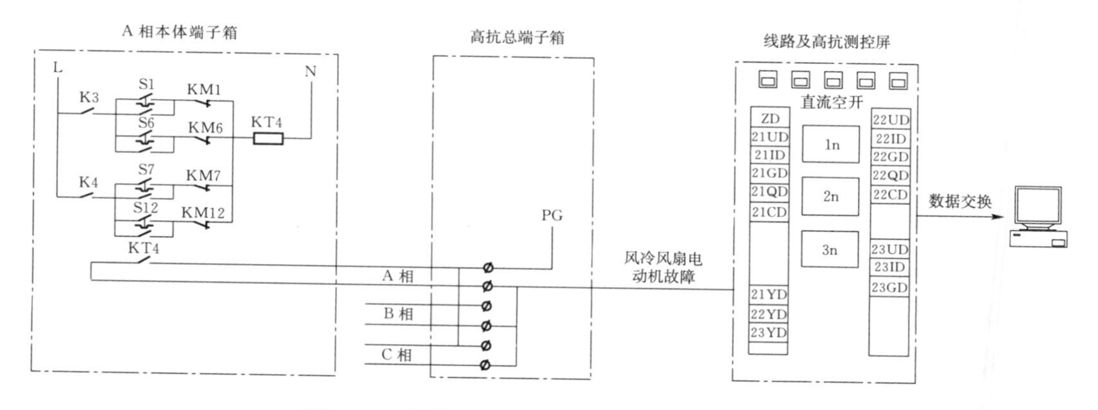

图 5.30 高抗风冷风扇电动机故障信号回路图

动作原理：当任一台（如第一台）风扇电动机回路中自动开关 S1 脱扣时，自动开关 S1 辅助触点 S1 闭合，同时接触器 KM1 辅助触点 KM1 闭合，使时间继电器 KT4 线圈得电，高抗 A 相本体端子箱里的时间继电器 KT4 辅助触点 KT4 延时闭合，三相并联接入高抗总端子箱，再接入线路及高抗测控屏，从而发出高抗风冷风扇电动机故障信号。

运行风险：造成高抗油温过高，危及高抗安全运行。

5.1.31 高抗冷却器Ⅰ段工作电源故障

高抗冷却器Ⅰ段工作电源故障信号回路图如图 5.31 所示。

信号作用：监视高抗冷却器Ⅰ段工作电源运行情况。当Ⅰ段工作电源失电后，发报警信号。

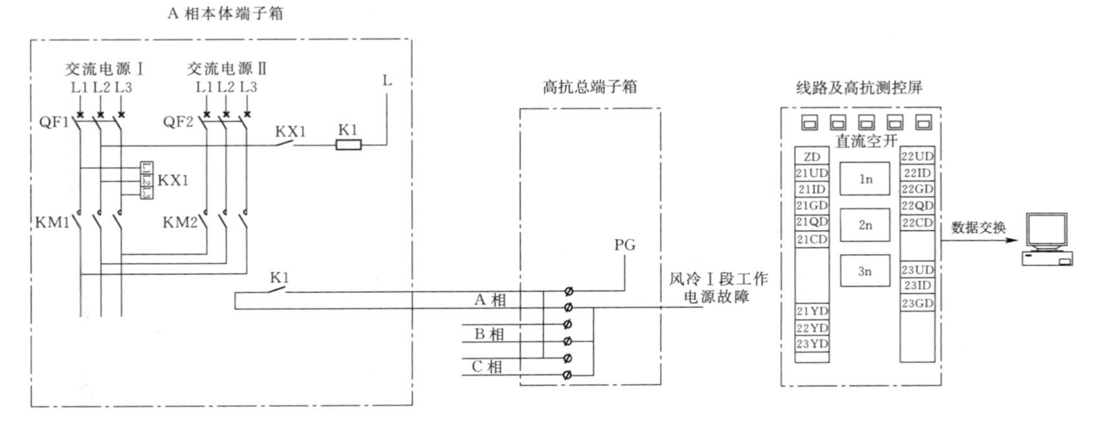

图 5.31 高抗冷却器Ⅰ段工作电源故障信号回路图

典型原因：冷却器装置电源故障、二次回路问题误动、继电器损坏、400V 低压电源消失等。

动作原理：当任一相Ⅰ段工作电源故障，其相序继电器 KX1 动作，常开辅助触点 KX1 闭合，使得继电器 K1 得电，高抗 A 相本体端子箱里的继电器 K1 辅助触点 K1 闭合，三相并联接入高抗总端子箱，再接入线路及高抗测控屏，从而发出高抗风冷Ⅰ段工作电源故障信号。

运行风险：如高抗备用的Ⅱ段电源也发生故障，可能导致冷却器全停，将造成高抗油温过高，危及高抗安全运行。

5.2 断路器、线路与母线

5.2.1 断路器气室 SF_6 气压低告警

断路器气室 SF_6 气压低告警信号回路图如图 5.32 所示。

信号作用：监视组合电器断路器气室 SF_6 气体压力数值。当 SF_6 气体压力降低，压力（密度）继电器动作。

典型原因：组合电器断路器气室存在 SF_6 气体泄漏点，压力降低到告警值；压力（密度）继电器损坏；回路故障；根据 SF_6 气体压力温度曲线，当温度变化时 SF_6 压力值发生变化等情况，MDJ01 辅助节点闭合。

动作原理：断路器任一相发生上述情况时，SF_6 压力（密度）继电器 KG 的一对触点

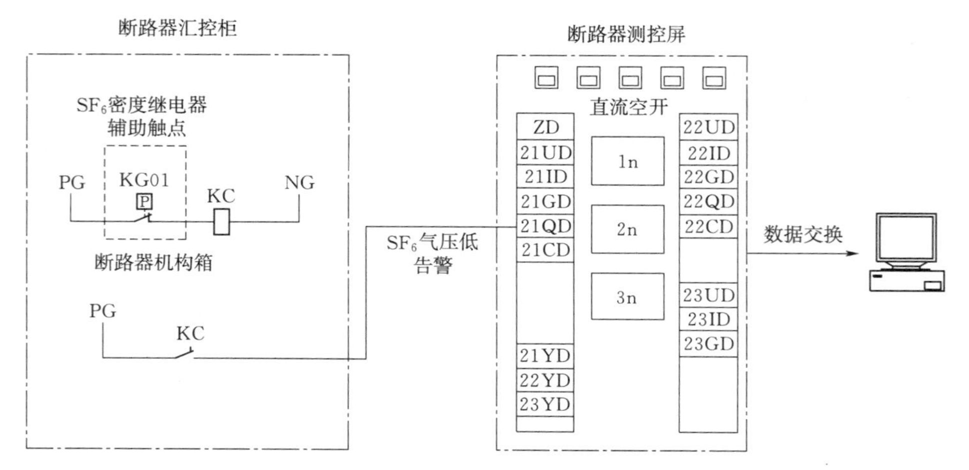

图 5.32　断路器气室 SF_6 气压低告警信号回路图

（KG01）闭合，汇控柜中 KC 继电器线圈得电，汇控柜中 KC 辅助触点闭合，接入测控屏，从而发出断路器气室 SF_6 低气压告警信号。

运行风险：如果组合电器断路器气室 SF_6 压力继续降低，造成断路器分合闸闭锁。

5.2.2　断路器气室 SF_6 压力低闭锁分合闸

断路器气室 SF_6 压力低闭锁分合闸信号回路图如图 5.33 所示。

信号作用：监视组合电器断路器气室 SF_6 气体压力数值，当断路器本体 SF_6 压力数值低于闭锁值时，压力（密度）继电器动作。

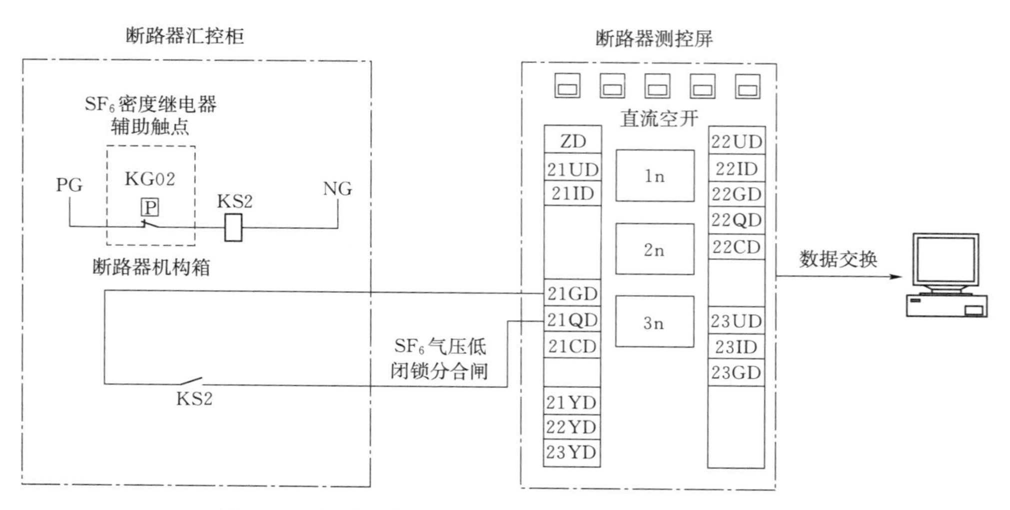

图 5.33　断路器气室 SF_6 压力低闭锁分合闸信号回路图

典型原因：组合电器断路器气室有泄漏点，压力降低到闭锁值；压力（密度）继电器损坏；回路故障；根据 SF_6 压力温度曲线，温度变化时，SF_6 压力值发生变化等情况，KG02 辅助节点闭合。

动作原理：断路器任一相发生上述情况时，SF_6密度继电器辅助触点（KG02）触点闭合，汇控柜中继电器 KS2 线圈得电，汇控柜中辅助触点 KS2 闭合，接入测控屏，从而发出断路器 SF_6气体压力低闭锁分合闸信号。

运行风险：断路器分合闸闭锁，如果此时与本断路器有关设备故障，断路器将发生拒动，断路器失灵保护启动，扩大事故范围。

5.2.3 断路器低油压合闸告警

断路器低油压合闸告警信号回路图如图 5.34 所示。

信号作用：监视断路器操作机构油压值，反映断路器操作机构情况。当操作机构油压低于告警值时，压力继电器动作。

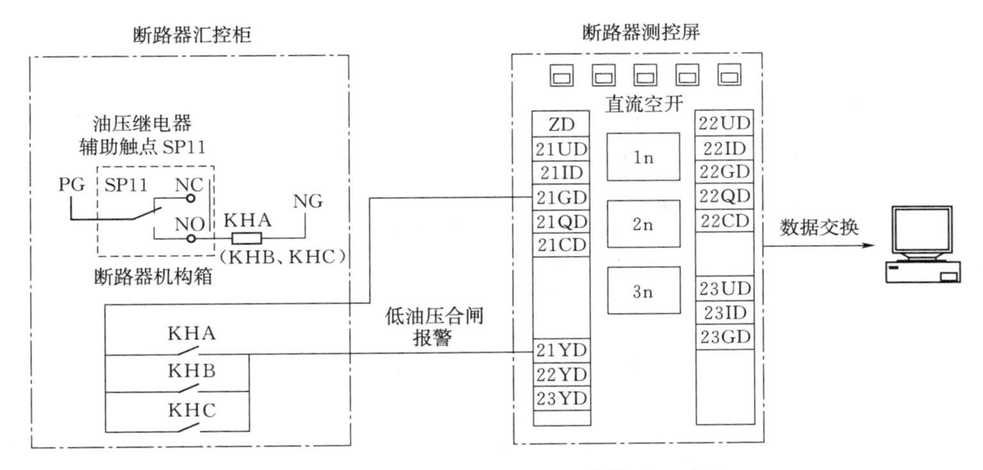

图 5.34 断路器低油压合闸告警信号回路图

典型原因：断路器操作机构油压回路有泄漏点，油压降低到告警值；压力继电器损坏；回路故障；根据油压温度曲线，温度变化引起油压值变化等情况，油压继电器辅助触点闭合。

动作原理：机构油压继电器辅助触点 SP11 三相任一触点闭合，对应的该相继电器 KHA（KHB、KHC）线圈得电，汇控柜中辅助触点 KHA11－14（KHB11－14、KHC11－14）闭合，接入测控屏，从而发出断路器低油压合闸告警信号。

运行风险：如果压力继续降低，可能造成断路器重合闸闭锁、合闸闭锁、分闸闭锁。

5.2.4 断路器低油压分合闸闭锁

断路器低油压分合闸闭锁信号回路图如图 5.35 所示。

信号作用：监视断路器操作机构油压值，反映断路器操作机构情况。当操作机构油压降低到分合闸闭锁值时，压力继电器动作。

典型原因：断路器操作机构油压回路有泄漏点，油压降低到分闸闭锁值；压力继电器损坏；回路故障；根据油压温度曲线，温度变化引起油压值变化等情况，油压继电器辅助触点闭合。

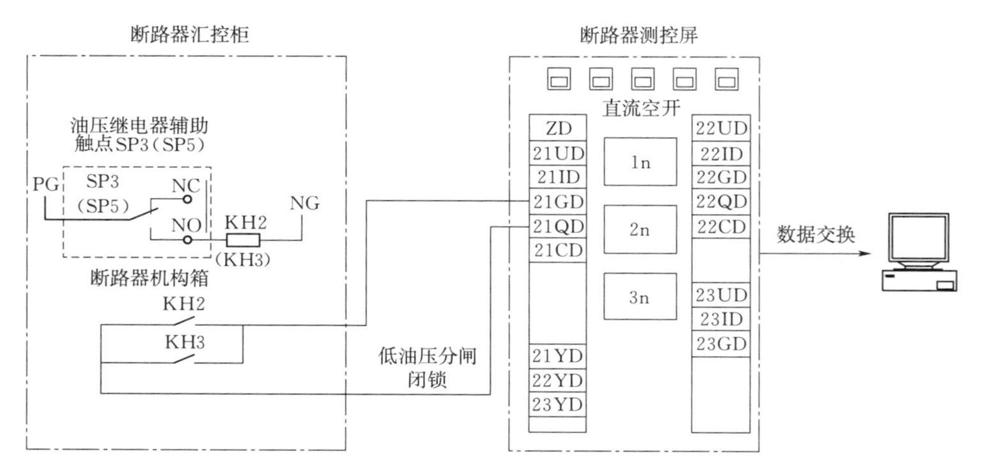

图 5.35　断路器低油压分合闸闭锁信号回路图

动作原理：断路器任一相发生上述情况时，机构油压继电器辅助触点 SP3（SP5）触点闭合，汇控柜中继电器 KH2（KH3）线圈得电，汇控柜中辅助触点 KH2（KH3）闭合，接入测控屏，从而发出断路器低油压分合闸闭锁信号

运行风险：断路器低油压分合闸闭锁时，正常应伴有控制回路断线信号。如果此时与本断路器有关设备故障，则断路器拒动无法分合闸，断路器失灵保护保护动作，扩大事故范围。

5.2.5　断路器保护动作

断路器保护动作信号回路图如图 5.36 所示。

信号作用：主变保护、母线保护、线路保护、断路器失灵保护、重合闸等启动出口，断路器保护动作，跳开对应开关。

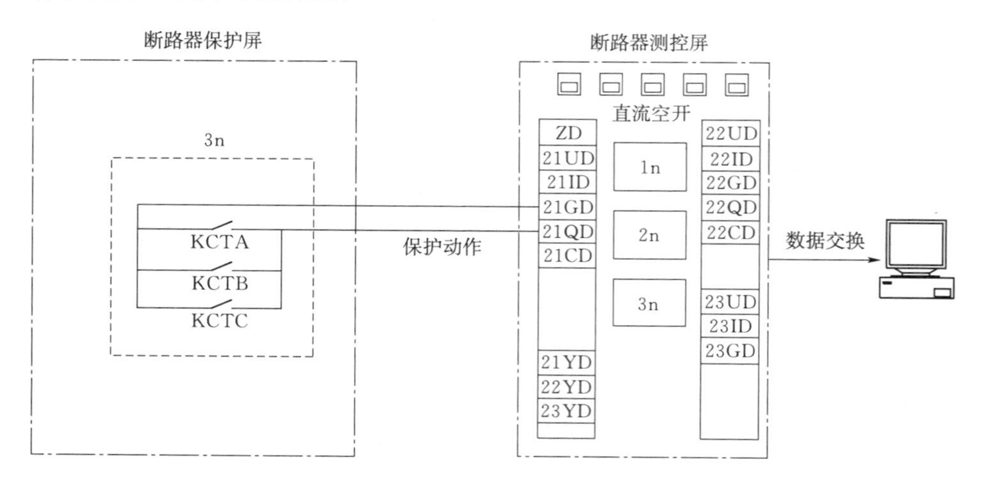

图 5.36　断路器保护动作信号回路图

典型原因：主变、高抗、母线、线路等故障后断路器跳闸；断路器偷跳；保护装置误

发重合闸信号；一次断路器拒动，失灵保护动作，跳开相邻或对侧开关；死区故障；失灵保护误动。

动作原理：断路器保护动作，断路器任意一相跳闸（以 A 相为例），保护动作继电器 KCTA 得电，辅助触点 KCTA（B 相、C 相对应继电器 KCTB、KCBC）闭合，接入测控屏，从而发出断路器保护动作信号。

运行风险：断路器跳闸后，立即向调度调控人员汇报，现场检查一次、二次设备，采取现场处置措施，防止扩大事故范围。

5.2.6 汇控柜储能电机失电告警

汇控柜储能电机失电告警信号回路图如图 5.37 所示。

信号作用：汇控柜储能电源消失、控制回路故障或电机故障，造成储能电机失电，操动机构无法储能，导致断路器不能分合闸。

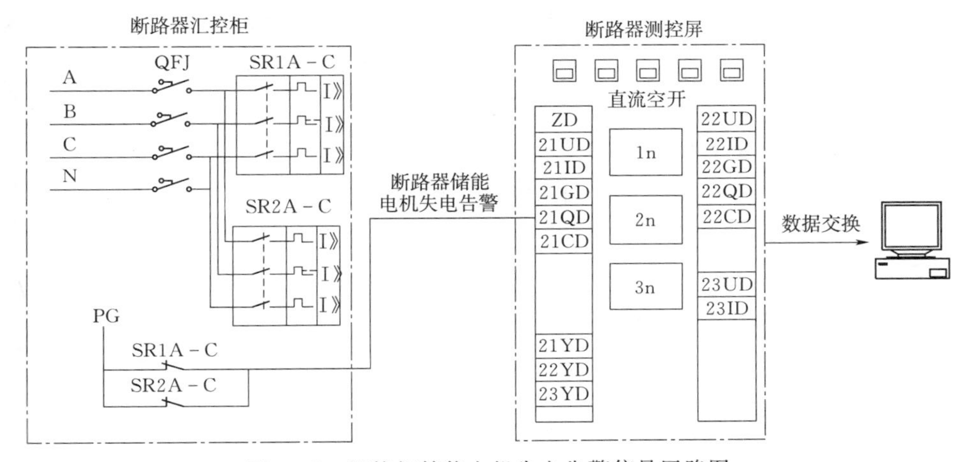

图 5.37　汇控柜储能电机失电告警信号回路图

典型原因：断路器储能电机电源消失、储能电机控制回路故障、储能电机损坏、汇控柜高分断小型断路器 QFJ 故障。

动作原理：断路器任一相发生上述情况时，汇控柜中小型断路器 QFJ 断开，对应的电机保护开关 SR1A－C（SR2A－C）失电，触点 SR1A－C（SR2A－C）闭合，接入测控屏，从而发出断路器储能电机失电告警信号

运行风险：操动机构无法储能，造成压力降低闭锁断路器操作，导致断路器不能分合闸。

5.2.7 汇控柜交流电源消失

汇控柜交流电源消失信号回路图如图 5.38 所示。

信号作用：断路器汇控柜中各交流回路电源有消失情况。

典型原因：汇控柜中任一交流电源空气开关跳闸，或几个交流电源空气开关跳闸；汇控柜中任一交流回路有故障，或几个交流回路有故障。

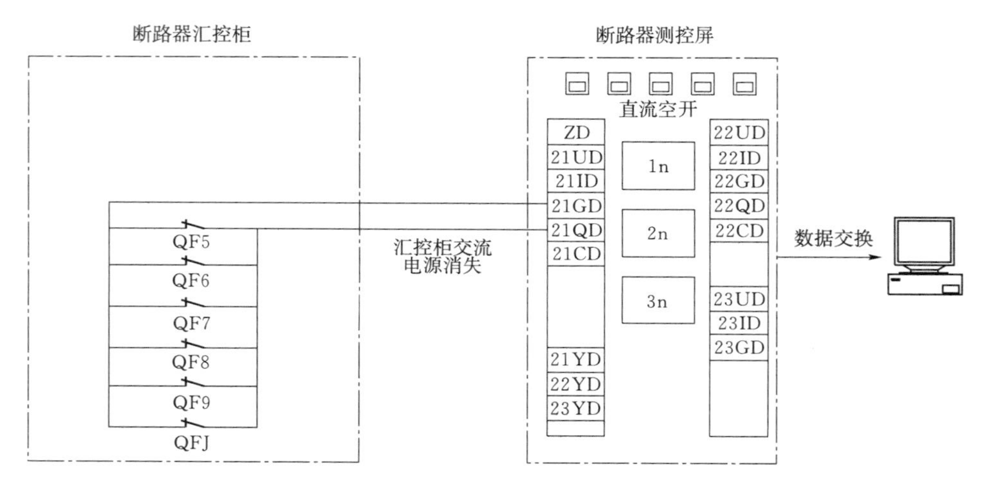

图 5.38　汇控柜交流电源消失信号回路图

动作原理：汇控柜中发生上述情况时，高分断小型断路器 QF5、QF6、QF7、QF8、QF9、QFJ 断开，相应的 QF5、QF6、QF7、QF8、QF9、QFJ 触点闭合，接入测控屏，从而发出汇控柜交流电源消失信号

运行风险：汇控柜中对应的交流回路失电，无法进行相关操作。

5.2.8　汇控柜直流电源消失

汇控柜直流电源消失信号回路图如图 5.39 所示。

信号作用：断路器汇控柜中各直流回路电源有消失情况。

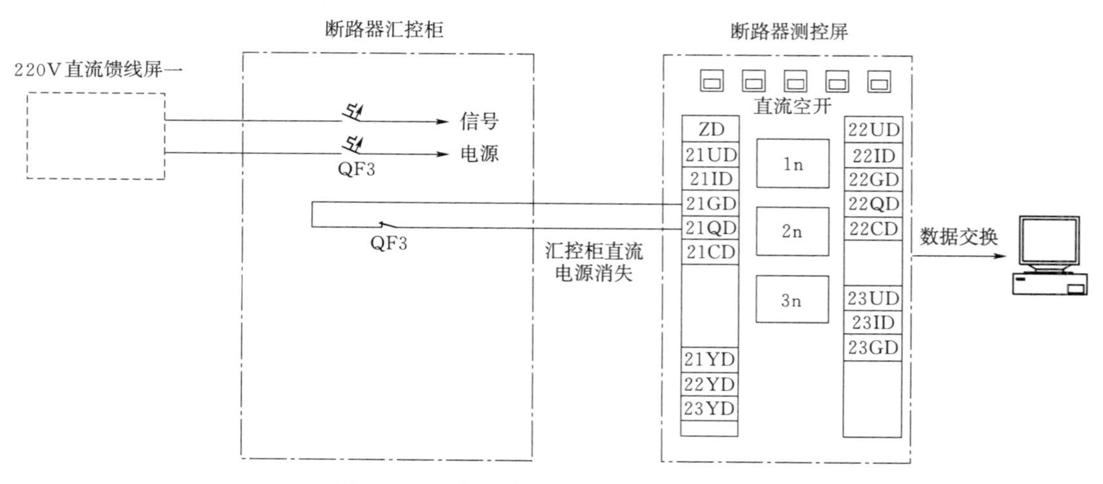

图 5.39　汇控柜直流电源消失信号回路图

典型原因：汇控柜中任一直流电源空气开关跳闸，或几个直流电源空气开关跳闸；汇控柜中任一直流回路有故障，或几个直流回路有故障。

动作原理：汇控柜中发生上述情况时，汇控柜内高分断小型断路器 QF3 断开，相应的 QF3 触点闭合，接入测控屏，从而发出汇控柜直流电源消失信号。

运行风险：汇控柜中对应的直流回路失电，无法进行相关操作或信号无法上送。

5.2.9 汇控柜储能电机运转

汇控柜储能电机运转信号回路图如图 5.40 所示。

信号作用：监视储能电机运行，反映储能电机运行情况。储能电机运转时，继电器动作发出信号。

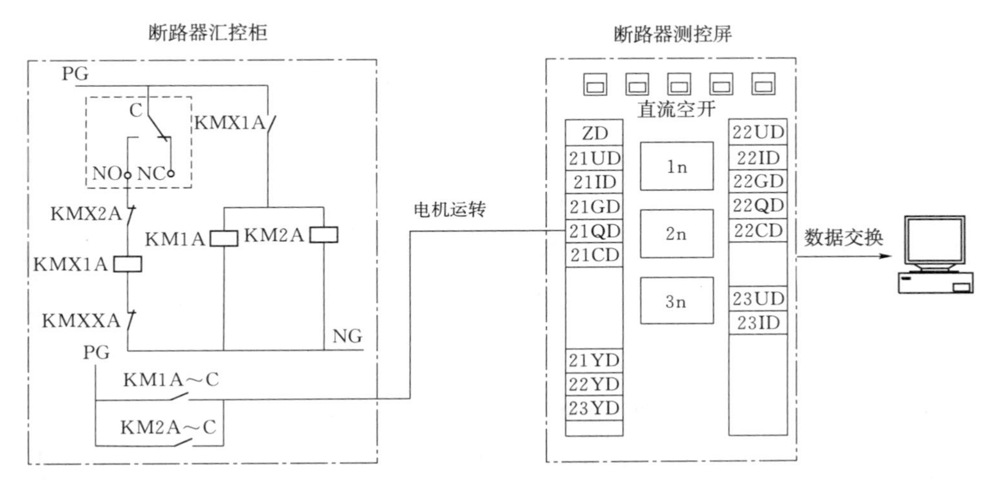

图 5.40 汇控柜储能电机运转信号回路图

典型原因：断路器操作机构油压低于起泵压力，汇控柜储能电机运转。

动作原理：断路器任一相操作机构发生上述情况时，汇控柜中液压继电器辅助触点 NO－C 导通，中间继电器 KMX1A～C（表示 KMX1A、KMX1B 和 KMX1C 并联）得电，辅助触点 KMX1A～C 闭合，接触器 KM1A～C（KM2A～C）得电，相应的 KM1A～C（KM2A～C）触点闭合，接入测控屏，从而发出断路器储能电机运转信号。

运行风险：变电运维人员应密切注意储能电机运转时间，防止储能电机运转超时。

5.2.10 汇控柜储能电机运转超时

汇控柜储能电机运转超时信号回路图如图 5.41 所示。

信号作用：监视储能电机运行，反映储能电机运行情况。储能电机运转超过限定时间时，继电器动作发出信号。

典型原因：断路器储能电机运转时间过长，超出限定时间。

动作原理：储能电机运转，汇控柜中 KM1A～C（KM2A～C）触点闭合，时间继电器 KTMA～C 得电，开始计时，达到规定时间后，触点 KTMA～C 延时闭合，中间继电器 KTMXA～C 得电，相应的 KTMXA～C 触点闭合，接入测控屏，从而发出断路器储能电机运转超时信号。

运行风险：储能电机运转超时，应检查断路器操作机构油压回路是否有泄漏点、压力

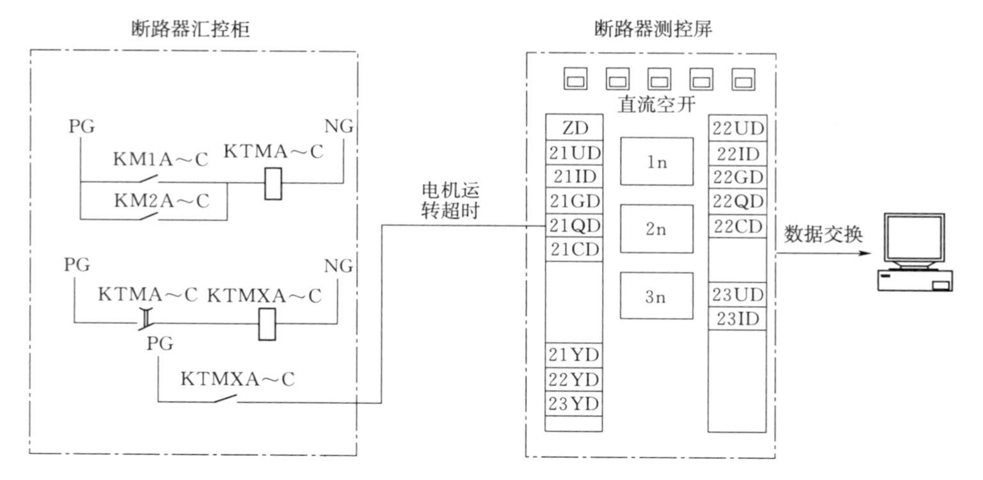

图 5.41　汇控柜储能电机运转超时信号回路图

继电器是否损坏或者油泵控制回路是否故障，如果储能电机持续运转，可能导致电机损坏、油泵压力过大，影响断路器分合闸操作。

5.2.11　断路器三相合闸位置

断路器三相合闸位置信号回路图如图 5.42 所示。

信号作用：监视断路器三相合闸位置，当断路器三相都已经合上时，所有触电闭合，发出断路器三相合闸位置信号。

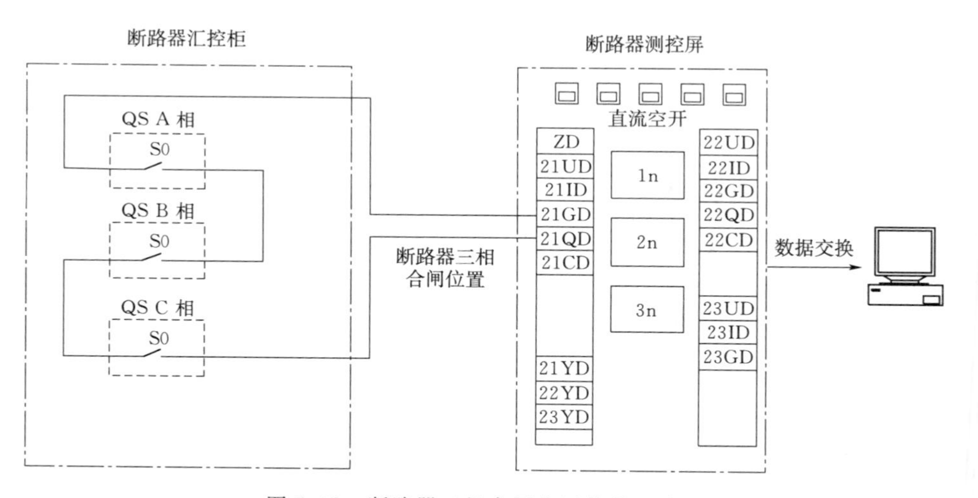

图 5.42　断路器三相合闸位置信号回路图

典型原因：断路器遥控或手动合闸，三相均处于合闸位置。

动作原理：断路器三相机构箱内的位置辅助触点全部闭合（即断路器合闸），端子经汇控柜接入测控屏，从而发出断路器三相合闸位置，该信号为开关状态遥信量，非光字牌信号。

运行风险：断路器三相合闸位置信号显示该断路器实际位置，如果没有该信号，当断路器三相合闸不到位时，变电运维人员会对断路器实际位置产生误判，引发设备故障。

5.2.12 断路器三相分闸位置

断路器三相分闸位置信号回路图如图 5.43 所示。

信号作用：监视断路器三相分闸位置，当断路器三相都已经分闸到位时，所有触点闭合，发出断路器三相分闸位置信号。

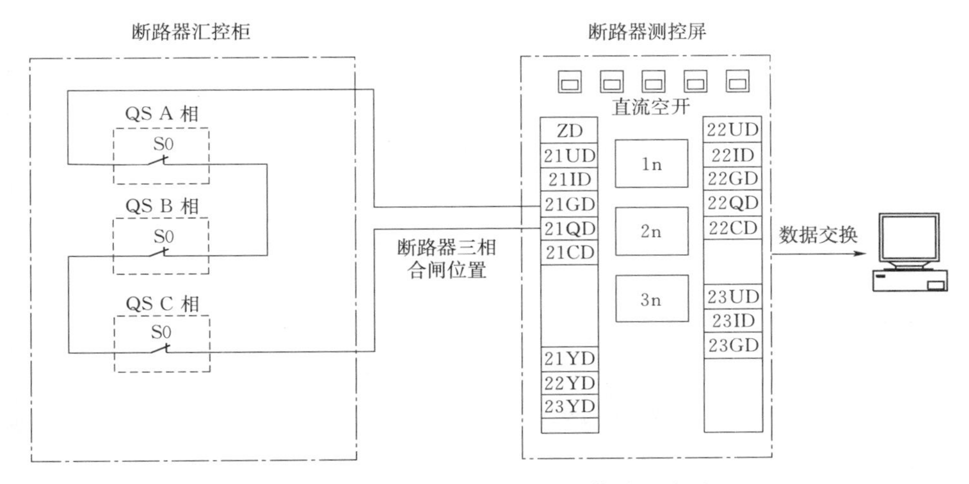

图 5.43 断路器三相分闸位置信号回路图

典型原因：断路器遥控或手动分闸，三相均处于分闸位置。

动作原理：断路器三相机构箱内的位置辅助触点全部闭合（即断路器分闸），端子经汇控柜接入测控屏，从而发出断路器三相分闸位置，该信号为开关状态遥信量，非光字牌信号。

运行风险：断路器三相分闸位置信号显示该断路器位置，帮助变电运维人员判断断路器三相是否分闸到位，防止变电运维人员对断路器实际位置出现误判。

5.2.13 断路器三相不一致动作

断路器三相不一致动作信号回路图如图 5.44 所示。

信号作用：反映断路器三相位置不一致性，三相不一致动作后，断路器三相跳开。

典型原因：断路器三相位置不一致，断路器一相或两相跳开；断路器位置继电器接点发生短路或者开路。

动作原理：断路器三相机构箱内任一相机构箱位置不一致时，触点 QSA－C 闭合，非全相跳闸回路导通，时间继电器 KT1（KT2）得电，开始计时，超过规定时间后，辅助触点 KT1（KT2）闭合，继电器 KA11（KA21）得电，辅助触点 KA11（KA21）闭合，继电器 KA12（KA22）得电，辅助触点 KA12（KA22）闭合，接入故障录波器屏和测控屏，从而发出断路器三相不一致动作信号。

运行风险：断路器三相位置不一致时，断路器跳闸。

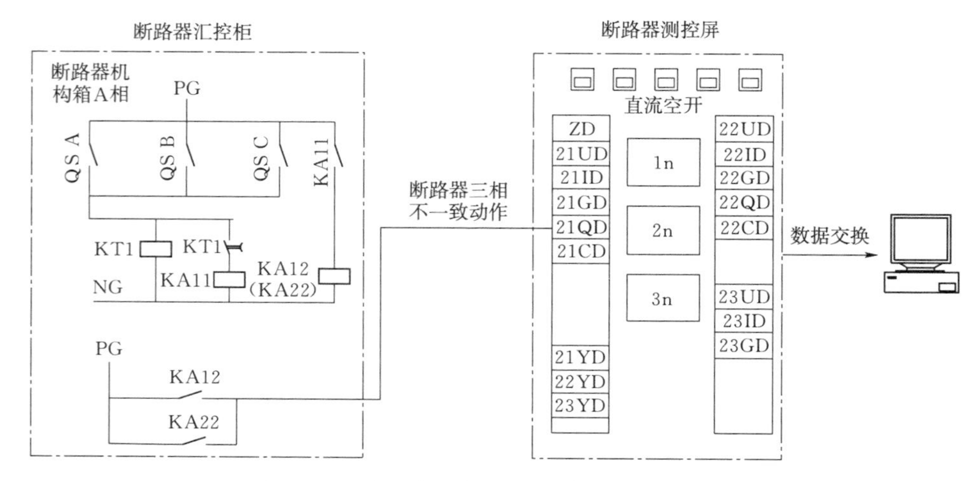

图 5.44　断路器三相不一致动作信号回路图

5.2.14　断路器远方操作位置

断路器远方操作位置信号回路图如图 5.45 所示。

信号作用：监视断路器远方/就地操作位置。当断路器测控屏和汇控柜远方/就地手把均切至远方操作位置时，才能从监控后台直接操作断路器。

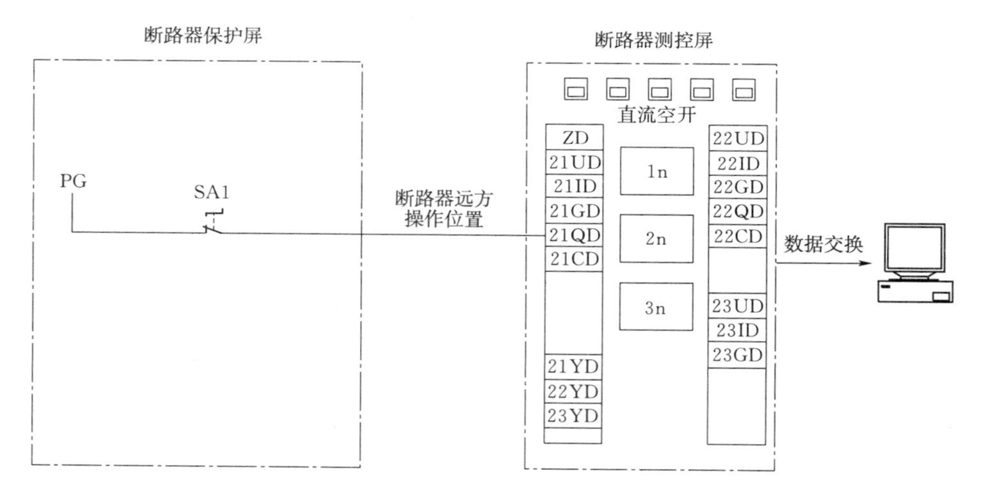

图 5.45　断路器远方操作位置信号回路图

典型原因：断路器需要遥控分/合；断路器检修过程中，需要后台传动。

动作原理：汇控柜远方/就地操作手把切至远方位置，触点 SA1 37－38 闭合，接入测控屏，从而发出断路器远方操作位置信号，该信号为开关状态遥信量，非光字牌信号。

运行风险：运行中需要监视断路器测控屏和汇控柜远方/就地手把位置，如果远方/就地手把在就地位置，无法从监控后台直接操作断路器。

5.2.15 断路器就地操作位置

断路器就地操作位置信号回路图如图 5.46 所示。

信号作用：监视断路器远方/就地操作位置。当断路器测控屏远方/就地手把切至就地操作位置时，可以在测控屏上直接操作断路器；当断路器汇控柜远方/就地手把切至就地操作位置时，可以在汇控柜上直接操作断路器。

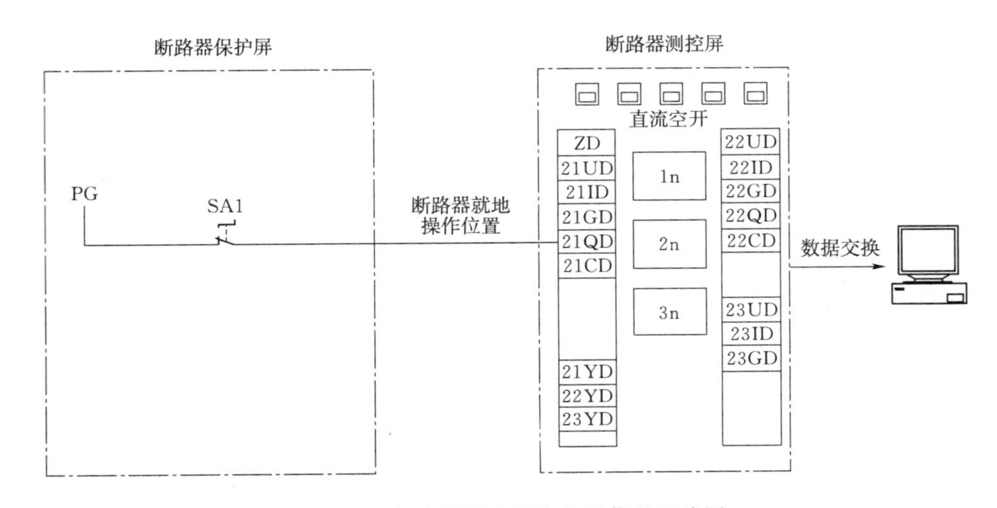

图 5.46 断路器就地操作位置信号回路图

典型原因：断路器需要在测控屏或者汇控柜上就地分/合；断路器检修过程中，需要在测控屏或者汇控柜上就地传动。

动作原理：汇控柜远方/就地操作手把切至就地位置，触点 SA1 闭合，接入测控屏，从而发出断路器就地操作位置信号，该信号为开关状态遥信量，非光字牌信号。

运行风险：运行中需要监视断路器测控屏和汇控柜远方/就地手把位置，如果远方/就地手把在远方位置，无法就地操作断路器。

5.2.16 线路 CVT 小开关分位

线路 CVT 小开关分位信号回路图如图 5.47 所示。

信号作用：监视线路 CVT 小开关位置。当线路 CVT 小开关被拉开或者跳开时，相关辅助触点闭合。

典型原因：线路停电转检修时，线路 CVT 小开关被拉开；线路 CVT 小开关故障或二次回路故障，跳开路 CVT 小开关。

动作原理：线路 CVT 端子箱二次空气开关 QFa～c 分闸，任一辅助触点 QF 闭合，接入测控屏，从而发出线路 CVT 小开关分位信号。

运行风险：运行中需要监视线路 CVT 小开关位置，如果线路 CVT 小开关因自身或二次回路故障而跳开，会导致保护、测量、计量装置无法采集线路电压。

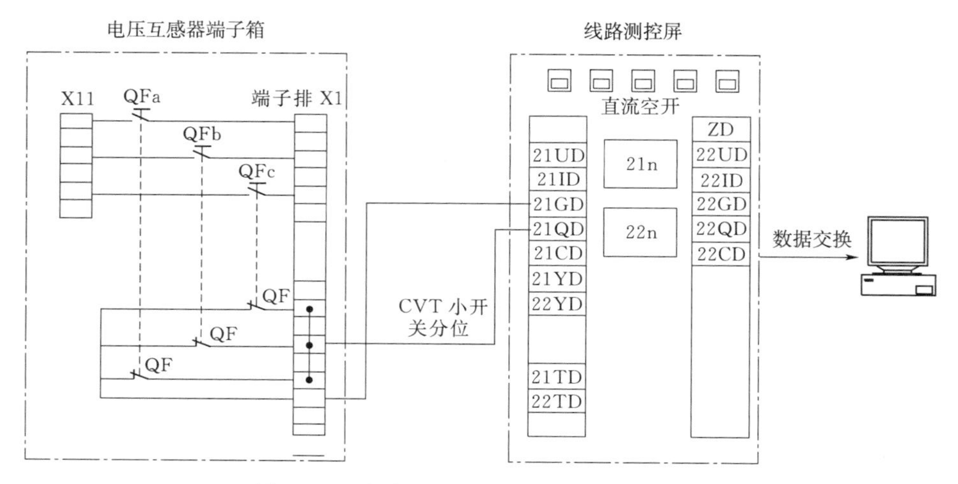

图 5.47 线路 CVT 小开关分位信号回路图

5.2.17 线路保护装置闭锁

线路保护装置闭锁信号回路图如图 5.48 所示。

信号作用：装置自检、巡检发生严重错误，装置闭锁所有保护功能。

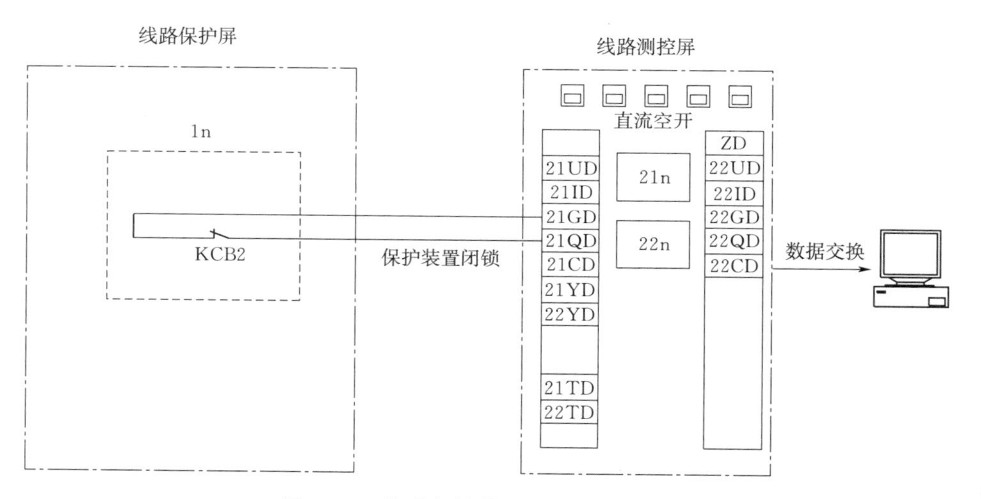

图 5.48 线路保护装置闭锁信号回路图

典型原因：保护装置内存出错、定值区出错等硬件本身故障；装置失电。

动作原理：线路保护装置退出运行（如装置失电、内部故障），保护装置内故障告警继电器辅助触点 KCB2 闭合，接入测控屏，从而发出线路保护装置闭锁信号。

运行风险：线路保护装置闭锁信号发出后，保护装置处于不可用状态，导致设备无保护运行。

5.2.18 线路保护装置异常

线路保护装置异常信号回路图如图 5.49 所示。

信号作用：反映保护装置处于异常运行或出错状态。

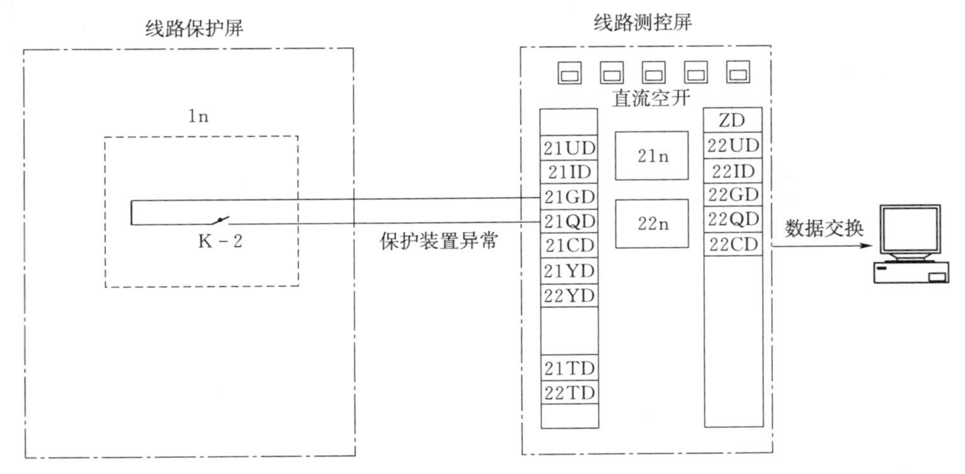

图 5.49　线路保护装置异常信号回路图

典型原因：保护装置出现 TA 断线；TV 断线；CPU 检测到电流、电压采样异常；内部通信出错；装置长期启动；保护装置插件或部分功能异常；通道异常。

动作原理：线路保护装置异常（如 TV 断线、TA 断线、KCT 异常），保护装置内异常告警继电器辅助触点 K－2 闭合，接入测控屏，从而发出线路保护装置异常信号。

运行风险：保护装置部分功能不可用。

5.2.19　线路保护动作

线路保护动作信号回路图如图 5.50 所示。

信号作用：线路保护动作，跳开对应开关。

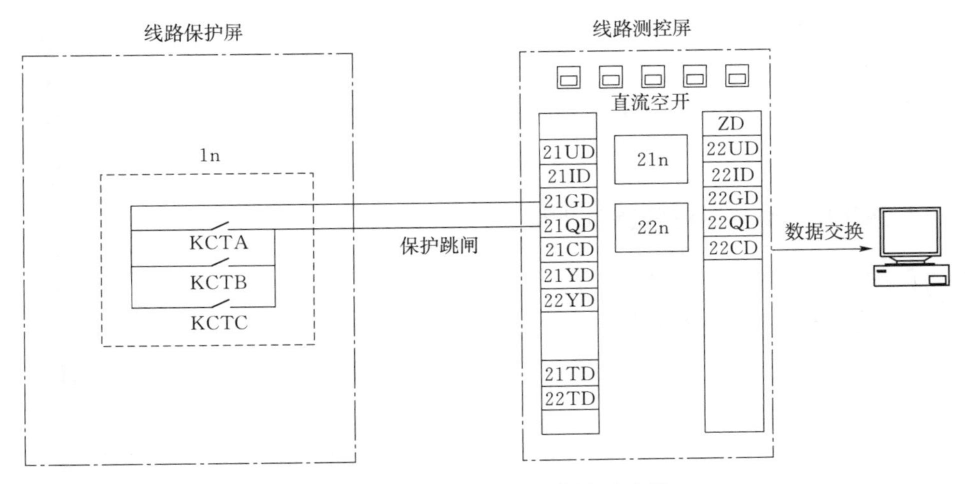

图 5.50　线路保护动作信号回路图

典型原因：线路保护范围内的一次设备故障；保护误动。

动作原理：线路保护装置，保护跳闸时继电器 KCT 动作，辅助触点 KCTA～C 闭合，接入测控屏，从而发出线路保护动作信号。

运行风险：线路保护动作后，线路本侧断路器跳闸，并向对侧发远跳信号。

5.2.20 线路保护装置通道 1 告警

线路保护装置通道 1 告警信号回路图如图 5.51 所示。

信号作用：保护通道通信中断，两侧保护无法交换信息。

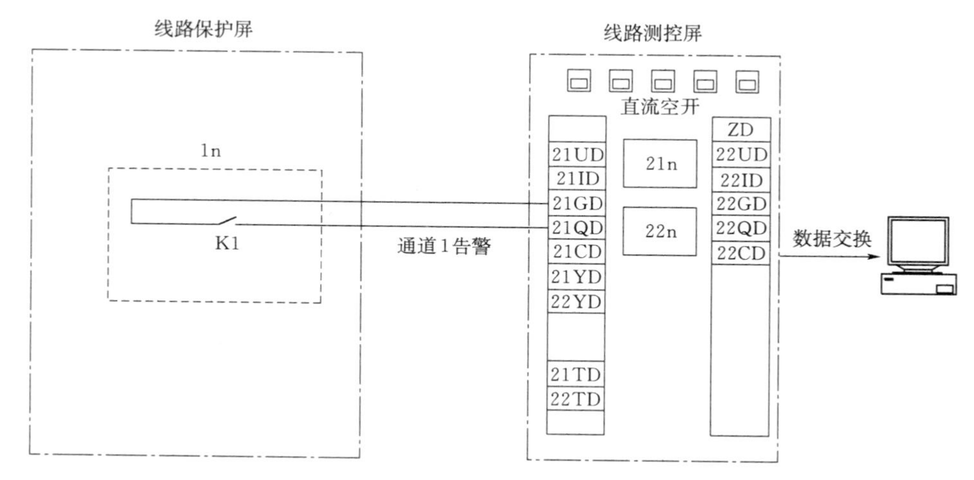

图 5.51　线路保护装置通道 1 告警信号回路图

典型原因：对于采用光纤通道的设备，保护装置内部元件故障，尾纤连接松动或损坏、法兰头损坏，光电转换装置故障，通信设备故障或光纤通道问题；对于采用高频通道的设备，收发信机故障、结合滤波器、耦合电容器、阻波器、高频电缆等设备故障，误合结合滤波器接地刀闸，天气或湿度变化。

动作原理：线路保护装置通道告警继电器 K1 动作，辅助触点闭合，接入测控屏，从而发出线路保护装置通道 1 告警信号。

运行风险：线路保护装置通道通信中断，差动保护或纵联距离（方向）保护无法动作；高频保护可能误动或拒动。

5.2.21 线路保护启动远跳信号重动开入

线路保护启动远跳信号重动开入信号回路图如图 5.52 所示。

信号作用：保护向线路对侧保护发跳闸令，远跳线路对侧开关。

典型原因：过电压、失灵、高抗保护动作，保护装置发远跳令；母差保护动作；二次回路故障。

动作原理：高抗保护动作、线路保护装置失灵启动远跳或过电压启动远跳，重动继电器 KMR2 得电，辅助触点闭合，接入测控屏，从而发出线路保护启动远跳信号重动开入信号。

运行风险：线路保护启动远跳信号重动开入信号发出后，若整定控制字“远跳受本侧

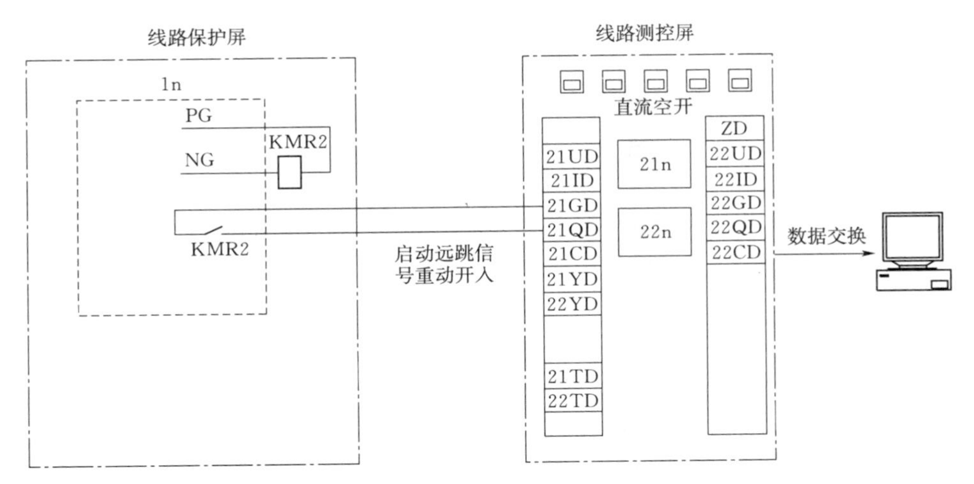

图 5.52　线路保护启动远跳信号重动开入信号回路图

控制”整定为“0”，则无条件置三跳出口，启动 A、B、C 三相出口跳闸继电器，同时闭锁重合闸，向对侧开关发远跳命令；若整定为“1”，则需本装置启动才出口。

5.2.22　线路保护远传收信

线路保护远传收信信号回路图如图 5.53 所示。

信号作用：收线路对侧远跳信号。

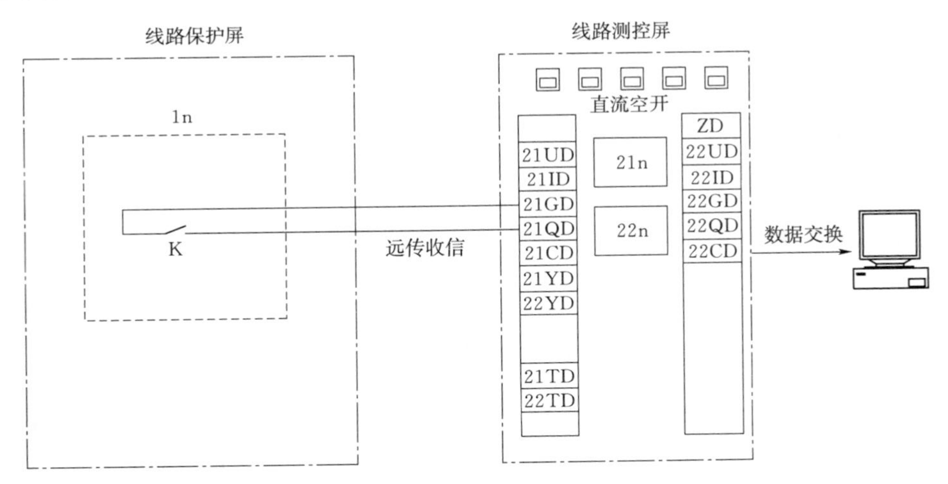

图 5.53　线路保护远传收信信号回路图

典型原因：对侧保护装置发远跳令。

动作原理：线路保护装置远传继电器 K 动作，辅助触点闭合，接入测控屏，从而发出线路保护远传收信信号。

运行风险：接收侧收到远传信号后，并不作用于本装置的跳闸出口，而只是如实地将对侧装置的开入接点状态反映到对应的开出接点上，即本站线路保护装置接收到远传信号后，远传收信至远跳就地判别装置。

5.2.23 母线保护装置闭锁

母线保护装置闭锁信号回路图如图 5.54 所示。

信号作用：装置自检、巡检发生严重错误，装置闭锁所有保护功能。

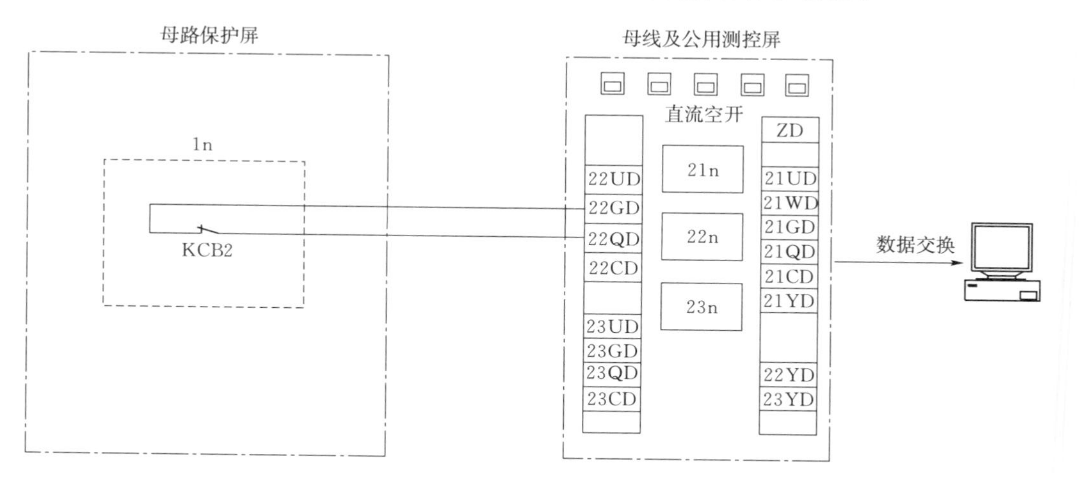

图 5.54 母线保护装置闭锁信号回路图

典型原因：保护装置内存出错、定值区出错等硬件本身故障；装置失电。

动作原理：母线保护装置退出运行（如装置失电、内部故障），保护装置内故障告警继电器辅助触点 KCB2 闭合，接入测控屏，从而发出母线保护装置闭锁信号

运行风险：母线保护装置闭锁后，保护装置处于不可用状态。

5.2.24 母线保护装置运行异常

母线保护装置运行异常信号回路图如图 5.55 所示。

信号作用：反映保护装置处于异常运行或出错状态。

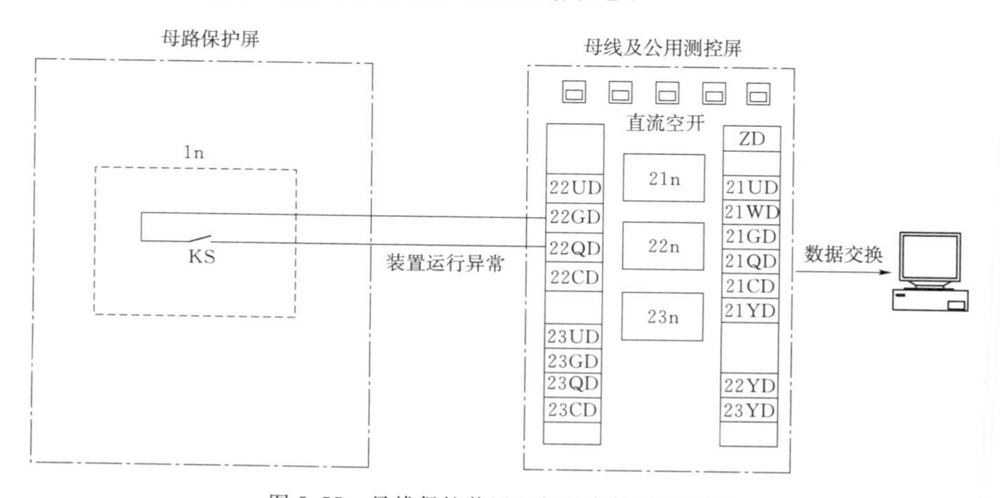

图 5.55 母线保护装置运行异常信号回路图

典型原因：保护装置本身故障；保护装置电流、电压采样异常。

动作原理：母线保护装置异常（如 TV 断线、TA 断线、KCT 异常），保护装置内异常告警继电器 KS 辅助触点闭合，接入测控屏，从而发出母线保护装置运行异常信号。

运行风险：保护装置处于不可用状态；保护装置部分功能不可用。

5.2.25 母线保护母差动作

母线保护母差动作信号回路图如图 5.56 所示。

信号作用：母差保护动作，跳开母线上所有开关。

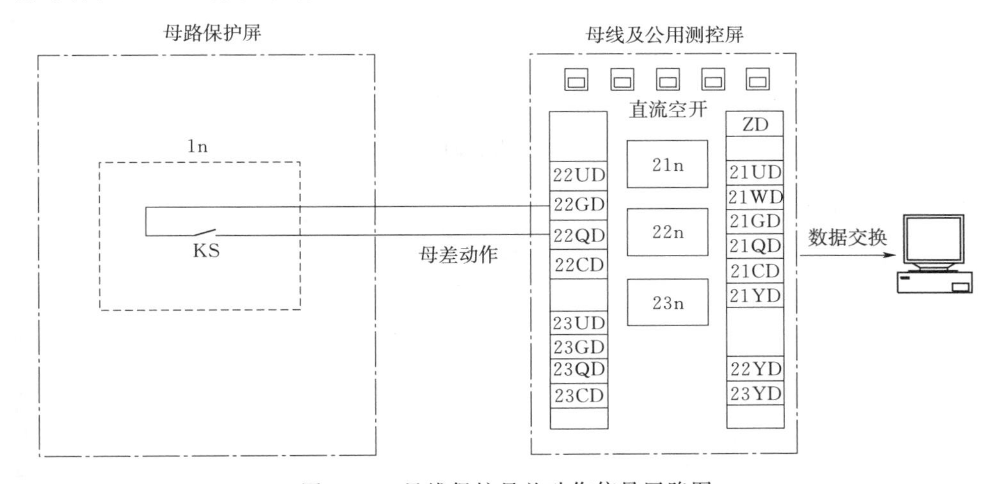

图 5.56 母线保护母差动作信号回路图

典型原因：母线差动保护范围内的一次设备故障、保护误动。

动作原理：母线保护装置母差动作继电器 KS 得电，辅助触点闭合，接入测控屏，从而发出母线保护母差动作信号。

运行风险：母线上所有开关跳闸。

5.2.26 母线保护失灵动作

母线保护失灵动作信号回路图如图 5.57 所示。

信号作用：母差失灵保护动作，跳开母线上所有开关。

典型原因：线路、主变或高抗发生故障，相应断路器拒动；保护误动。

动作原理：母线保护装置失灵动作继电器 KS 得电，辅助触点 KS 闭合，接入测控屏，从而发出母线保护失灵动作信号。

运行风险：母线上所有开关跳闸。

5.2.27 断路器事故总信号

断路器事故总信号回路图如图 5.58 所示。

信号作用：KKJ 与 KCT 串起来构成事故总信号，当开关处于手合后位置（KKJ=1），且开关在跳位时（KCT=1），发事故总信号。

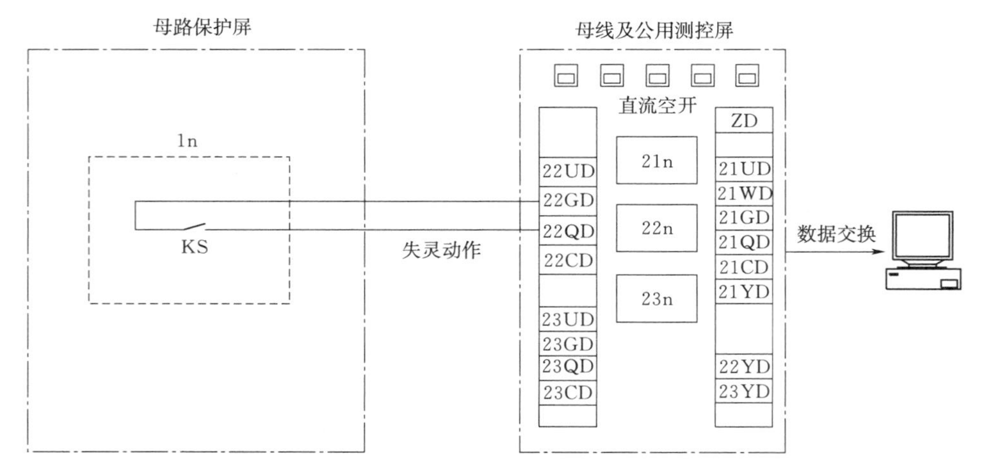

图 5.57　母线保护失灵动作信号回路图

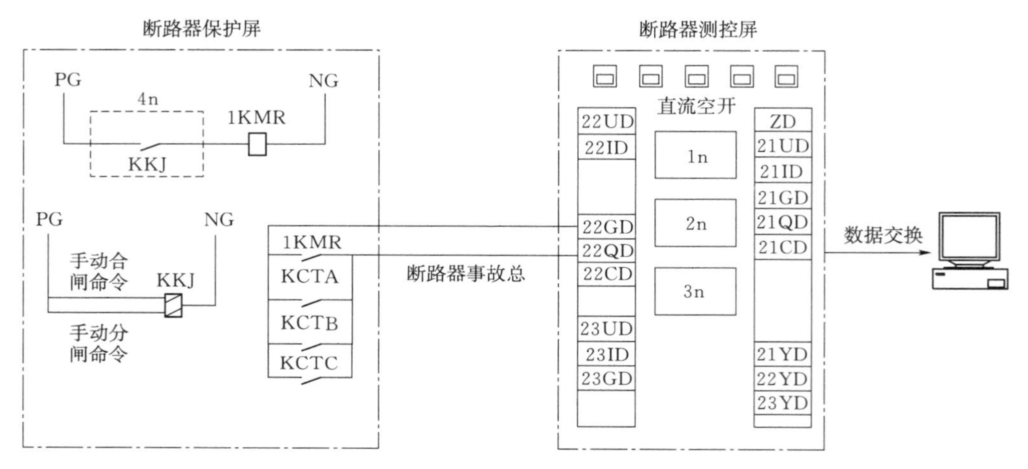

图 5.58　断路器事故总信号回路图

典型原因：除了手跳/遥跳外，其他通过保护跳闸与开关偷跳都会发事故总信号。注意：在现场对开关进行紧急分闸，由于没有经过控制回路使 KKJ 继电器复归，也会发事故总信号。

动作原理：当断路器遥控合闸后，通过测控屏遥合压板接通操作箱的 KKJ 合后继电器动作线圈，重动继电器 1KMR 得电闭合；如果保护跳闸（单相或三相），不通过测控装置，无法使合后继电器 KKJ 复归，重动继电器 1KMR 保持吸合，但 KCT 辅助触点一个或多个得电，接入测控屏，事故总信号发出。

运行风险：一般出现继电器事故总信号，意味着断路器非正常分闸，存在保护跳闸或者开关偷跳的可能性，应该引起高度重视。

5.2.28　断路器第一组控制回路断线

断路器第一组控制回路断线信号回路图如图 5.59 所示。

信号作用：控制电源消失或控制回路故障，造成断路器分合闸操作闭锁。

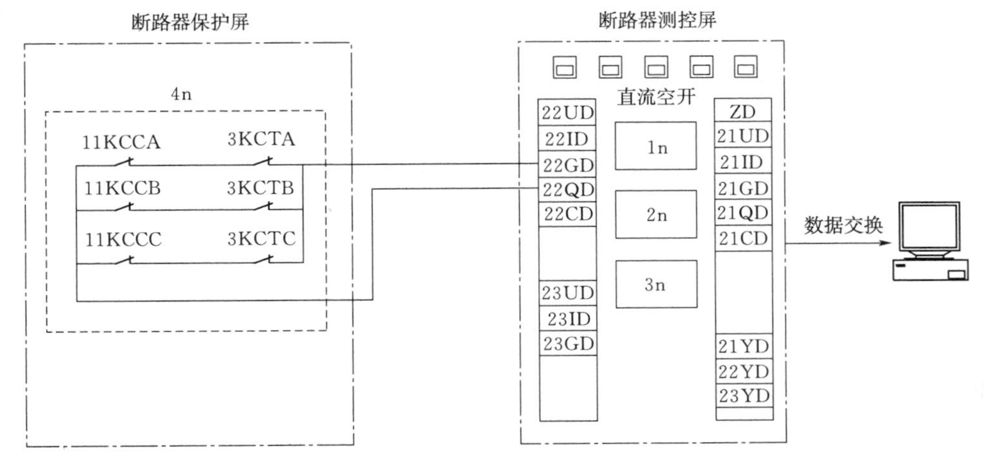

图 5.59　断路器第一组控制回路断线信号回路图

典型原因：二次回路接线松动；控制保险熔断或空气开关跳闸；断路器辅助接点接触不良，合闸或分闸位置继电器故障；分合闸线圈损坏；断路器机构“远方/就地”切换开关损坏；弹簧机构未储能或断路器机构压力降至闭锁值、SF_6气体压力降至闭锁值。

动作原理：正常时，断路器机构中合闸回路或第一组跳闸回路导通，第一组跳闸回路中的合位监视继电器 11KCC 或合闸回路中的跳位监视继电器 3KCT 三相分合状态不同，第一组控制回路断线告警回路不通。当控制回路出现单相或三相异常，通过某相 11KCC 和某相 3KCT 导通测控屏告警回路，接入测控屏，发出第一组控制回路断线信号。

运行风险：不能进行分合闸操作及影响保护跳闸。

5.2.29　断路器第一组控制电源断线

断路器第一组控制电源断线信号回路图如图 5.60 所示。

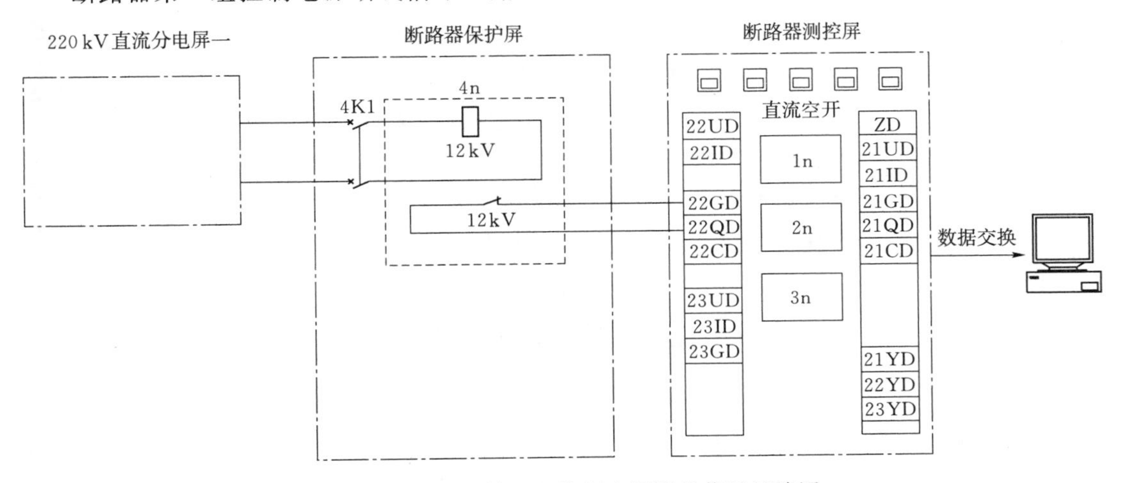

图 5.60　断路器第一组控制电源断线信号回路图

信号作用：控制电源小开关跳闸或控制直流消失。

典型原因：控制回路电源开关跳开；控制回路上级电源消失；信号继电器误发信号。

动作原理：直流电通过保护室直流馈线屏Ⅰ的4K1（控制电源Ⅰ）接入断路器保护屏，断路器保护屏内4Q1D端子排短接1与4，通过4Q1D：1为合闸回路与第一组跳闸回路供电，由CZX－22G操作箱内11kV和12kV监视，当第一组电源失电后，12kV常闭辅助触点闭合，接入测控屏，发出断路器第一组控制电源断线信号。

运行风险：不能进行分合闸操作及影响保护跳闸。

5.2.30 断路器第一组出口跳闸

断路器第一组出口跳闸信号回路图如图5.61所示。

信号作用：保护动作，第一组跳闸线圈出口跳闸。

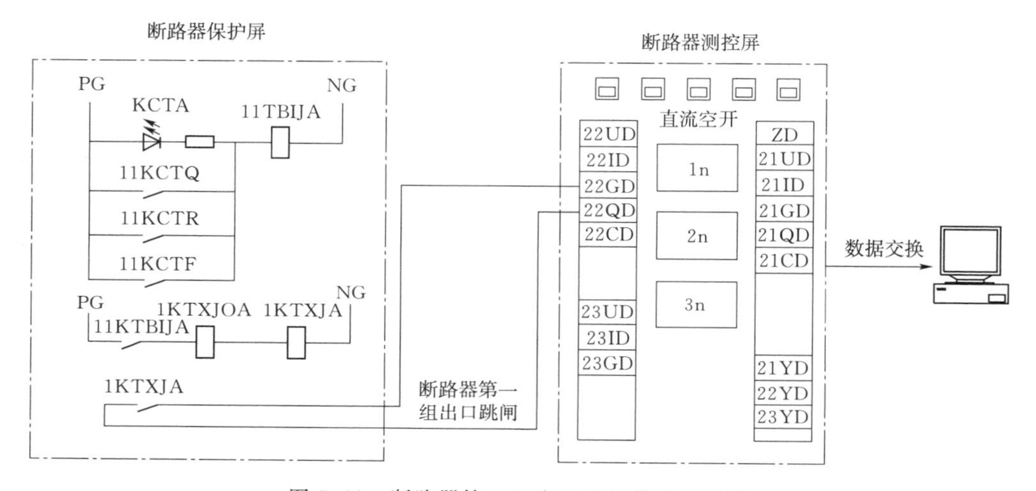

图5.61　断路器第一组出口跳闸信号回路图

典型原因：保护范围内的一次设备故障、保护误动。

动作原理：断路器处于合闸位置，断路器常开辅助接点闭合，保护跳闸时，单相跳闸辅助触点KCTA（KCTB或KCTC）或三相跳闸辅助触点11KCTQ（11KCTR或11KCTF）闭合，串入跳闸回路中的磁保持继电器KTBIJ动作，跳闸回路接通，跳闸保持继电器KTBIJ接点闭合接通保护跳闸录波及信号回路，跳闸相的录波继电器1KTXJO和跳闸信号继电器1KTXJ得电，操作箱内1KTXJ辅助触点闭合，接入测控屏，发出断路器第一组出口跳闸信号。

运行风险：第一组跳闸线圈出口动作，断路器分闸。

5.3 站用电及附属设备

5.3.1 站用变压器TV小车试验、工作位置

站用变压器TV小车试验、工作位置信号回路图如图5.62所示。

信号作用：监视站用变压器 TV 小车位置

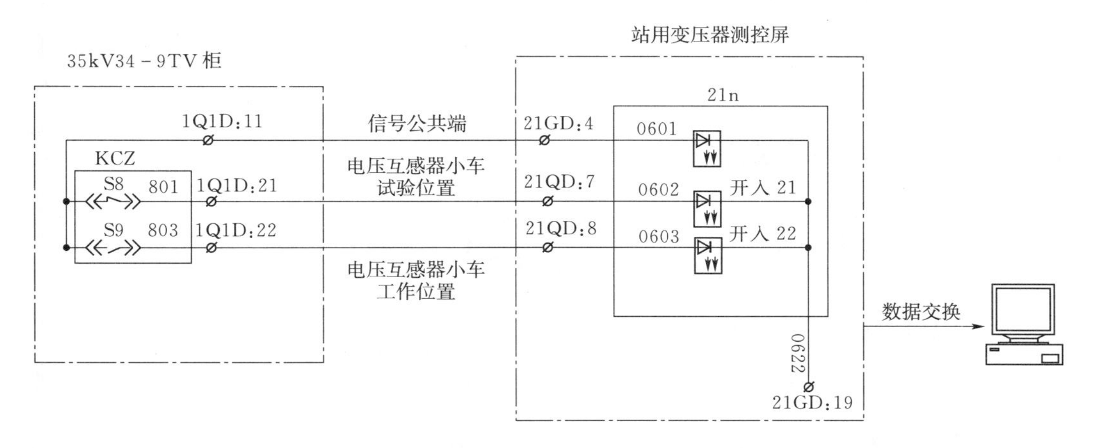

图 5.62　站用变压器 TV 小车试验、工作位置信号回路图

动作原理：TV 柜 TV 小车位于试验（工作）位置时，航空插座 KCZ 辅助触点 S8（S9）闭合，通过 21GD：4－21GD：7 端子向测控屏发出站用备用变压器 TV 小车试验（工作）位置信号。

运行风险：如果航空插头损坏，造成双位置错误。

5.3.2　35kV 站用变压器超温告警、跳闸

35kV 站用变压器超温告警、跳闸信号回路图如图 5.63 所示。

信号作用：监视 35kV 站用变压器温度。当站用变压器温度持续上升时，发出超温告警（跳闸）信号。

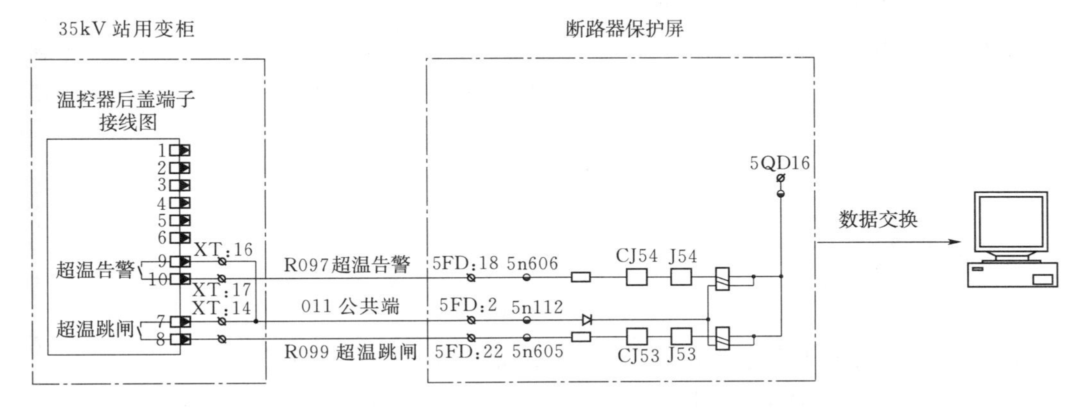

图 5.63　35kV 站用变超温告警、跳闸信号回路图

典型原因：站用电故障，温度持续上升到告警值；继电器损坏；回路故障。

动作原理：35kV 站用变压器柜温控器继电器 KJ2 9－10 触点接通，站用变保护屏 PRS－761A 装置内部 CJ54，J54 线圈得电，PRS－761A 装置内部 627－623 触点接通，接

入站用变测控装置21GD：4－21GD：22端子接通，通经光耦元件进入站用变测控屏，从而发出站用变压器超温告警（跳闸）信号。

运行风险：如果站用变压器温度持续升高后超温跳闸，将造成站内低压交流电源消失。

5.3.3 电容器同期分合闸装置失电告警

电容器同期分合闸装置失电告警信号回路图如图5.64所示。

信号作用：用于监视电容器同期合闸装置电源。

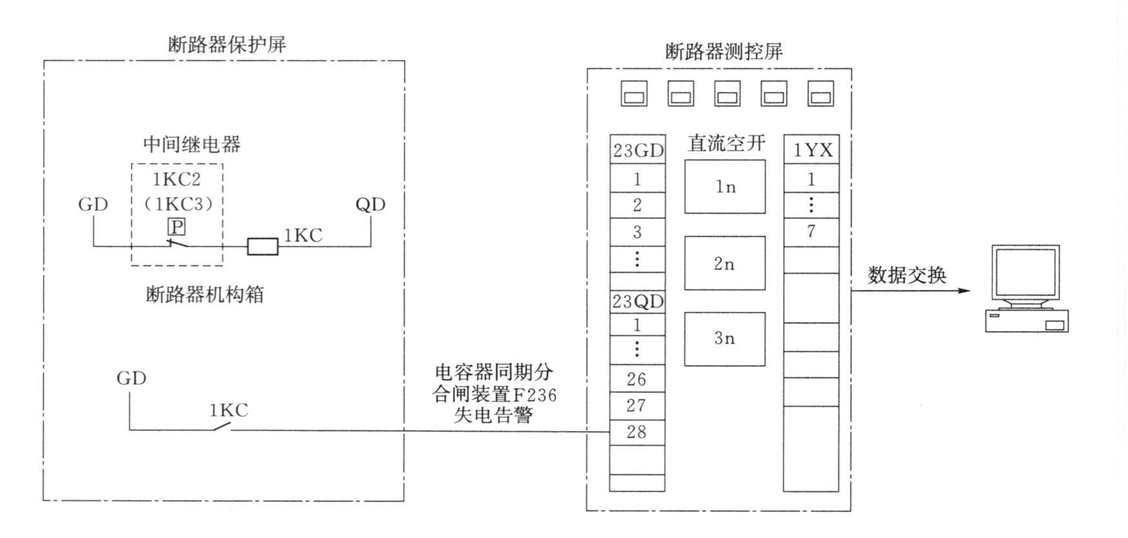

图5.64 电容器同期分合闸装置失电告警信号回路图

典型原因：装置故障、电源消失、继电器损坏、回路故障。

动作原理：电容器保护屏1KC重动继电器失电，该继电器的1KC2（1KC3）触点接通，1KC再次得电，测控装置信号回路接通，从而发出电容器同期分合闸装置失电告警。

运行风险：如果同期装置失电，导致断路器无法同期合，致使操作失败。

5.3.4 电容器组网门打开

电容器组网门打开信号回路图如图5.65所示。

信号作用：用于监视电容器组网门状态，同时闭锁两侧接地开关。

典型原因：门控开关损坏、接触不良；回路故障；倒闸操作。

动作原理：电容器组网门打开时，行程开关动作，1－3或5－7触点接通，电容器本体端子箱T5：11 24触点回路接通，进入测控屏，测控装置23GD：3－25接通，从而发出电容器组网门打开信号。

运行风险：当电容器组网门打开时，两侧接地刀闸无法操作。

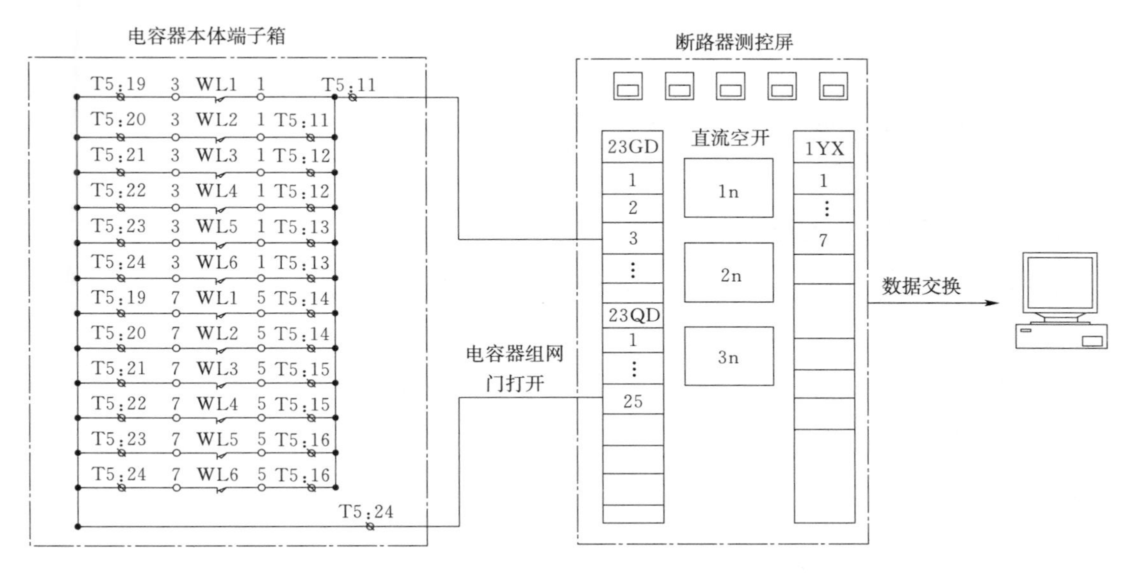

图 5.65 电容器组网门打开信号回路图

5.3.5 一体化电源交流系统/进线/母线/馈电告警

一体化电源交流系统/进线/母线/馈电告警信号回路图如图 5.66 所示。

信号作用：用于监视交流系统工作情况。

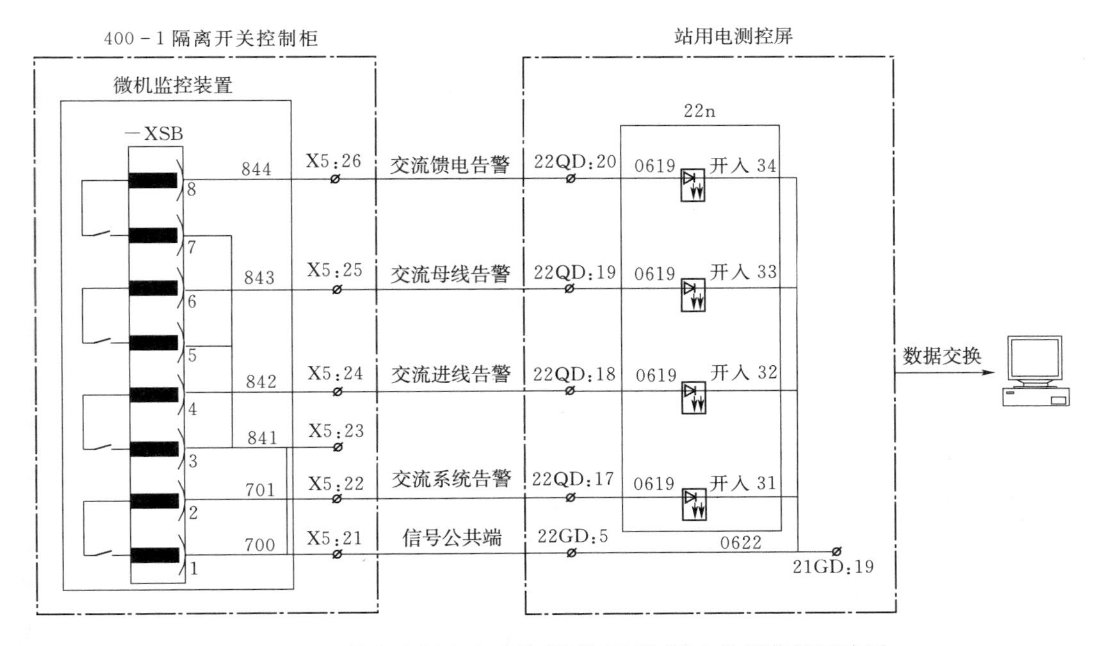

图 5.66 一体化电源交流系统/进线/母线/馈电告警信号回路图

动作原理：400V 受总 400－1 隔离开关控制柜，当 WZCK－25 微机监控装置监控到交流系统/进线/母线/馈电告警时，柜内制柜端子 X5：21－22/24/25/26 导通，进入测控装置，通过 22GD：5－17 端子向测控屏发出一体化电源交流系统/进线/母线/馈电告警信号。

运行风险：出现一体化电源交流系统/进线/母线/馈电告警情况，会影响一次设备电动机构电源，导致无法电动操作。

5.3.6 火灾告警及主变消防控制交流电源消失

火灾告警及主变消防控制交流电源消失信号回路图如图 5.67 所示。

信号作用：用于监视火灾告警及主变消防控制系统工作情况。

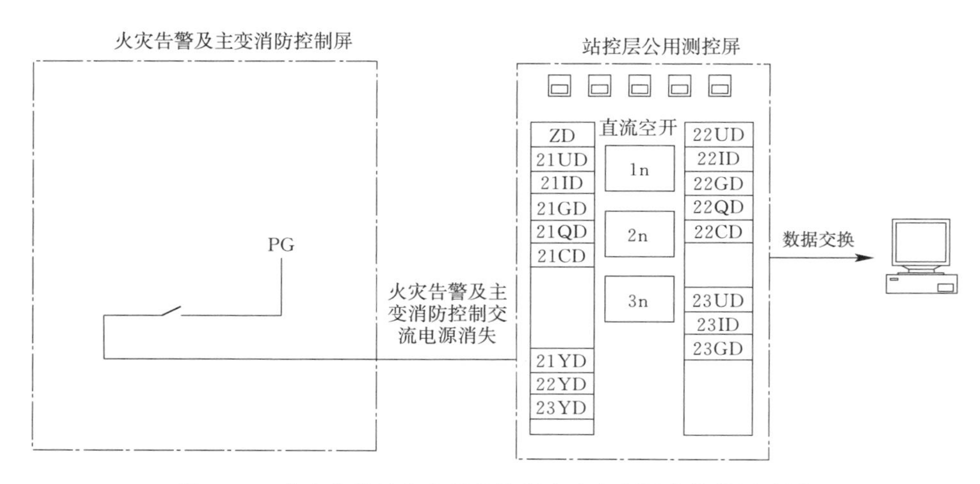

图 5.67 火灾告警及主变消防控制交流电源消失信号回路图

动作原理：当火灾告警或主变消防控制交流电源消失时，火灾告警及主变消防控制内辅助触点闭合，接入测控装置，从而发出火灾告警及主变消防控制交流电源消失告警信号。

运行风险：出现火灾告警及主变消防控制交流电源消失情况，会影响火灾告警及主变消防控制系统工作，导致火灾监视系统或者主变消防控制系统失效，无法发现和扑灭火灾。

5.3.7 火灾告警及主变消防控制装置故障

火灾告警及主变消防控制装置故障信号回路图如图 5.68 所示。

信号作用：用于监视火灾告警及主变消防控制装置工作情况。

动作原理：当火灾告警或主变消防控制装置故障时，火灾告警及主变消防控制内辅助触点闭合，接入测控装置，从而发出火灾告警及主变消防控制装置故障告警信号。

运行风险：出现火灾告警及主变消防控制装置故障情况，当火灾报警或主变消防控制装置故障时，会影响火灾告警及主变消防控制系统工作，导致火灾监视系统或者主变消防控制系统失效，无法发现和扑灭火灾；当发生火灾，需要立刻启动消防应急工作。

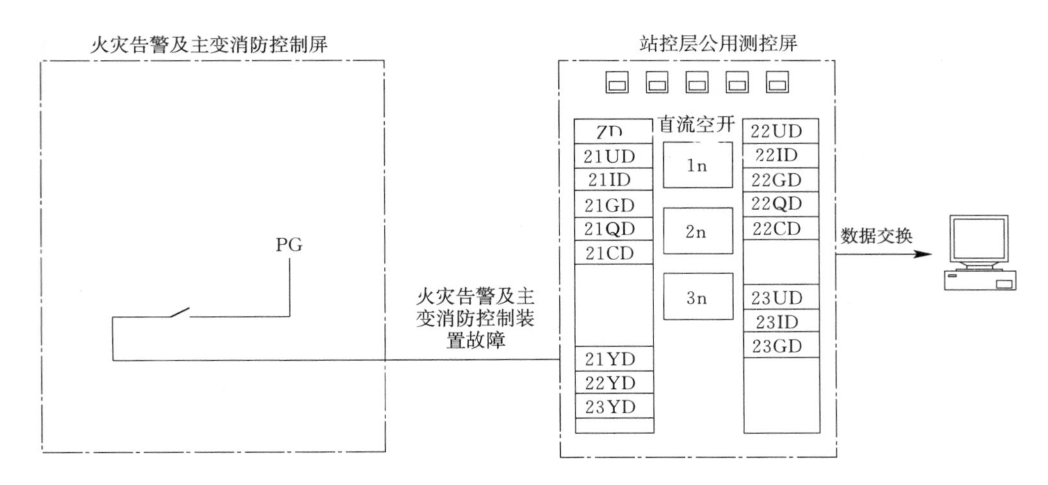

图 5.68　火灾告警及主变消防控制装置故障信号回路图

5.3.8　消防泵手动状态

消防泵手动状态信号回路图如图 5.69 所示。

信号作用：用于监视消防泵工作状态。

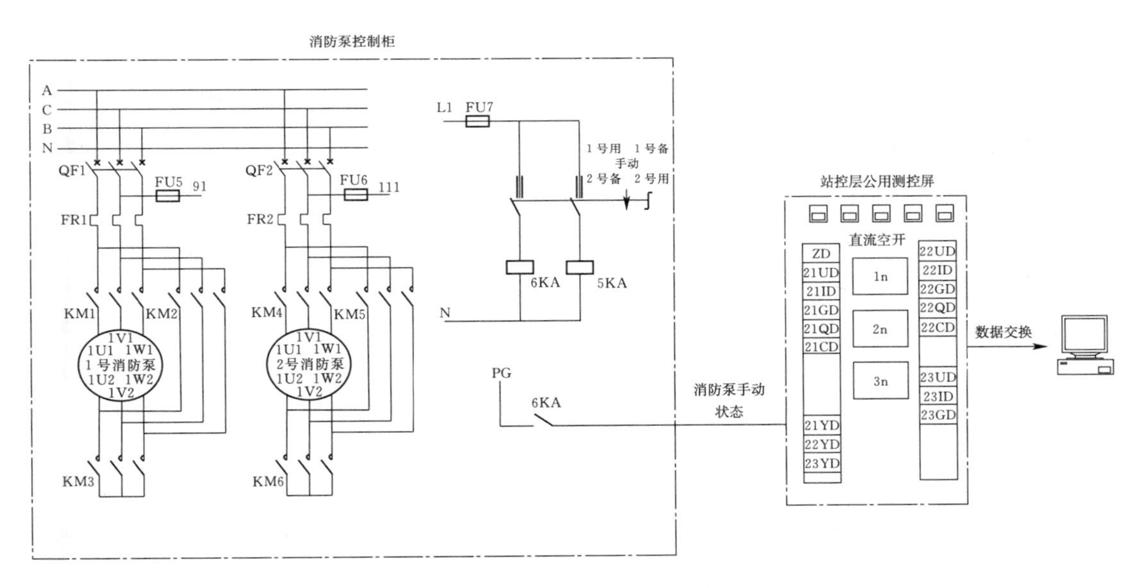

图 5.69　消防泵手动信号回路图

动作原理：当消防泵工作状态切换手把切换至手动时，消防泵控制柜内辅助触点闭合，辅助继电器 6KA 线圈得电，辅助触点 6KA 闭合，接入测控装置，从而发出消防泵手动告警信号。

运行风险：当消防泵切至手动后，不能自动调控稳压泵的启停，需要根据管网压力，在设定范围内向管网充水，同时还需要手动投入备用泵。

5.3.9 消防泵自动状态

消防泵自动状态信号回路图如图 5.70 所示。

信号作用：用于监视消防泵工作状态。

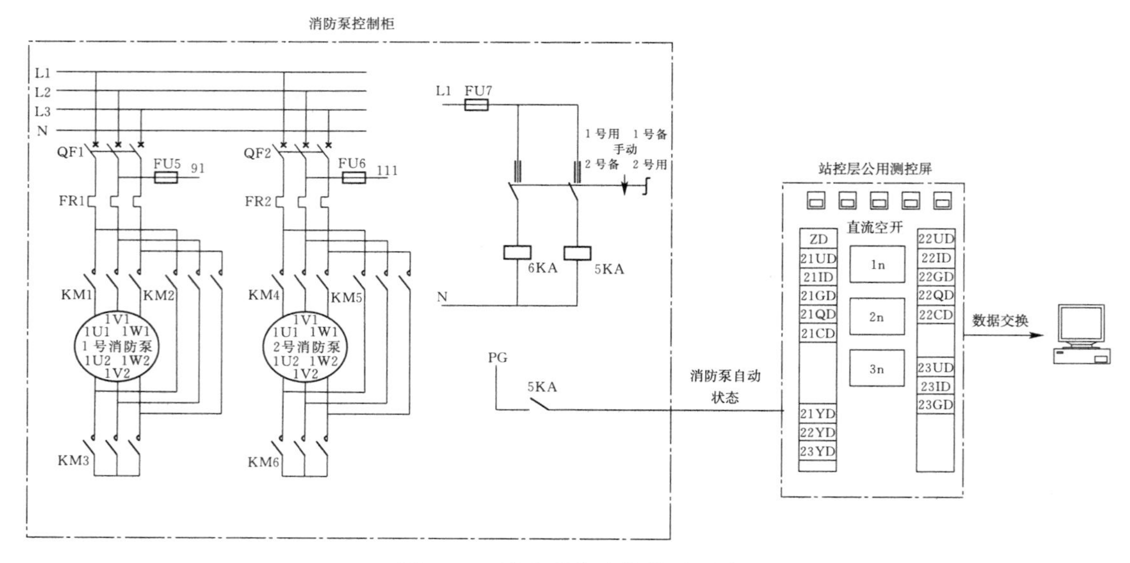

图 5.70 消防泵自动信号原理图

动作原理：当消防泵工作状态切换手把切换至自动时，消防泵控制柜内辅助触点闭合，辅助继电器 5KA 线圈得电，辅助触点 5KA 闭合，接入测控装置，从而发出消防泵自动告警信号。

运行风险：当消防泵切至自动后，能够根据管网压力，在设定范围内自动调控稳压泵的启停需要向管网充水，同时可以自动投入备用泵。

5.3.10 消防控制柜 1 号消防泵故障

消防控制柜 1 号消防泵故障信号回路图如图 5.71 所示。

信号作用：用于监 1 号消防泵工作情况。

动作原理：当消防控制柜 1 号消防泵故障时，热继电器 FR1 动作，辅助触点 FR1 闭合，继电器 KA8 线圈得电，辅助触点 KA8 闭合，接入测控装置，从而发出消防控制柜 1 号消防泵故障告警信号。

运行风险：出现消防控制柜 1 号消防泵故障情况，消防控制柜 1 号消防泵因故障无法工作，应检查消防控制柜 2 号消防泵是否正常投入。

5.3.11 消防控制柜 1 号消防泵运行

消防控制柜 1 号消防泵运行信号回路图如图 5.72 所示。

信号作用：用于监 1 号消防泵工作情况。

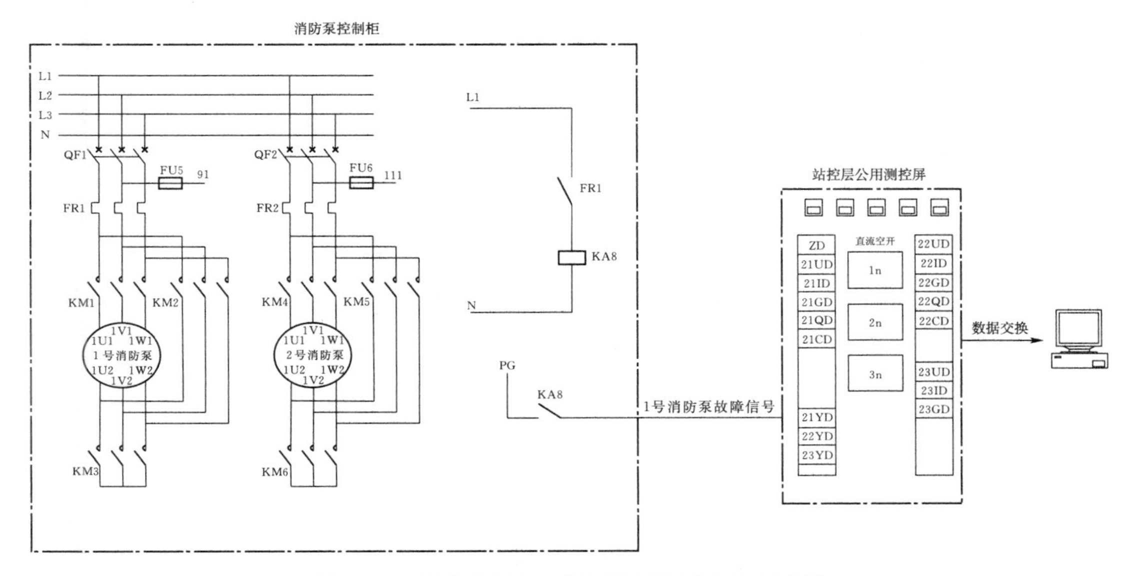

图 5.71　消防控制柜 1 号消防泵故障信号回路图

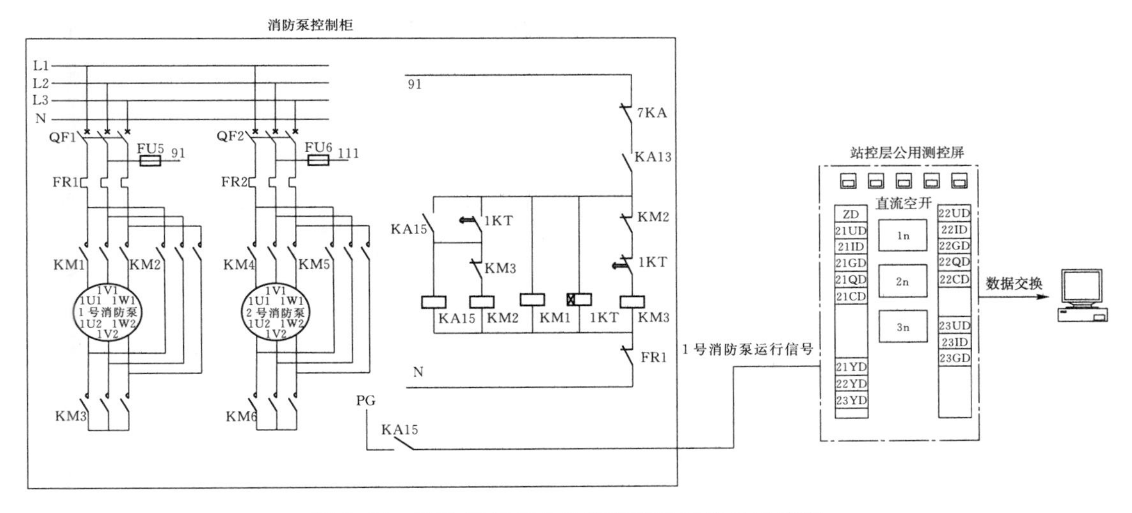

图 5.72　消防控制柜 1 号消防泵运行信号回路图

动作原理：当消防控制柜 1 号消防泵运行时，消防泵控制柜内辅助触点 KA13 闭合，时间继电器 1KT 线圈得电，达到设定时间后，辅助触点 1KT 延时闭合，继电器 KA15 线圈得电，辅助触点 KA15 闭合，接入测控装置，从而发出消防控制柜 1 号消防泵运行信号。

运行风险：用于提示消防泵正在运行，若该消防泵一直频繁启停，说明消防管道内水压力不满足要求。

5.3.12　消防水池水位低告警

消防水池水位低告警信号回路图如图 5.73 所示。

信号作用：用于监消防水池水位。

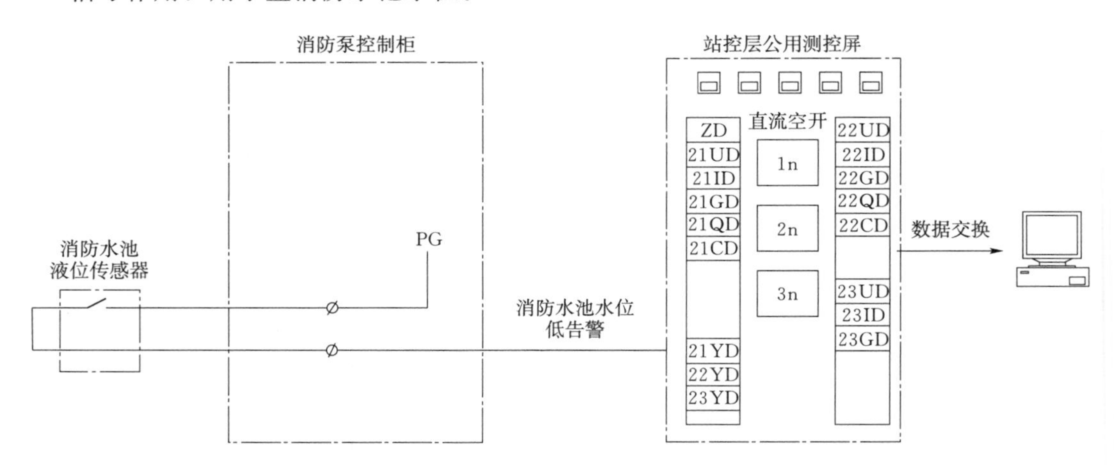

图 5.73　消防水池水位低告警信号原理图

动作原理：当消防水池水位低时，触发消防水池液位传感器，传感器辅助触点闭合，接入测控装置，从而发出消防水池水位低告警信号。

运行风险：出现消防池水位低告警的情况，说明消防水池水位过低，若不及时进行补水，会导致消防水系统无法正常工作。

第 6 章　智能变电站典型组网

6.1　标 准 依 据

IEC 61850 标准是电力系统自动化领域唯一的全球通用标准。它实现了智能变电站的工程运作标准化，使得智能变电站的工程实施变得规范、统一和透明。不论是哪个系统集成商建立的智能变电站工程都可以通过 SCD（系统配置）文件了解整个变电站的结构和布局，对于智能化变电站发展具有不可替代的作用。

6.1.1　标准来源

IEC 61850 标准提出了一种公共的通信标准，通过对设备的一系列规范化，使其形成一个规范的输出，实现系统的无缝连接。

IEC 61850 标准是基于通用网络通信平台的变电站自动化系统的唯一国际标准，它是由国际电工委员会（IEC）第 57 技术委员会（IECTC57）的 3 个工作组 10、11、12（WG10/11/12）负责制定的。此标准参考和吸收了已有的许多相关标准，其中主要有：IEC 870－5－101《远动通信协议标准》；IEC 870－5－103《继电保护信息接口标准》；UCA 2.0（Utility Communication Architecture 2.0）（由美国电科院制定的变电站和馈线设备通信协议体系）；ISO/IEC 9506《制造商信息规范》（Manufacturing Message Specification，MMS）。

6.1.2　标准特点

IEC 61850 标准作为基于网络通信平台的变电站唯一的国际标准，吸收了 IEC 60870 系列标准和 UCA 的经验，同时吸收了很多先进的技术，对保护和控制等自动化产品和变电站自动化系统（SAS）的设计产生了深刻的影响。它将不仅应用在变电站内，而且将运用于变电站与调度中心之间以及各级调度中心之间。国内外各大电力公司、研究机构都在积极调整产品研发方向，力图和新的国际标准接轨，以适应未来的发展方向。

IEC 61850 系列标准共 10 大类、14 个标准，具体名称不在这里赘述，读者可以很容易在网络上查找到，IEC 61850 主要有以下特点：

（1）定义了变电站的信息分层结构。IEC 61850 标准草案提出了变电站内信息分层的概念，将变电站的通信体系分为变电站层、间隔层和过程层 3 个层次，并且定义了层和层之间的通信接口。

（2）采用了面向对象的数据建模技术。IEC 61850 标准采用面向对象的建模技术，定义了基于客户机/服务器结构数据模型。每个 IED 包含一个或多个服务器，每个服务器本身又包含一个或多个逻辑设备。逻辑设备包含逻辑节点，逻辑节点包含数据对象。数据对象则是由数据属性构成的公用数据类的命名实例。对通信而言，IED 同时也扮演客户的角色。任何一个客户可通过抽象通信服务接口（ACSI）和服务器通信可访问数据对象。

（3）数据自描述。IEC 61850 标准定义了采用设备名、逻辑节点名、实例编号和数据类名建立对象名的命名规则；采用面向对象的方法，定义了对象之间的通信服务，如获取和设定对象值的通信服务、取得对象名列表的通信服务、获得数据对象值列表的服务等。面向对象的数据自描述在数据源就对数据本身进行自我描述，传输到接收方的数据都带有自我说明，不需要再对数据进行工程物理量对应、标度转换等工作。由于数据本身带有说明，所以传输时可以不受预先定义限制，简化了对数据的管理和维护工作。

（4）网络独立性。IEC 61850 标准总结了变电站内信息传输所必需的通信服务，设计了独立于所采用网络和应用层协议的抽象通信服务接口（ASCI）。在 IEC 61850－7－2 中，建立了标准兼容服务器所必须提供的通信服务的模型，包括服务器模型、逻辑设备模型、逻辑节点模型、数据模型和数据集模型。客户通过 ACSI，由专用通信服务映射（SCSM）映射到所采用的具体协议栈，如 MMS 等。IEC 61850 标准使用 ACSI 和 SCSM 技术，解决了标准的稳定性与未来网络技术发展之间的矛盾，即当网络技术发展时只要改动 SC-SM，而不需要修改 ACSI。

6.1.3 标准优势

IEC 61850 标准具有以下优势：

（1）它对变电站内 IED 间的通信进行分类和分析，定义了变电站装置间和变电站对外通信的 10 种类型，针对这 10 种通信需求进行分类和甄别。

（2）针对不同的通信，具有不同的优化方式。引入 GOOSE（面向通用对象的变电站事件）、SMV（采样测量值）和 MMS 等不同通信方式，满足变电站内装置间的通信需求。

（3）建立装置的数字化模型，理顺功能、IED、LD（逻辑设备）、LN（逻辑节点）概念的关系和隶属，是统一功能和装置实现直接的规范。

（4）建立统一的 SCD 文件（变电站系统配置描述文件），使得电压等级、供电范围、一次接线方式等不尽相同的各种变电站，依然能够建立起一个统一格式、统一实现方式、各个厂商通用的变电站配置。

（5）首次提出过程层概念和解决方案，使得电子式互感器得以推广和应用。

6.2 SCD 文件配置

SCD 文件是数字化变电站的核心配置文件，如何配置 SCD 成为数字化站调试的关键。

图 6.1 所示为变电站配置流程图，可见 SCD 的核心位置。

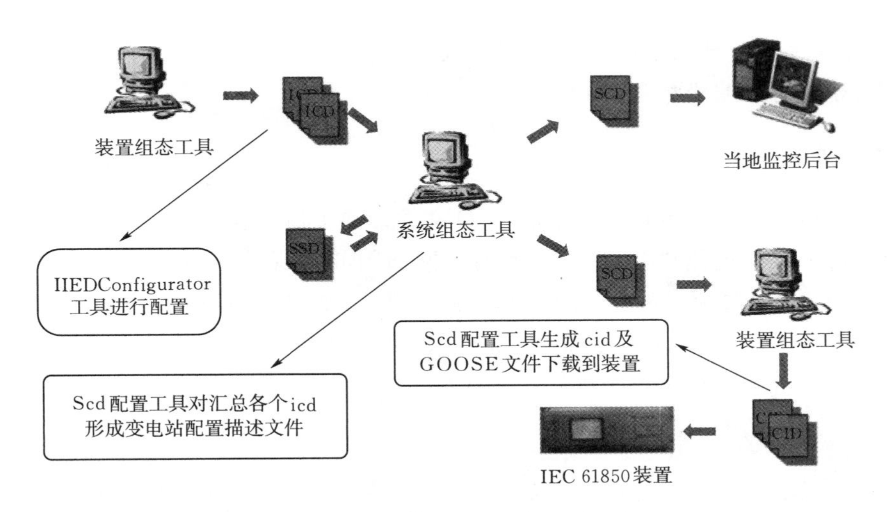

图 6.1 变电站配置流程图

6.2.1 流程图

图 6.2 所示为 SCD 配置流程图，其中存在检验和配置两个环节，若 ICD 校验环节出现问题，要及时修改 ICD。

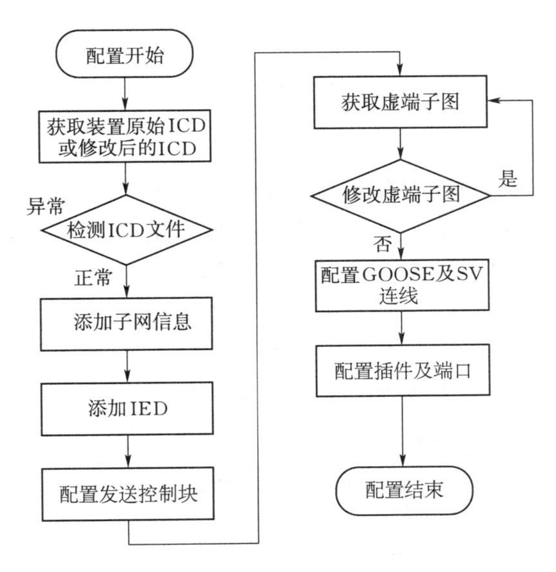

图 6.2 SCD 配置流程图

6.2.2 准备工作

准备工作阶段将要使用的工具有 IEDConfigurator、UE、ICDCheck。IEDConfigurator 用于查看和修改模型，UE 是以文本格式来查看和修改模型，ICDCheck 是用于检验模型。

制作 SCD 之前需要先获取装置的 ICD 文件，并使用 ICDCheck 对其进行检验，检查出的问题需要及时反馈给相关人员进行修改。

6.2.3 添加子网

对于一个新工程，先新建一个空的 SCD 文件，选中树形表中的 Communication，在右侧窗口中点击右键，选择“新建”，新建的子网如图 6.3 所示，name 属性为子网的名称；Type 属性共有三个选项（8 - MMS、IECGOOSE、SMV），对于站控层子网要选择 8 - MMS，过程层 GOOSE 子网需要选择 IECGOOSE 类型，过程层采样子网需要选择 SMV 类型；Description 属性用于对子网进行功能描述。

No.	Name	Type	Description
1	MMS	8-MMS	站控层监控后台及远动、保护子站用MMS子网
2	GOOSE-220kV-1	IECGOOSE	220kV第一套装置过程层GOOSE子网
3	GOOSE-220kV-2	IECGOOSE	220kV第二套装置过程层GOOSE子网
4	GOOSE-500kV-1	IECGOOSE	500kV第一套装置过程层GOOSE子网
5	GOOSE-500kV-2	IECGOOSE	500kV第二套装置过程层GOOSE子网

图 6.3 添加子网

6.2.4 添加 IED

选中树形表中的 IED 选项，在右侧窗口中点击右键，选择“新建”，将弹出导入 IED 向导，点击［下一步］进入如图 6.4 所示页面，导入 IED 时，工具目前提供两种导入方式：一种为从 ICD 导入；另一种为从已有 IED 复制导入。

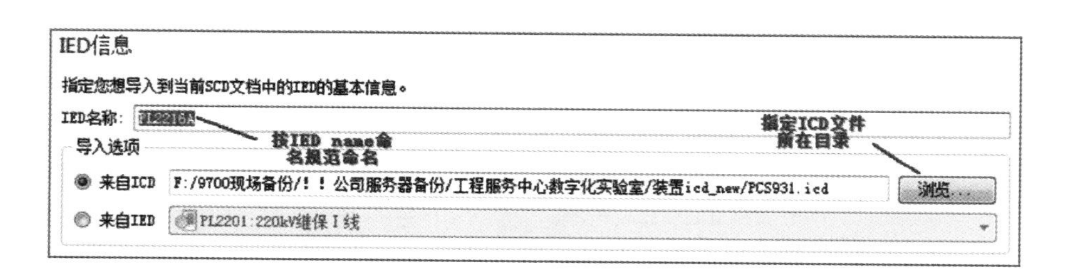

图 6.4 导入装置

如果是第一次导入某个型号的装置，选择从 ICD 导入，如果 SCD 中已有某个型号，则可以选择从 IED 导入，此外 IEDName 也需要在此设置。

选择导入方式后，继续点击［下一步］，将显示 Schema 的校验结果，内容多为字符串超长的提示，在此可以忽略，继续点击［下一步］。

在【更新通信信息】窗口，选择模型中已存在的通信信息属于哪个子网，默认的 S1 访问点都属于 MMS 子网，所以此处选择“站控层 MMS”；另外此处也可以选择不导入通信信息，而在配置子网时进行配置，如下图示：

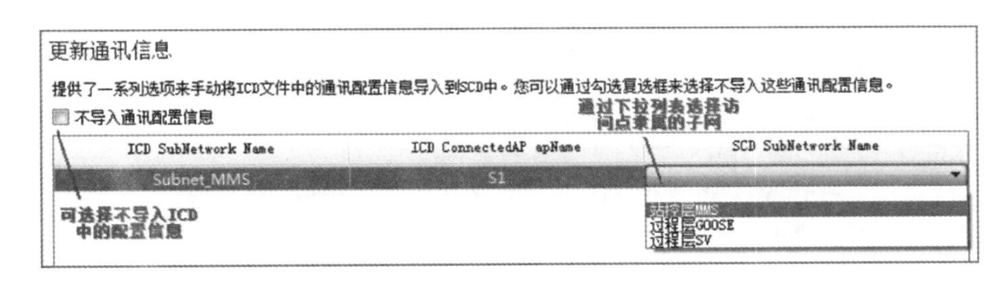

图 6.5　选择所属子网

除了新加 IED，还有对原 ICD 进行更新的需要，在 IED 窗口，选中需要更新的 IED，点击右键，选择“更新”，更新 IED 只能从 ICD 文件更新，在进行到更新选项这一步时，需选择更新哪些内容，如图 6.6 所示，绝大多数情况下的更新，按图 6.6 中所示内容勾选即可。

如果在 SCD 中只添加了某装置，但未进行任何配置的时候需要更新该装置，所有选项可以都不选；

如果在 SCD 中某装置已配置了部分内容后需要更新，则要酌情选择选项，主要区分以下集中情况。①仅配置了控制款信息，建议全部不勾选，更新完装置后重新配置控制块；②仅配置了开入信号的名称，建议仅勾选最后一个选项，保留 SCD 中修改过的名称；③配置了控制块、GOOSE 连线、开入名称等大部分配置工作，建议按图 6.6 所示选项尽享勾选。

如果 SCD 中某装置已配置完所有相关内容后需要更新，则按下图勾选即可。

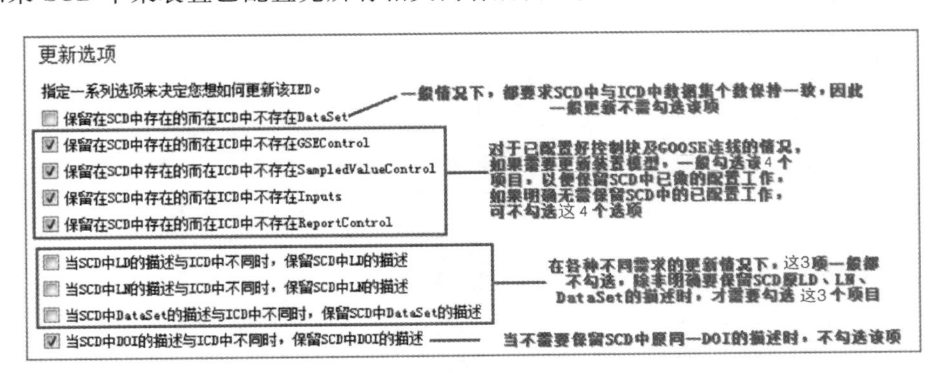

图 6.6　勾选更新选项

6.2.5　配置控制块

在添加完所有的 IED 后，需要配置每个 IED 的发送控制块，包括报告控制块、

GOOSE 控制块、SMV 控制块。

1. 报告控制块

由于 ICD 中已包含报告控制块，因此此处只需核对报告控制块的 RPTID 是否唯一即可。对于触发条件及可选项，如果是我们的监控系统，此处可不修改而由后台统一设置（建议在后台统一设置，工作量小）；如果不是我们的监控系统，而用户又要求配置好触发条件时，可在此进行修改，修改过程如图 6.7 所示。

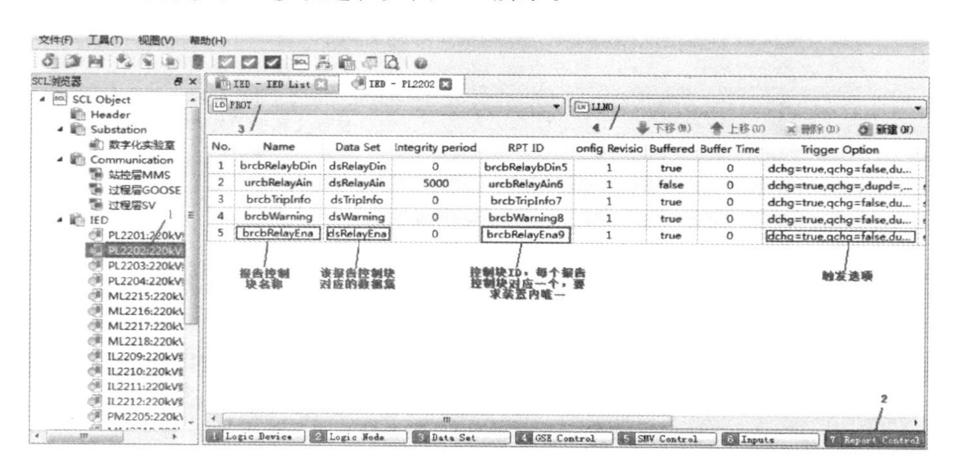

图 6.7　修改触发条件

1～4—修改步骤

2. GOOSE 控制块

如图 6.8 所示步骤，对于需要发送 GOOSE 的装置，如保护、测控、智能终端等，通过点击右键再选择“新建”新建一个 GOOSE 控制块，GOOSELD（纯保护中 PI 对应保护 GOOSE；纯测控中 PI 对应测控 GOOSE；保测一体装置，PI1 为保护、PI2 为测控）下有几个数据集需要发送，就建几个控制块，每个控制块对应一个数据集，如图 6.8 中步骤 5，

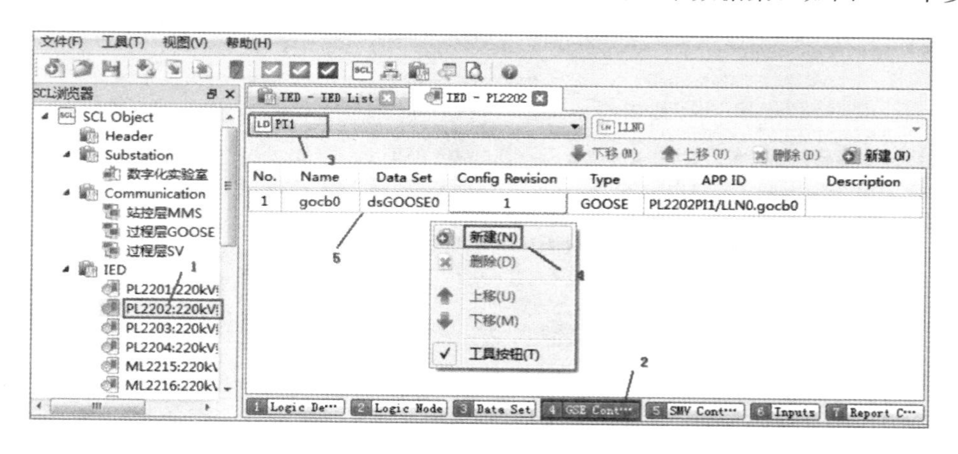

图 6.8　新建 GOOSE 控制块

1～5—修改步骤

可以通过下拉列表选择数据集。其余参数默认即可。

3. SMV 控制块

对于 SMV 控制块，仅合并单元需要配置，通过点击右键选择“新建”新建一个 SMV 控制块，SMVLD（典型实例名为 SVLD）下可能有一到两个数据集（如果是一个，那就是 9-2，如果是两个，就是 9-2 和 44-8）。对于一个工程，如果合并单元只有一个数据集，那就建一个控制块，如果有两个数据集，那就根据工程需要，选择发送一个数据集或者两个数据集，如图 6.9 所示，可以通过下拉列表选择数据集。其余参数默认即可。

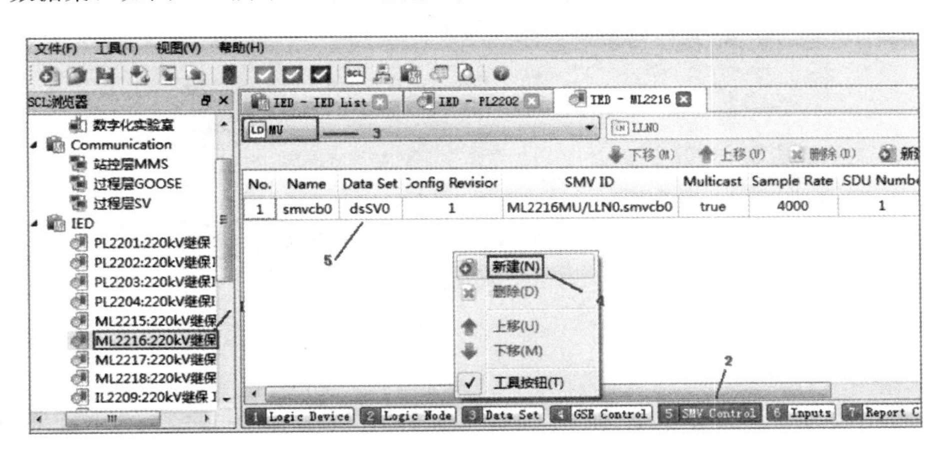

图 6.9　新建 SMV 控制块

1～5—修改步骤

6.2.6　配置 GOOSE 连线

GOOSE 连线主要是用于完成开关量值和缓变的模拟量值的传输，包含信号采集和跳闸命令、缓慢变化的模拟量的传输。GOOSE 传输又分点对点方式和组网方式，两者的 GOOSE 连线无任何区别，仅在传输的物理介质连接方式上存在区别。

在 Q/GW 441—2010《智能变电站继电保护技术规范》中，推荐 GOOSE 连线宜采用 DA 方式，因此在遵循这一规范的情况下，后续的 GOOSE 连线均采用连至 DA 一级的方式。此外，本规范推荐间隔内保护信号采集和跳合闸命令、安稳装置宜采用点对点方式，测控信号采集和遥控命令、线路保护启失灵、备自投、录波器等宜采用组网方式。

另外，在配置 GOOSE 连线时，有以下几项连线原则：①对于接收方，必须先添加外部信号，再加内部信号；②对于接收方，允许重复添加外部信号，但不建议该方式；③对于接收方，同一个内部信号不允许同时连两个外部信号，即同一内部信号不能重复添加；④GOOSE 连线仅限连至 DA 一级；

在遵循上面原则的情况下，可以进行正常的 GOOSE 连线，连线过程中日志窗口会有详细记录，如有连线有异常时，日志窗口会有相应的告警记录。

1. GOOSE 外部信号

GOOSE 外部信号（外部虚端子）也就是除本装置外其他装置模型内数据集中的 FC-

DA，每一个 FCDA 就是一个外部信号，即一个外部虚端子。（按 Q/GW 441—2010 要求，GOOSE 数据集宜采用 DA 定义，故每个外部信号都是 FCDA）。

按图 6.10 所示序号顺序，从右侧 IED 筛选器中选择发送方装置，并选择该装置 GOOSE 访问点 G1 下发送数据集中的 FCDA 作为外部端子，并将其拖至中间窗口，顺序排放。

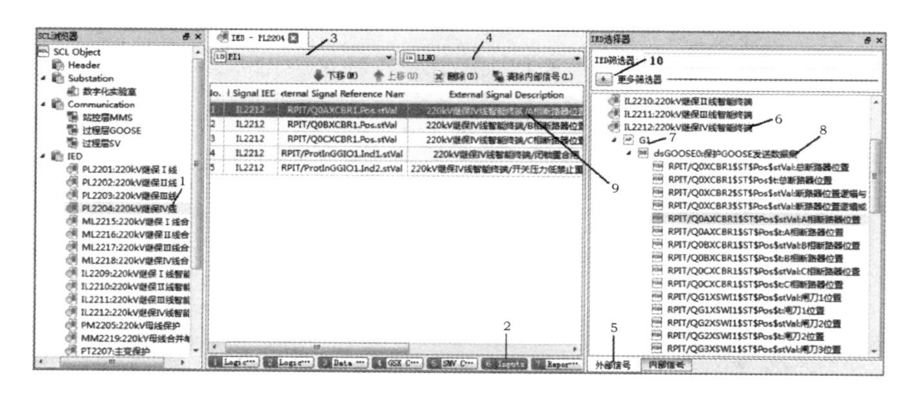

图 6.10　选择发送装置并排序

1～10—修改步骤

2. GOOSE 内部信号

用鼠标拖曳添加内部信号时，该内部信号放到第几行，由拖曳时对象所处的位置决定，需要将内部信号放在某行并与其所在行的外部信号连接，就应将该对象拖至相应行的空白处，再松开，即完成一个 GOOSE 连线。否则会产生错误的 GOOSE 连线。

按图 6.11 所示序号顺序，找到本装置内与外部信号相对应的信号，并将其托至 Inputs 窗口中，与外部信号一一对应，由于 Q/GW 441—2010 中推荐 GOOSE 数据集中放至 DA，因此 GOOSE 连线内部信号也应连至 DA 一级。

图 6.11 所示第 13 步中，为默认的筛选条件，都是以关键字的形式进行视图过滤，GOOSE 输入虚端子（内部信号）一般包含 GOIN 关键字，因此可按 GOIN 来过滤。

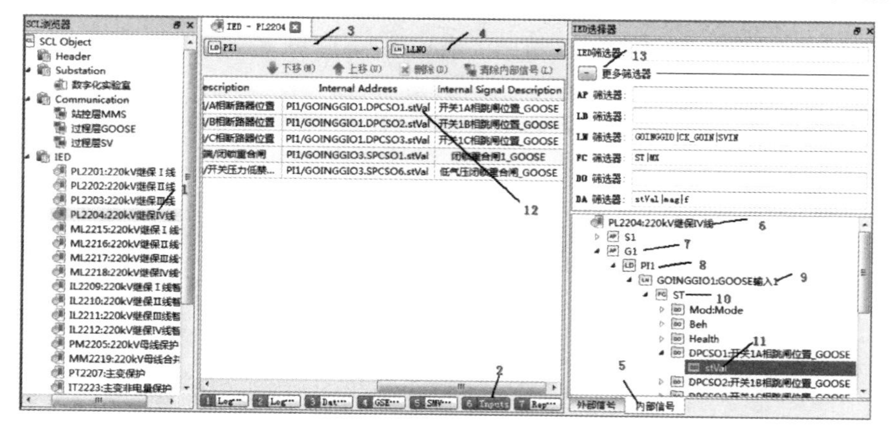

图 6.11　GOOSE 连线

1～13—修改步骤

GOOSE 内部信号按 Q/GW 441—2010 要求是选 DA，但南瑞继保新装置则 DO 和 DA 两种方式都支持（早期装置程序仅支持 DO，新装置程序两种都支持），但不论哪种方式，外部信号应与内部信号的数据层次保持一致，即两者都是 DA 或都是 DO，不可混连，否则装置将无法启动；但参考 Q/GW 441—2010，建议 GOOSE 连线使用 DA。

6.2.7 配置 SMV 连线

SMV 连线主要是用于完成采样值的传输，其中合并单元只发送采样值，保护、测控等装置只接收采样值，采样值传输又分点对点采样和组网采样，两者连线区别为：点对点采样需要连通道延时，而组网采样无需连通道延时。

在 Q/GW 441—2010 中，推荐与保护相关装置采用点对点采样，测控、录波等可采用组网采样；如现场具备条件，测控也可采用点对点采样；另外，规定 SMV 连线宜采用 DO 方式，因此在遵循这一规范的情况下，后续的 SMV 连线均采用连至 DO 一级的方式。对于南瑞继保装置，SMV 连线连至 DO 和 DA，装置都可以适应（以相应装置程序所支持的方式为准）。

1. SMV 外部信号

SMV 外部信号（外部虚端子）也就是间隔内合并单元 SMV 数据集中的 FCD，每一个 FCD 就是一个外部信号，即一个外部虚端子（按 Q/GW 441—2010 要求，SMV 数据集宜采用 DO 定义，故每个外部信号都是 FCD）。按图 6.12 所示序号顺序，从右侧 IED 筛选器中选择间隔对应的合并单元装置，并选择该装置 SMV 访问点 M1 下发送数据集中的 FCD 作为外部端子，并将其拖至中间窗口，顺序排放。

小技巧：如果需要连的外部信号很多，则可以拖整个数据集到外部信号，然后把没用的再删除，如图 6.12 第 8 步所示，直接拖数据集。

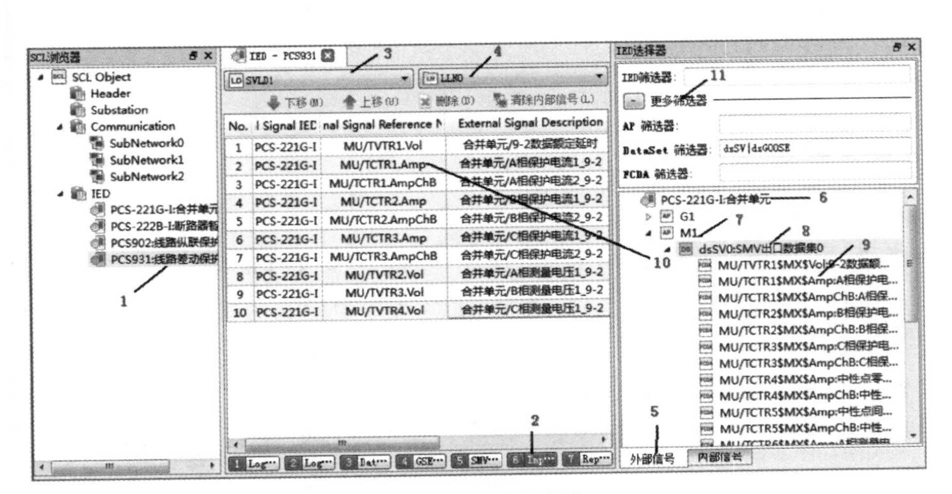

图 6.12 拖动数据集

1～11—修改步骤

2. SMV 内部信号

用鼠标拖曳添加内部信号时，该内部信号放到第几行，由拖曳时对象所处的位置决定，需要将内部信号放在某行并与其所在行的外部信号连接，就将该对象拖至相应行的空白处，再松开，即完成一个 SMV 连线。否则会产生错误的 SMV 连线。

按图 6.12 所示序号顺序，找到本装置内与外部信号相对应的信号，并将其托至 Inputs 窗口中，与外部信号一一对应，由于 Q/GW 441—2010 中推荐 9－2SMV 数据集中数据放至 DO，因此 SMV 连线内部信号也应连至 DO 一级。

图 6.13 第 13 步中，为默认的筛选条件，都是以关键字的形式进行视图过滤，SMV 输入虚端子（内部信号）一般包含 SVIN 关键字，因此可按 SVIN 来过滤。

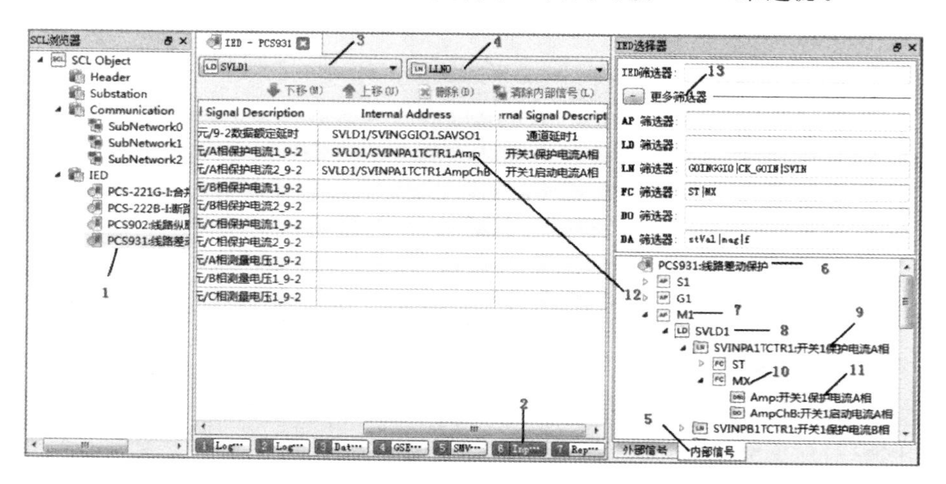

图 6.13　筛选条件

1～13—修改步骤

SMV 连线是连至 DO 还是连至 DA，需以装置程序所对应的模型文件为准。目前南瑞继保装置两种方式都支持，但按照 Q/GW 441—2010 要求，应该只使用连至 DO 的方式。在标准过渡期，两种方式可能会同时存在。

6.2.8　SCD 配置检测

1. Schema 校验

菜单栏“工具”中的“Schema 校验”用于检测 SCD 文件的框架结构、字符长度等，校验最长遇到的就是字符串超长，多数情况可以忽略字符超长的问题。

2. 语义校验

菜单栏“工具”中的“语义校验”用于检测 SCD 文件内文件的语法及配置错误，是最常用也是最有用的，可按照检测结果注意处理错误，如果 SCD 文件无错，所有装置检测结果都应是 OK。

3. 数据类型模板校验

菜单栏“工具”中的“数据类型模板校验”用于检测 SCD 中数据类型模板中重复的

数据类型，检测完毕，会将重复出现的同一数据类型、未被实例化的数据类型都删除，通过该检测，可减小 SCD 中数据类型模板的大小，保证数据类型的唯一。

6.2.9 插件及端口配置

1. 插件配置

插件配置的作用是为了对过程层插件的各个光口进行数据流向分配，防止在数据接收方出现网络风暴，同时也起到降低插件负载的作用。在 SCD 工具菜单栏中的“工具”中选择“插件配置”，打开插件配置界面。

首先选择需要配置的装置，并选择“插件”选项，在右侧待选插件列表中选择你需要配置的插件，并将其拖至左侧窗口中，如图 6.14 所示顺序。

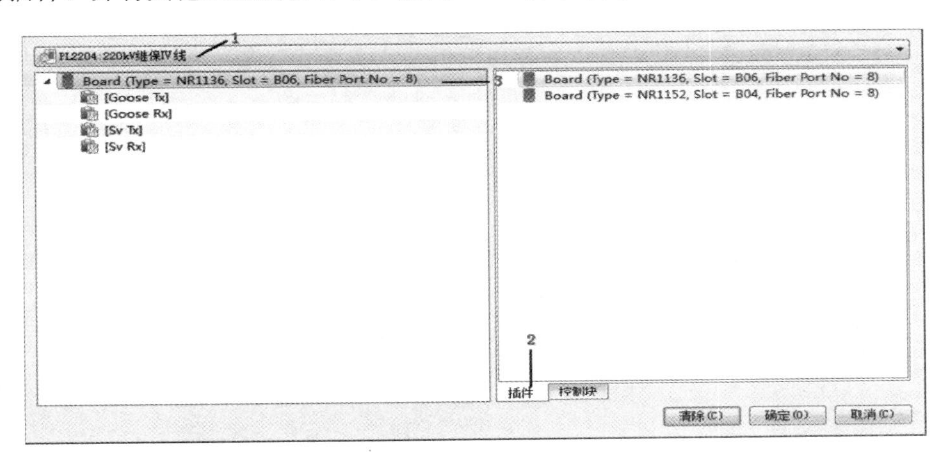

图 6.14 选择配置插件

1～3—修改步骤

2. 端口配置

在国家电网公司的典型设计方案中，对于一台保护和一台智能终端装置，可能同时存在直连口和组网口，这两个装置间就会存在两条不同的数据通道（直连通道和网络通道）。如果两台装置在各自的直连口和组网口上都发送相同的数据，对于接收方就可能存在两个数据源，则可能出现网络风暴；同时发送方插件由于多发送了无用的数据，插件负载也会相应提高，发热量增加，这几点都不利于插件的稳定运行，因此需要对插件进行端口配置。

在 GSE 控制块分配完毕后，在左侧配置窗口中，双击要配置的 GSE 控制块，打开“设置光口”窗体，填写该控制块所对应的信息需要发送或者接收的端口，如果需要多个端口发送，端口号之间以英文逗号隔开；如果配置了插件和控制块，但相应控制块的光口号不填，则表示该控制块信息可在插件的所有端口上收发。

一般对于某个发送控制块（GOOSE 或 SMV）可能出现多个发送端口（直跳、组网），但对于某个接收控制块（GOOSE 或 SMV）一般只有一个接收口，防止接收装置报网络风暴。

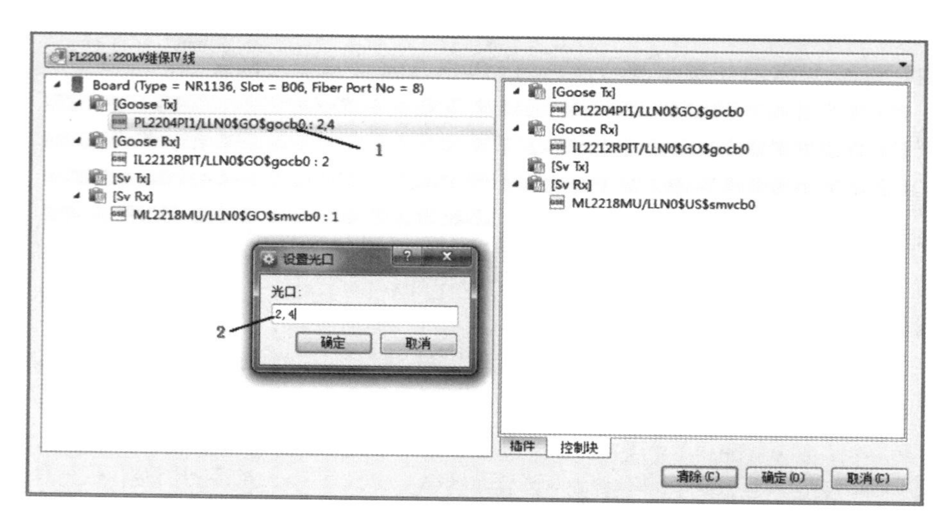

图 6.15　设置光口

1～2—修改步骤

所有装置的插件和端口配置完毕后，点击【确定】，即在 SCD 文件所在目录生成一个名为“goosecfg. xml”的文件，该文件就是插件和端口配置文件，在备份时需要将该文件同步归档。

6.2.10　配置导出及下载

1. 导出配置文件

需要从 SCD 文件中导出并下载到装置里的配置文件主要有 device. cid 和 goose. txt 两个，在 SCD 工具菜单栏“工具”中，“批量导出 CID 文件…”“批量导出 uapc－goose 文件…”　“批量导出 CID 及 uapc－goose 文件…”3 个功能选项，可分别到 device. cid、goose. txt，一般推荐使用“批量导出 CID 及 uapc－goose 文件”，同时导出 device. cid、goose. txt 两个文件，两个文件存放于名称为 IEDName 的文件夹内。导出的文件可以直接下载到装置内。

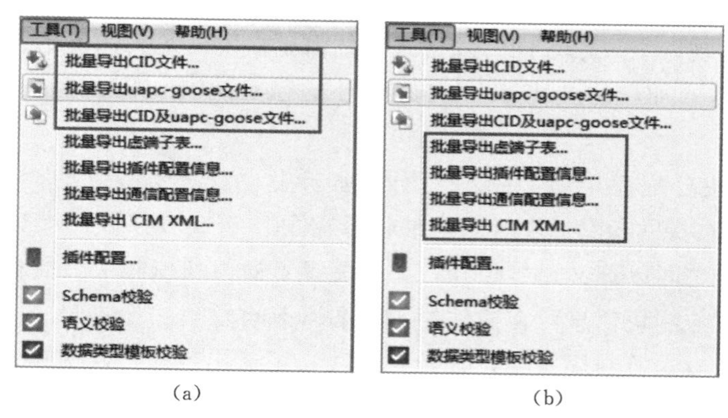

图 6.16　配置导出文件选项

2. 需要导出的其他文件

在 SCD 文件制作完毕后，可将 SCD 中的各项配置导出成 excel 文件，作为备份或核对文件，如图 6.16（b）所示的几个选项，均可导出 excel 文件，供用户使用。

其中比较重要的是虚端子表和通信配置信息表，是现场 SCD 配置完毕后进行信息核对的一个重要依据，它可脱离 SCD 工具，供其他不熟悉 SCD 的人员使用。

6.2.11 SCD 配置注意事项

虚端子配置的总原则如下：

（1）所有的虚端子连线都是在接收方配置，发送方只需要配置 GOOSE 控制块和 SMV 控制块即可。如 PCS－931 要跳 PCS－222，那么 PCS－931 配置 GOOSE 控制块，然后在 PCS－222 的 Inputs 中连线，外部信号为 931 的跳闸命令，内部信号为 222 的跳闸接收。

（2）如果连线的时候必须选对 LD，目前常用的 icd 中，根据装置型号不同，保护的 GOOSE 对应的 LD 有 PI1、PI_PROT、GOLD，保测一体装置中测控对应的 LD 有 SVLD2、SVLD_BCU，纯测控装置的 GOOSE 和 SMV 对应同一个 LD，为 GOLD，合并单元的 GOOSE 功能对应的 LD 为 PI，合并单元的 SMV 功能对应的 LD 为 MU，智能终端的 GOOSE 功能对应的 LD 为 RPIT。由于公司层面的建模规范还没有实施，所以 LD 的名字目前还是百花齐放，建议连线前先确定到底应该连在哪个 LD，所有的虚端子连线都必须连在 LLN0 中。

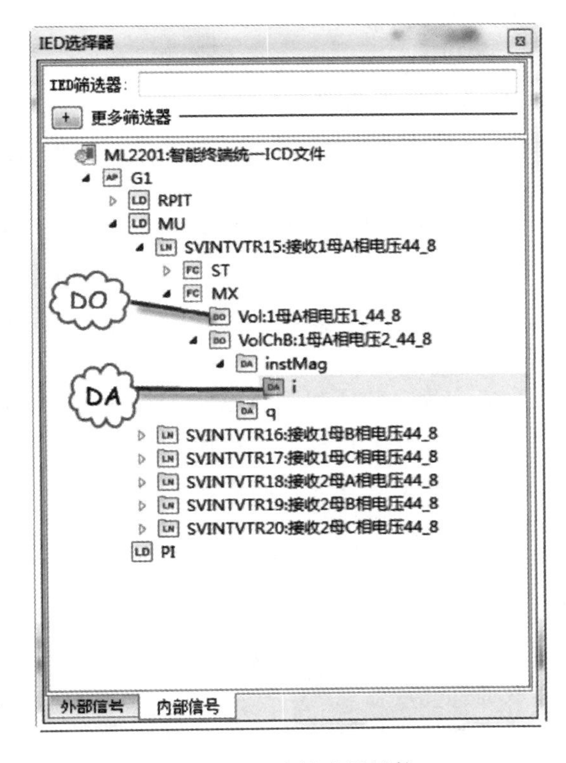

图 6.17　选择配置插件

（3）GOOSE 必须配置到 DA，SMV 建议配置到 DO，也可以配置到 DA（不要简单地理解为第三层对第三层），如果不知道哪一层是 DO，哪一层是 DA，可以看 SCD 工具上面的图标，如图 6.17 所示。

若是连线到 DA，则一定要连到最下一层，如图 6.17 中，就应该连到 i，而不是 instMag。

采样连线要注意外部信号与内部信号的匹配关系，一般外部为 DO 级别，内部也为 DO 级别；外部为 DA 级别，内部也为 DA 级别。

（4）只有实例化了的 DO 和 DA 才能连线，如果对未实例化的 DO 或者 DA 拉线，生成的 goose.txt 会有问题，下载到装置中一般情况下都会导致装置无法启动。

6.3 MMS与GOOSE介绍

6.3.1 MMS服务

1. MMS介绍

MMS即制造报文规范，是ISO/IEC 9506标准所定义的一套用于工业控制系统的通信协议。

MMS是由ISOTC184开发和维护的网络环境下计算机或IED之间交换实时数据和监控信息的一套独立的国际标准报文规范。它独立于应用和设备的开发者。MMS特点如下：

（1）定义了交换报文的格式。

（2）具有结构化、层次化的数据表示方法。

（3）可以表示任意复杂的数据结构。

（4）ASN.1编码可以适用于任意计算机环境。

（5）定义了针对数据对象的服务和行为。

（6）为用户提供了一个独立于所完成功能的通用通信环境。

2. MMS功能

（1）信号上送。开入、事件、告警等信号类数据的上送功能通过BRCB（有缓冲报告控制块）来实现，映射到MMS的读写和报告服务。通过有缓冲报告控制块，可以实现遥信和开入的变化上送、周期上送、总召、事件缓存。由于采用了多可视的实现方案，事件可以同时送到多个后台。

（2）测量上送。遥测、保护测量类数据的上送功能通过URCB（无缓冲报告控制块）来实现，映射到MMS的读写和报告服务。通过无缓冲报告控制块，可以实现遥测的变化上送（比较死区和零漂）、周期上送、总召。由于采用了多可视的实现方案，使得事件可以同时送到多个后台。

（3）定值。定值功能通过定制控制块（SGCB）来实现，映射到MMS的读写服务。通过定制控制块，可以实现选择定值区进行召唤、修改、定制区切换。

（4）控制。遥控、遥调等控制功能通过IEC 61850的控制相关数据结构实现，映射到MMS的读写和报告服务。

IEC 61850提供多种控制类型，PCS系列装置实现了增强型SBOw功能和直控功能，支持检同期、检无压、闭锁逻辑检查等功能。

（5）故障报告。故障报告功能通过RDRE逻辑节点实现，映射到MMS的报告和文件操作服务。

录波文件产生时，RDRE下的RcdMade和FltNum通过报告上送到后台；后台以如下方式召唤故障报告：

IED名称_LD名称_故障序号_＊.HDR（CFG、DAT）

统一规范的故障报告采用XML格式存放在HDR文件中，内容如图6.18所示。

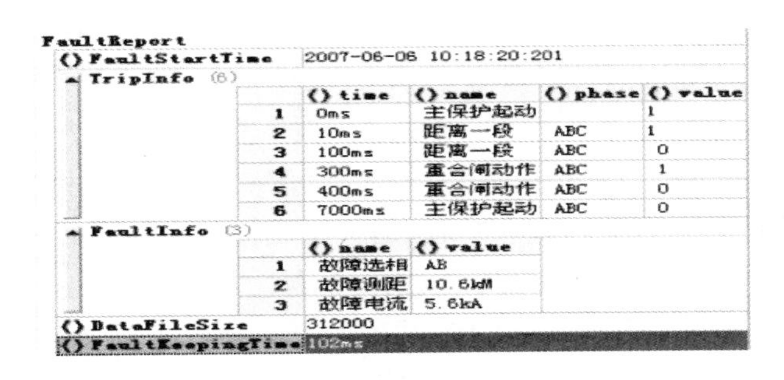

图 6.18 选择配置插件

6.3.2 GOOSE 服务

1. GOOSE 介绍

IEC 61850 标准中定义的面向通用对象的变电站事件（GOOSE）以快速的以太网多播报文传输为基础，代替了传统的 IED 之间硬接线的通信方式，为逻辑节点间的通信提供了快速且高效可靠的方法。

GOOSE 服务支持由数据集组成的公共数据的交换，主要用于保护跳闸、断路器位置，连锁信息等实时性要求高的数据传输。GOOSE 服务的信息交换基于发布/订阅机制基础上，同一 GOOSE 网中的任一 IED 设备，即可以作为订阅端接收数据，也可以作为发布端为其他 IED 设备提供数据。这样可以使 IED 设备之间通信数据的增加或更改变得更加容易实现。

2. GOOSE 功能

PCS 系列装置使用独立的高性能 DSP 板卡来实现 GOOSE 功能，具有很高的实时性和可靠性。板卡自带的两个百兆全双工光纤以太网接口，可以分别对应不同的 VLAN 网络。GOOSE 双网配置提高了系统的可靠性和稳定性。

（1）GOOSE 收发机制。为了保证 GOOSE 服务的实时性和可靠性，GOOSE 报文采用与基本编码规则（BER）相关的 ASN.1 语法编码后，不经过 TCP/IP 协议，直接在以太网链路层上传输，并采用特殊的收发机制。

GOOSE 报文发送采用心跳报文和变位报文快速重发相结合的机制。在 GOOSE 数据集中的数据没有变化的情况下，发送时间间隔为 T_0 的心跳报文，报文中的状态号（st-num）不变，顺序号（sqnum）递增。

当 GOOSE 数据集中的数据发生变化时，发送一帧变位报文后，以时间间隔 T_1、T_1、T_2、T_3 进行变位报文快速重发。数据变位后的报文中状态号（stnum）增加，顺序号（sqnum）从零开始。

GOOSE 接收可以根据 GOOSE 报文中的允许生存时间 TATL（time allow to live）来检测链路中断。

GOOSE 数据接收机制可以分为单帧接收和双帧接收两种。智能操作箱使用双帧接收机制，收到两帧 GOOSE 数据相同的报文后更新数据。其他保护和测控装置使用单帧接收机制，接收到变位报文（stnum 变化）以后，立刻更新数据。当接收报文中状态号（st-num）不变时，使用双帧报文确认来更新数据。

（2）GOOSE 告警功能。GOOSE 对收发过程中产生的异常情况进行告警，主要分为 GOOSEA 网/B 网断链告警、GOOSE 配置不一致告警、GOOSEA 网/B 网网络风暴告警。

1）GOOSEA 网/B 网断链告警。在两倍的报文允许生存时间 TATL 内没有收到正确的 GOOSE 报文，就产生 GOOSEA 网/B 网断链告警。

2）GOOSE 配置不一致告警。GOOSE 发布方和订阅方中 GOOSE 控制块的配置版本号等属性必须一致，否则产生 GOOSE 配置不一致告警。

3）GOOSEA 网/B 网网络风暴告警。当 GOOSE 网络中产生网络风暴，网络端口流量超过正常范围，出现异常报文时，会产生 GOOSEA 网/B 网网络风暴告警。

（3）GOOSE 检修功能。当装置的检修状态置 1 时，装置发送的 GOOSE 报文中带有测试（test）标志，接收端就可以通过报文的 test 标志获得发送端的置检修状态。当发送端和接收端的置检修状态一致时，装置对接收到的 GOOSE 数据进行正常处理。当发送端和接收端的置检修状态不一致时，装置可以对接收到的 GOOSE 数据做相应处理，以保证检修的装置不会影响到正常运行状态的装置，提高了 GOOSE 检修的灵活性和可靠性。

6.4 典型组网结构方案

智能变电站过程层通信涉及数字化采样，即电子式互感器和合并单元的使用，同时也涉及 GOOSE 网的实现，即智能操作箱或智能开关的使用。从一定程度上看，过程层网络涉及全站的数据源和开关的控制，对全站的稳定运行起着重要作用。因此，有必要对其组网方式进行详细讨论，并挑选最安全可靠、最经济的组网方式来保证现场安全稳定运行。在国家电网公司智能变电站试点工程的建设中，对过程层的方案设计也做了大量的尝试，已投运的智能变电站中过程层的实现方案有很多种，其中典型的设计方案中，互感器配置方案主要分为常规互感器配置方案和电子互感器配置方案，组网模式主要分为直采直跳方案和过程层三网合一方案等，每种方案都有自己的优缺点，国家电网公司依据工程中出现的问题，对智能变电站制定了一系列的规范，根据规范的要求，目前智能变电站的过程层主流设计方案的主要特点为互感器采用常规互感器，组网模式为直采直跳的设计方案。

合并单元和智能终端作为过程层的主要设备，产品的功能配置对过程层的设计方案具有很大的影响，目前工程上常用的合并单元和智能终端根据功能可分为独立装置模式和功能一体化模式两种。

6.4.1 独立装置模式

目前，大部分智能变电站采用的独立装置模式如图 6.19 所示。

网络结构采用组网和点对点结合的方式，GOOSE 与 SV 分别组网，保护装置一般采用直采直跳模式，其他设备如测控装置、录波设备等均采用组网方式。过程层采用的合并单元装置和智能终端装置均为独立装置，合并单元装置完成间隔模拟量采集功能，把间隔

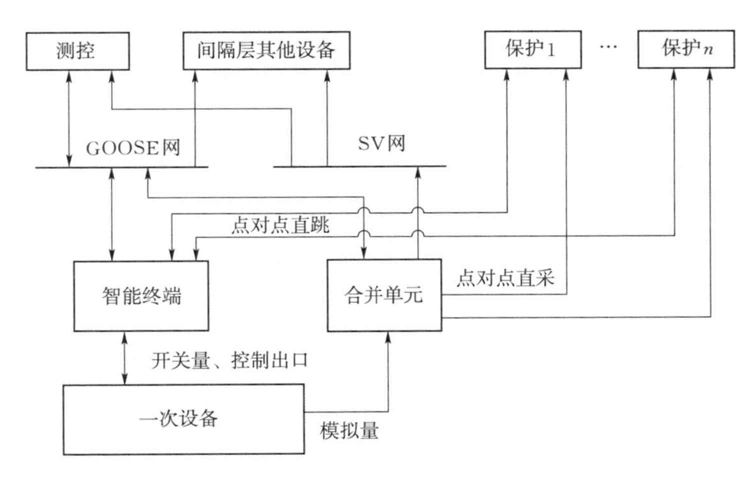

图 6.19 智能变电站独立装置模式结构图

模拟量合并后通过 SV 网或点对点模式发送给间隔层设备，智能终端完成间隔的开关量采集及断路器合刀闸的控制功能，通过 GOOSE 网与测控等间隔层设备交互，通过点对点接收保护的跳闸信息完成保护动作。GOOSE 和 SV 单独组网，供间隔层的测控装置、录波设备等获取信息。该模式的优点是网络结构清晰、装置功能清晰。

合并单元和智能终端为独立装置，一台装置故障不影响另外一台装置的功能，可靠性高。缺点是网络设备多，过程层设备多，经济性较差，过程层设备功能独立，信息共享困难，装置间信息交互需要通过外部的网络实现，可靠性低，并且不利于信息融合及高级功能扩展。

6.4.2 功能一体化模式

功能一体化模式中网络结构采用 GOOSE 和 SV 共同组网，直采直跳相互独立的模式，合并单元和智能终端功能集成在一个装置内，系统结构如图 6.20 所示。

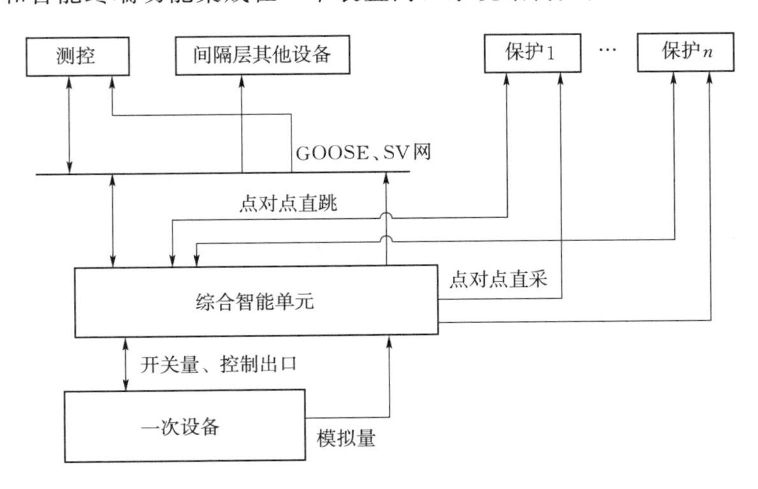

图 6.20 智能变电站功能一体化模式

在功能一体化模式下，过程层设备采用了合并单元和智能终端功能一体化装置，该装置使用一个 CPU 完成合并单元和智能终端功能，GOOSE、SV 组网口采用共网口模式，点对点口采用独立模式。

功能一体化模式明显在结构上比独立装置模式有了优化，它简化了网络结构，减少了网络设备和过程层设备，具有较高的经济性，同时，合并单元和智能终端在一个装置内实现，合并单元和智能终端的信息在装置内部相互共享，为开发选相合闸等高级功能提供了便利。同时，功能一体化模式也存在一些不足：由于合并单元和智能终端功能由一个 CPU 完成，CPU 负荷较大，当装置的组网口受到来自过程层网上网络压力，造成 CPU 负荷突然增大时，有可能会影响到装置的整体性能；直采直跳没有合并为一个网口，过程层设备跟保护装置之间需要两对光纤实现直采直跳，造成装置光口数目较多，发热较大，不利于装置的长期稳定运行。

参　考　文　献

[1] 唐建辉．电力系统自动装置原理［M］．北京：中国电力出版社，2005．

[2] 郭占伟，原爱芳，张长彦，等．断路器操作回路详述［J］．继电器，2004（10）：67－70．

[3] 毛京丽，李文海．数据通信原理［M］．2版．北京：北京邮电大学出版社，2002．

[4] 张慧刚．变电站综合自动化原理与系统［M］．北京：中国电力出版社，2004．

[5] 赵德安．单片机原理与应用［M］．2版．北京：机械工业出版社，2009．

[6] 黄勤．微型计算机控制技术［M］．北京：机械工业出版社，2009．

[7] 李全利，迟荣强．单片机原理及接口技术［M］．北京：高等教育出版社，2004．

[8] 尹建华，张慧群．微型计算机原理与接口技术［M］．2版．北京：高等教育出版社，2007．

[9] 易先清，莫从海．微型计算机原理与应用［M］．北京：电子工业出版社，2001．

[10] 周宇植．电网调度自动化厂站端调试检修［M］．北京：中国电力出版社，2010．

[11] 苗玲玉．电气控制技术［M］．北京：机械工业出版社，2008．

[12] 何磊．IEC 61850应用入门［M］．北京：中国电力出版社，2012．

[13] 林冶，张孔林，等．智能变电站二次系统原理与现场实用技术［M］．北京：中国电力出版社，2012．

[14] 王国光．变电站二次回路及运行维护［M］．北京：中国电力出版社，2011．

[15] 艾新法，艾晓雨．变电站异常运行处理及反事故演习［M］．2版．北京：中国电力出版社，2017．

[16] 郑新才，陈国永．220kV变电站典型二次回路详解［M］．北京：中国电力出版社，2011．

[17] 刘勇，邹广慧．计算机网络基础［M］．北京：清华大学出版社，2016．

[18] 纳拉辛哈·卡鲁曼希，等，计算机网络基础教程：基本概念及经典问题解析［M］．许昱伟，译．北京：机械工业出版社，2016．

[19] 宋一兵，王正成，耿飞．计算机网络基础与应用［M］．2版．北京：人民邮电出版社，2015．